决策咨询系列

国家科学思想库

中国科学家思想录

第二辑

中国科学院

科学出版社
北京

图书在版编目(CIP)数据

中国科学家思想录·第二辑/中国科学院编. —北京：科学出版社，2013. 1

ISBN 978-7-03-028448-8

Ⅰ. ①中… Ⅱ. ①中… Ⅲ. ①自然科学-学术思想-研究-中国 Ⅳ. N12

中国版本图书馆 CIP 数据核字(2012)第 147154 号

策划编辑：胡升华　侯俊琳

责任编辑：牛　玲　赵　冰 / 责任校对：宋玲玲

责任印制：赵德静 / 封面设计：黄华斌

编辑部电话：010-64035853

E-mail: houjunlin@mail. sciencep. com

科学出版社 出版

北京东黄城根北街 16 号

邮政编码：100717

http://www.sciencep.com

中国科学院印刷厂 印刷

科学出版社编务公司排版制作

科学出版社发行　各地新华书店经销

*

2013 年 3 月第　一　版　　开本：B5 (720 × 1000)

2013 年 3 月第一次印刷　　印张：19

字数：380 000

定价：80.00 元

（如有印装质量问题，我社负责调换）

从 书 序

白春礼

中国科学院作为国家科学思想库，长期以来，组织广大院士开展战略研究和决策咨询，完成了一系列咨询报告和院士建议。这些报告和建议从科学家的视角，以科学严谨的方法，讨论了我国科学技术的发展方向、与国家经济社会发展相关联的重大科技问题和政策，以及若干社会公众广为关注的问题，为国家宏观决策提供了重要的科学依据和政策建议，受到党中央和国务院的高度重视。本套丛书按年度汇编 1998 年以来中国科学院学部完成的咨询报告和院士建议，旨在将这些思想成果服务于社会，科学地引导公众。

当今世界正在发生大变革大调整，新科技革命的曙光已经显现，我国经济社会发展也正处在重要的转型期，转变经济发展方式、实现科学发展越来越需要我国科技加快从跟踪为主向创新跨越转变。在这样一个关键时期，出思想尤为重要。中国科学院作为国家科学思想库，必须依靠自己的智慧和科学的思考，在把握我国科学的发展方向、选择战略性新兴产业的关键核心技术、突破资源瓶颈和生态环境约束、破解社会转型时期复杂社会矛盾、建立与世界更加和谐的关系等方面发挥更大作用。

思想解放是人类社会大变革的前奏。近代以来，文艺复兴和思想启蒙运动极大地解放了思想，引发了科学革命和工业革命，开启了人类现代化进程。我国改革开放的伟大实践，源于关于真理标准的大讨论，这一讨论确立了我党解放思想实事求是的思想路线，极大地激发了中国人民的聪明才智，创造了世界发展史上的又一奇迹。当前，我国正处在现代化建设的关键时期，进一步解放思想，多出科学思想，多出战略思想，多出深刻思想，比以往任何时期都更加紧迫，更加重要。

思想创新是创新驱动发展的源泉。一部人类文明史，本质上是人类不断思考世界、认识世界到改造世界的历史。一部人类科学史，本质上是人类不断思考自然、认识自然到驾驭自然的历史。反思我们走过的历程，尽管我国在经济建设方面取得了举世瞩目的成就，科技发展也取得了长足的进步，但从思想角度看，我们的经济发展更多地借鉴了人类发展的成功经验，我们的科技发展主要是跟踪世界科技发展前沿，真正中国原创的思想还比较少，“钱学森之问”仍在困扰和拷问着我们。当前我国确立了创新驱动发展的道路，这是一条世界各国都在探索的道路，并无成功经验可以借鉴，需要我们在实践中自主创新。当前我国科技正处在创新跨越的起点，而原创能力已成为制约发展的瓶颈，需要科技界大幅提升思想创新的能力。

思想繁荣是社会和谐的基础。和谐基于相互理解，理解源于思想交流，建设社会主义和谐社会需要思想繁荣。思想繁荣需要提倡学术自由，学术自由需要鼓励学术争鸣，学术争鸣需要批判思维，批判思维需要独立思考。当前我国正处于社会转型期，各种复杂矛盾交织，需要国家采取适当的政策和措施予以解决，但思想繁荣是治本之策。思想繁荣也是我国社会主义文化大发展大繁荣应有之义。

正是基于上述思考，我们把“出思想”和“出成果”、“出人才”并列作为中国科学院新时期的战略使命。面对国家和人民的殷切期望，面对科技创新跨越的机遇与挑战，我们要进一步对国家科学思想库建设加以系统谋划、整体布局，切实加强咨询研究、战略研究和学术研究，努力取得更多的富有科学性、前瞻性、系统性和可操作性的思想成果，为国家宏观决策提供咨询建议和科学依据，为社会公众提供科学思想和精神食粮。

前　言

为国家宏观决策和科学引导公众提供咨询意见、科学依据和政策建议，是中国科学院学部作为国家在科学技术方面最高咨询机构的职责要求，也是学部发挥国家科学思想库作用的主要体现。

长期以来，学部和广大院士围绕我国经济社会可持续发展、科技发展前沿领域和体制机制、应对全球性重大挑战等重大问题，开展战略研究和决策咨询，形成了许多咨询报告和院士建议。这些咨询报告和院士建议为国家宏观决策提供了重要参考依据，许多已经被采纳并成为公共政策。将学部咨询报告和院士建议公开出版发行，对于社会公众了解学部咨询评议工作、理解国家相关政策无疑是有帮助的，对于传承、传播院士们的科学思想和为学精神也大有裨益。

本丛书汇编了 1998 年以来的学部咨询报告和院士建议。自 2009 年 5 月开始启动出版以来，院士工作局和科学出版社密切合作，将每份文稿分别寄送相关院士征询意见、审读把关。丛书的出版得到了广大院士的热情鼓励和大力支持，并经过出版社诸位同志的辛勤编辑、设计和校对，现终于与广大读者见面了。

希望本丛书能让广大读者了解学部加强国家科学思想库建设所作出的不懈努力，了解广大院士为国家决策发挥参谋、咨询作用提供了诸多可资借鉴的宝贵资料，也期待着广大读者对丛书和以后学部的相关出版工作提出宝贵意见。

中国科学院院士工作局

二〇一二年十一月

目　录

实现西藏跨越式发展的若干建议*

孙鸿烈 等

实现西藏跨越式发展是中国科学院学部西部问题研究的一个重点。本报告认为，实现西藏跨越式发展应坚持经济发展与社会发展并重原则，转变观念，重视改善社会发展条件，提高社会发展指数，切实提高广大农牧民生活水平。通过全国的支援和西藏自身不懈的努力，西藏跨越式发展是完全可以实现的。西藏实现跨越式发展应确立非均衡发展思路：一是地区非均衡发展，从抓城镇、城镇化及重点农牧区入手，带动自治区的整体发展；二是部门非均衡发展，从调整产业结构、发展特色产业入手，带动西藏经济全面发展。

近期西藏的发展仍需靠投资拉动，并且基础设施建设要先行，但从长远看，要注意不断增强西藏自身发展能力，调整发展指标，加速社会进步和现代化进程。

为此，本报告建议适当调整对西藏的投资方向，控制脱离居民实际需要的形象工程建设，加强基础教育，加大全国的科教援藏力度；高度重视人才培养工作；设立西藏自治区人民政府科学顾问组织，给予西藏发展以特殊的关注和支持，对西藏发展重大战略问题进行科学咨询。

一、稳定粮食生产，大力发展特色高效的商品型畜牧业

改革开放以来，西藏农牧业发展成就巨大，实现了粮油肉基本自给，农牧民温饱问题初步解决。但是仍存在生产效益差，农牧民收入低的状况。人均纯收入仅为全国平均水平的一半，也仅相当于当地城镇居民可支配收入的 1/5。如何增加农牧民收入是关乎当前西藏经济发展和社会稳定的主要问题之一。为此，建议做好如下工作。

* 原报告未列出咨询组成员名单

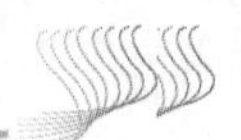

1）调整作物种植结构，推进农牧业结合。目前，西藏农业以粮为主，结构单一，农区已普遍存在粮食过剩和卖粮难问题；畜牧业仍靠天养畜，草场严重超载，商品率极低，传统落后的畜牧业已陷入困境。传统落后的农牧业都亟须进行结构调整。通过调整作物种植结构既可满足当地藏族人民的粮食需求，又可为农牧结合提供饲草、饲料。

2）调整畜牧业区域布局。调整畜牧业区域布局应遵循稳定东南部、发展中南部、保护西北部的思路。东南部林芝和昌都地区水热条件好，天然草场畜牧业尚有发展潜力，应从传统游牧放牧业转为暖季游牧与冷季舍饲相结合；中南部“一江两河”流域，谷物饲料、秸秆等丰富，种植结构调整又可为畜牧业提供更加丰富的饲草和饲料，应大力发展设施畜牧业，以农养牧，以牧促农，兴建牲畜育肥基地和越冬基地，接纳牧区牲畜易地育肥和越冬，同时大力发展奶牛业，特别在拉萨、日喀则等中心城市发展奶制品、肉类、地毯、挂毯等畜产品加工业；西北部那曲、阿里地区，海拔高，生态环境脆弱，水热条件差，草场生产力低，畜群规模必须加以控制，部分牧民和牲畜应向东南部迁移，同时加大草地自然保护区建设力度，恢复遭受破坏的退化草场。天然草地应划分为畜牧业经营区、野生动物繁衍区和草地自然保护区，除经营区草场允许放牧外，其他草地一律禁牧。

3）延长产业链，发展畜产品加工业和商品畜牧业。西藏牦牛肉和藏羊肉为绿色食品，且价格比国际市场便宜 50%~80%，在我国内地和香港地区深受欢迎。加入世界贸易组织（WTO）将为我国牛羊肉出口带来新机遇，青藏铁路建成更将为西藏肉类外运提供便利。可在青藏铁路沿线拉萨、那曲、当雄等地建设屠宰、冷冻和加工企业生产分割肉；在城郊和“一江两河”地区公路沿线的村镇发展奶牛业和奶制品加工业；在阿里和日喀则西部大力发展白绒山羊，建设放牧与舍饲相结合的山羊绒生产基地；大力发展与尼泊尔、巴基斯坦、印度等邻国边境畜产品贸易；努力创出绿色、优质名牌产品，打入北京、上海等国内高消费市场。

二、以建成龙头产业为目标，大力发展西藏特色旅游业

特殊高原环境造就了西藏世界独有的自然景观和珍稀动植物种群；历史悠久的佛教文化、独特的生产和生活方式造就了西藏极具魅力的人文景观。旅游资源是西藏的优势资源，旅游业应作为西藏产业结构调整和升级的关键产业。为适应西藏旅游业的发展，建议做好如下工作。

1）尽快编制西藏旅游发展规划。目前，除个别地区外，西藏自治区及重点旅游区尚无完整的旅游发展规划，应尽快编制，并进行重点项目论证。

2）加强重点旅游区和旅游景点建设。一是在拥有众多世界著名宗教寺庙、高原湖泊、高原草地、藏族村落和游牧营地的拉萨及其周边地区，加强旅游设施建

设，形成区域旅游接待中心，特别是加强拉萨—日喀则—泽当三角形旅游环线建设以及拉萨与其他景区衔接的旅游线路建设；二是在喜马拉雅山北侧由 5 座海拔 8000 米以上山峰和珠穆朗玛峰自然保护区组成的旅游区，以传统国际商道为依托，建设国际旅游路线；三是建设“茶马古道”旅游线，开发从云南香格里拉经昌都盐井、然乌湖、波密、雅鲁藏布江峡谷到拉萨的沿线丰富旅游资源，以“茶马古道”为主题发展超长线旅游。

3）调整旅游产品结构，培育特色旅游产品。增加开放山峰数目，降低登山费用，简化审批程序；发展环绕拉萨、珠穆朗玛峰和希夏邦马峰、林芝、昌都、冈仁波齐峰神山圣湖的徒步旅游；利用西藏特有的地质、地理、动植物、气候等条件，发展科考和探险旅游，可结合西藏科研工作，建立面向国内外旅游市场的科考旅游基地。

4）加强以交通为主的基础设施配套建设。航空方面应着重内外航空线路建设，包括昌都机场改造和在林芝等重要旅游区建设航空交通；增加拉萨、昌都机场与主要客源市场的直通航空；从根本上改变目前由一家航空公司垄断西藏国内航运的局面，推进西藏航空业的公平竞争和有序发展的新局面；除加德满都—拉萨、香港—拉萨航线外，应适时开通由东京等地进藏的国际航线。公路交通方面，改善通往重点旅游区的道路条件，重点改造、扩建和新建观光、探险、度假等旅游公路。公共服务设施方面，对重点旅游区进行基础设施建设，确保电力、通信、供水和垃圾处理能力。

5）加大开放力度，进一步吸引海外旅客来藏旅游。目前，西藏对外国人开放的县市非常有限，且对游客活动范围和活动日程限制较多，进藏须有政府签发的证件。建议中央在条件允许的情况下，放宽对国际游客进藏限制，简化进藏手续。

6）加强旅游人才培养和机构建设。与内地旅游机构建立人员交流关系，可选派干部到内地任职；聘用发达地区旅游管理和技术专家来藏指导和传授经验；与内地大专院校合作开办旅游职业培训班；对饭店、旅游景点和旅行社高中级管理人员进行资格培训；加强地区级旅游机构建设，建立旅游行政管理体系。

三、加强矿产开发前期工作，努力将资源优势转化为经济优势

西藏已发现矿产 100 多种、矿产地 2000 余处，已探明储量矿产中居全国前十位的有 18 种，是我国矿产资源安全保障的重要储备区和开发接替区。为将资源优势转化为经济优势，提出如下建议。

1）根据市场需求开发优势资源，优先开发易采选、易运输和价值高的矿产(如金、铬、锑、宝玉石、矿泉水等)，并根据条件逐步加强其他矿产(如铜、盐湖矿

产等)开发。青藏铁路修通后，可选择矿量大的矿石内运(如铜矿、铁矿、石膏等矿产)。对于全国短缺而西藏具有优势的矿产应根据国家需求和国际矿业市场态势，实行保护性开发或战略储备。以青藏铁路沿线和“一江两河”地区为主体，以藏东和冈底斯有色金属和贵金属矿带、藏北油气和盐湖矿产等为依托，建设现代化矿产基地，逐步建立盐湖化工联合企业。

2）坚持矿产开发与环境保护并重的原则。西藏生态环境异常脆弱，遭受破坏后极难恢复，而且作为江河上游区还会污染中下游地区。因此，必须坚持矿业开发与环境保护并重的原则，开发前认真做好环境影响评价，切实加强矿区及外围的生态环境保护工作。

3）要重视矿产资源的综合勘查、综合开发。西藏矿产资源类型多，伴生、共生矿产资源量比例很大。为提高矿产资源利用率，要综合勘查、综合评价、综合开发利用，开展复杂矿石综合利用研究。

4）要大力加强地质矿产的基础工作。西藏广大地区尚未完成 1∶250 000 地质调查工作。建议国土资源部加速 1∶250 000 地质调查，同时加强对具有开发前景的西藏优势矿产资源的调查评价；建议科学技术部安排类似新疆“305”项目的综合性矿产资源研究项目，以进一步摸清西藏矿产资源家底，为建设西藏的现代化矿业打好基础。

四、加强生态环境建设和防灾减灾，实现可持续发展

西藏自然环境和生态系统十分独特，对西藏社会经济发展有着基础保障作用，并在全国生态环境安全保障中具有不可替代的重要地位。西藏生态环境建设和防灾减灾应抓好以下工作。

1）重点抓好草地生态保护和建设。针对超载过牧(特别是冬春草场)和盲目开垦所造成的草场退化问题，以草定畜，加快畜群周转和出栏，逐步减少超载牲畜，维持草畜平衡；在冷季放牧场实行围栏，防止过牧；停止草地开垦和滥樵滥挖；保护草原鼠害天敌，停止猎杀狐狸等草原野生动物。对轻度退化草场实行围栏，在早春生长季节和秋末入冬前休牧，以使草场在数年内自然恢复；对中度退化草场实行 3~5 年围封和禁牧，在有条件地方实行施肥和补种以加速恢复；对年降水 350 毫米以上重度退化草场，进行施肥、补播改良或人工种草，对年降水低于 350 毫米、重度退化草场加强封育、禁牧，必要时实施生态移民。

2）积极引导和鼓励调整能源消费结构，减少生物质能源消费。目前木柴、作物秸秆、牲畜粪便等生物质能源消费过高，已对生态环境造成了破坏；电力、煤炭及石油等现代能源供不应求，已对社会经济发展产生了严重影响。而另一方面，丰富的水能、地热和太阳能等尚未充分利用。为此，应积极发展中、小、

微型水电站，构建常年运转、稳定出力、布局合理、保障有力的电力系统；在地广人稀、交通不便、电力难及地区，配合“阳光计划”开发太阳能及风能，特别重视发展县级太阳能电站，推广太阳能热水器、太阳灶、太阳能采暖房(暖棚)等；实行优惠电力投资政策和价格政策；采取严厉措施，制止西藏各级党政机关燃用木柴。

3) 切实抓好自然保护区工作。尽快制定西藏自然保护区建设规划；针对独特类型生态系统和地质地貌剖面，建立自然保护区或国家公园；探索自然保护区管理和运行模式，推广珠峰管理模式。

4) 强化对重大建设与开发项目的生态环境影响评价。为避免重蹈我国中东部某些地区对环境先破坏后治理和以牺牲环境为代价发展经济的覆辙，在国家尚无相关法规前，西藏自治区可先行制定重大工程环境影响评价法规，严格实行重大工程立项前环境影响评价。评价工作应由相当资质的机构严格按照相关法规独立进行。

5) 加强地质灾害防治。西藏是我国地震、滑坡、泥石流等灾害多发区，大型工程特别是水利、交通、电力工程等受影响较大。为此应设立西藏地区地震与地质灾害防治基金，加强对突发性灾害的预防和应急反应能力建设；建立自治区地质灾害防治领导小组，统一规划治理全区地质灾害；对重大工程开展地震与地质灾害危险性和风险评价；建立西藏地震与地质灾害数据库和信息系统；开展西藏1∶500 000活动断层、山地灾害(滑坡、泥石流)普查工作，对重点地区进行大比例尺滑坡、泥石流危险性评估；在西藏增设地震观测台站，加强地震活动性研究。

五、加速信息化建设进程，带动西藏社会经济跨越式发展

信息化正在改变人类社会生产和生活方式。西藏跨越式发展离不开信息化的支撑，信息化建设也是西藏最适宜跨越式发展的领域之一，但目前西藏的信息化程度很低。为此，应将“数字西藏”作为发展信息化建设的总体目标，未来5~15年主要建设完善的信息基础设施，同时建设相对完善的信息业务系统，推动信息技术的广泛应用。

在信息基础设施建设方面，近期应完成以下三项任务：①加速自治区信息基础设施建设，重点在地(市)县两级实现与国家信息基础设施主干网连接；②成立自治区信息网络管理中心和信息交换中心；③加强气象、水文、地震、环保等台站网络建设，实现数据上网与信息共享。

在信息技术应用方面，近期应重点抓好四个领域的信息化建设：①资源环境信息系统与资源环境管理信息化建设；②旅游信息网络系统建设，包括建设具有旅游电子商务功能的地区性旅游网站，以及旅游服务电子化建设、旅游管理电子

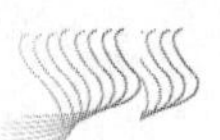

化建设，并逐步与国际互联网互联；③农牧业信息系统与信息服务网络建设，包括建设农业资源环境背景数据库与农情监测系统、国内外农产品市场信息系统、国内先进农业技术数据库、自治区历年农牧业生产数据库；④发展远程教育系统。

六、高度重视社会发展事业，加速社会进步和现代化进程

目前，西藏社会发展水平与全国的差距要明显大于其经济发展水平与全国的差距，加速社会发展是西藏跨越式发展的主要内容之一。为此，首先要转变发展观念，调整发展指标。GDP(国内生产总值)并非西藏发展的唯一指标，更不是跨越式发展的唯一指标。西藏跨越式发展的突破口不在经济领域，而在社会发展领域。投资拉动固然可以加速 GDP 增长，但如果忽视增长质量，即使 GDP 上去了，人民群众也可能得不到明显实惠。为此，建议如下：

1) 调整对西藏的投资方向，将更多资金用于建设农牧区和小城镇教育设施、医疗卫生设施、交通通信、中小电站和饮用水源等方面，改善城乡居民生活环境、生活和生产方式；城镇建设要根据实际需要改善基础设施，控制脱离居民实际需要的形象工程建设。

2) 加强基础教育。西藏教育发展要面向现代化、面向世界、面向全国和面向未来，重点抓好师资队伍建设，吸收内地优秀中青年教师充实西藏教师队伍，加强教师在岗培训；根据《教育法》和《民族区域自治法》等规定，在“国家贫困地区义务教育工程”、“对口扶贫支教工程”中优先考虑西藏特殊需要，多方筹措资金，大力改善办学条件；严格要求各地市、县及乡镇级财政保证教育投入，切实用于增加贫困学生助学金和寄宿生特困补助、新建和改扩建校舍、提高教师待遇以及购置教学仪器等；改进教学手段，发展远程教育，使教育水平有新跨越。

3) 加大全国的科教援藏力度。科教援藏效果成绩显著，科教兴藏也必须以科教援藏为前提。科技部、教育部等要发挥其在各部门援藏工作中的重要作用，特别在国家科技扶贫规划、国家西部大开发规划及西部科技专项中增加对西藏援助份额，加大教育援藏资金投入，重点改善教学条件、培训师资；各地区要相应地加大科教援藏力度。

4) 高度重视人才培养工作。反藏独和实现跨越式发展的关键在人才。应从战略高度重视人才培养，培养讲政治、懂政策、有技术、会管理的干部；加大内地西藏中学等教育援藏力度，进一步扩大办学规模，提高办学质量；重点培养一批博士层次的高级科技人才。各部门和地区应帮助西藏联系内地院校和科研院所，为西藏联合培养急需的科技人才和经营人才。

七、设立西藏自治区人民政府科学顾问组织

21世纪初期是西藏各项建设事业蓬勃发展的大好时期，也是实现跨越式发展和可持续发展的关键时期。为促进西藏可持续发展和跨越式发展，建议成立西藏自治区人民政府科学顾问组，邀请一批院士和专家，给予西藏发展以特殊关注和支持，对西藏发展重大战略问题进行科学咨询。

(本文选自2001年咨询报告)

西北干旱区的水资源与生态环境建设

陈梦熊*

西部大开发是促进西部经济发展的一项重大决策。为了实行可持续发展，中央一再强调，西部大开发首先要加强生态建设与生态环境的保护。我国西部地区范围很大，不同地区的生态环境与生态系统互不相同。本报告着重探讨西北干旱区，以绿洲生态系统为核心的大型内陆盆地的生态建设问题。

一、西北干旱区水资源条件

西北大型内陆盆地，主要包括甘肃河西走廊、新疆准噶尔盆地、塔里木盆地、青海的柴达木盆地及周边山区，其总面积约 250 万千米^2，相当全国陆地面积的 1/4。全区气候极端干燥，降水极少，日照和蒸发作用都极强烈，日夜温差极大，风力很强而且持久。全区除绿洲地带外，以荒漠景观居首要地位，生态环境十分脆弱。由于自然条件与人类活动的影响，荒漠化现象日趋严重，不仅已严重威胁当地人民生活，而且直接或间接影响到我国北方广大地区。

我国西部内陆盆地，虽然与一般典型的干旱沙漠地区具有相同的生态环境，但其主要区别，是盆地四周都围绕着海拔 4000~6000 米的高山峻岭，如著名的祁连山、天山、昆仑山等，这是其他干旱地区无法比拟的。广阔的重重高山，降水丰富，冰雪遍布，是内陆盆地许多河流的发源地。据粗略统计，该地区冰川覆盖面积达 3 万千米^{2}左右，年均冰川融水径流量约 200 亿米^3，其中塔里木盆地就占 140 亿米^3，约为河川总径流量的 40%。高山降水随高度增加而增加，一般海拔每升高 100 米，年降水量相应增加 10~20 毫米，年均降水可达 200~400 毫米，最高可达 600 毫米左右。山区降水与冰雪融水相汇合，形成强大的地表径流，汇聚到盆地，成为滋润广大绿洲的宝贵水源。

据概略统计，上述盆地的总水资源约为 900 亿米^3。其中河西走廊为 82 亿米^3，

* 陈梦熊，中国科学院院士，国土资源部咨询研究中心

准噶尔盆地为 308 亿米^3，塔里木盆地为 438 亿米^3，柴达木盆地为 49 亿米^3。以上总水资源量，接近两条黄河的年均径流量。特别是由于地广人稀，主要耕地及居民点都集中在仅占总面积 5%~10%的绿洲地区，因此人均占有水量远远高于国内其他地区。例如，塔里木盆地人均水量为每年 6049 米^3，准噶尔盆地为每年 3449 米^3，河西走廊为每年 1590 米^3，柴达木盆地可达每年 33 164 米^3。相比之下，华北地区人均水量不足每年 1000 米^3，海河流域每年仅 300~400 米^3，相差很大。

内陆盆地的水资源，普遍具备以下特点：①每条河流自山区流入的径流量，基本相当或接近全流域的总水资源；②由于冰雪资源与森林带的调节作用，河川多年年均径流量，相对比较稳定；③地表水、地下水相互重复转化，形成一个不可分割的统一体；④每条河流自上游至下游，要流经两三个分割的水盆地，由河流串联构成一个统一的水文系统和水资源系统；⑤每条河流对全流域的生态环境与生态系统有重要影响。当前存在的主要问题，总体上不是水资源的供需矛盾，而是水资源的严重浪费和大水漫灌导致土地大面积盐渍化。由于缺乏统一规划与科学管理，地表水、地下水不能联合开发，综合利用；上、下游水资源得不到合理分配，造成上游大量消耗,下游河流断流、湖泊干涸，地下水位剧烈下降，水质恶化，植被枯萎死亡，大片绿洲沦为荒漠，生态环境急剧恶化，不少地区已面临亟待抢救的危急关头。

二、开发利用天然地下水库

干旱区内陆盆地水资源的主要特点之一是地表水、地下水相互转化。在天然状态下，山区河流进入盆地后，80%以上的地表径流，在流经山前戈壁带时就全部渗入地下，转化成地下水；在戈壁带前缘，又溢出地表，汇聚成泉集河，流入绿洲，成为绿洲耕地的主要灌溉水源。戈壁带实质上是由巨厚卵石层所构成的一个占有巨大空间的地下水库，具备良好的储水条件与调节功能。与地上水库对比，地下水库主要具有以下优势：①地下水位埋藏深，由数百米逐渐降至数十米，不存在蒸发损失问题；②由于西北特有的强烈地壳升降运动，山前坳陷带由巨厚卵石层构成的簸箕状深槽，地下库容巨大；③卵石层渗透性强，孔隙率大，沉积物单纯，具备良好的储水条件；④地下水水力坡度大，流速快，具有极强的传输能力，有利于垂向入渗与侧向流动；⑤由于具有良好的多年调节功能，溢出带的泉流量，不受气候影响，能常年保持稳定。

地上水库修建以后，实际上替代了原来地下水库的储水功能，其主要缺点是：①干旱区年蒸发率达 1000~3000 毫米，造成水面巨大蒸发损失，配套修建的高衬砌渠道，远距离输水至绿洲地区，沿途再度遭受蒸发损失；②修建水库或渠道，均需耗费巨大建设投资，以及相应的维修费用；而利用地下天然水库，既无蒸发

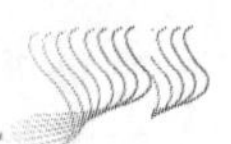

损失，又不需要高额投资；③地上水库调节功能不强，不能保证春旱供水需要，大部分水库淤积严重，库容日趋萎缩；④修库后戈壁带地下水补给急剧减少，溢出带泉流量相应衰减，甚至枯竭，原有的泉灌系统受到严重破坏；⑤山前带是地震强烈活动带，修建水库要冒很大风险。

三、统筹规划，综合利用，合理调整灌溉系统

20 世纪 60 年代前，绿洲耕地以泉灌为主，下游盆地以河灌为主。大量水库修建以后，泉流量逐年衰减，原泉灌或河灌系统，逐渐被渠灌或井灌系统所替代。由于地下水的补给来源已不同程度地被上游水库所拦截，井灌系统成为无米之炊。例如石羊河流域，超采现象十分严重，地下水位急剧下降。同时，水库内很大一部分水，被引到山前戈壁带或下游盐土带，用于大力开垦荒地建设新绿洲。由于荒地土壤贫瘠，需消耗 2~3 倍的灌溉用水，特别是戈壁带土层薄，地下水位深，灌溉用水大部分渗漏损失，不能重复利用。盐土带开垦以后，由于大水漫灌和缺乏排水措施，地下水位大幅度抬升，大面积土壤盐渍化，尤以新疆最为突出，盐渍化土地占耕地面积 35%以上，弃耕土地超过 1000 万亩以上，几乎相当历年荒地开垦的总面积。

为了保护生态环境，必须把地表水、地下水作为一个整体，统一规划，联合调度，综合开发，合理利用。长期以来，片面地以开发地表水为主，而忽视地下水在干旱地区所具优势，以致原来的泉灌系统受到不必要的破坏。今后应适当限制修建地上水库，或采取拦河坝的形式，以扩大地下水的补给来源，同时拦截部分地表水，解决春旱期间的农业用水。

充分利用戈壁带天然地下水库的调蓄功能，大力保护泉水资源，根据泉灌、渠灌、井灌、河灌相结合的原则，因地制宜，重新建立新的灌溉系统。绿洲带以泉灌为主，河灌或井灌为辅，盐土带以实行井灌、井排为主，渠灌为辅。凡单一的井灌系统又严重超采的地区，应改为井、渠结合，互相调剂；必要时应采取人工补给等措施，以保证地下水的补给来源。充分利用地表水、地下水相互转化的关系，以提高水的重复利用率。根据水资源的承载能力，在不影响天然绿洲前提下，允许在具备开垦条件的地区，适当发展人工绿洲；但要严格防止片面为发展经济而损害生态效益，或以牺牲下游地区的社会、经济效益作为代价，以满足上游地区发展经济的需要。

四、上、下游水资源分配失衡，造成生态环境恶化

如前所述，每条河流自山区流入的径流量，基本代表全流域的总水资源。河流上下游盆地，由河流串联组成一个相互联系而又统一的水资源系统。全流域的

总水资源与各盆地消耗水量的总和，基本保持平衡：通过长期的历史演变，各盆地之间水资源的分配，也逐渐形成一个比较稳定的天然平衡状态。

自大量水库修建以后，由于缺乏统一规划与科学管理，上游地区为开拓新绿洲不断扩大灌溉面积，水资源的消耗量日趋增长，而下游地区的来水量，则相应日益减少，已成为西北干旱地区的普遍现象。因而上、下游之间水资源分配的矛盾、水资源开发与保护生态环境之间的矛盾都日益激化。例如，石羊河下游民勤盆地，20 世纪 50 年代的来水量为 5.47 亿米^3/年，90 年代末已下降到 1 亿米^3/年左右。黑河流域下游的额济纳旗盆地，50 年代时水量不小于 8 亿米^3/年，80 年代以来，逐渐下降到 2 亿米^3/年以下。塔里木河干流上游年径流量为 50 亿米^3，由于任意截流引水，至中游已下降到 10 亿米^3；卡拉水文站 50 年代流量为 13.5 亿米^3，1997 年已减至 1.44 亿米^3，以致下游 300 千米的绿色走廊，因河流断流大部分已沦为一片沙漠。

水是维持荒漠绿洲生态系统的决定因素，水资源的重新分配，不仅打破了水资源系统的天然平衡，同时也严重破坏了全流域的生态平衡，导致生态环境严重恶化。下游地区来水量的急剧减少，造成河流流程缩短、湖泊萎缩或干涸，地下水位持续下降、水质恶化，绿洲被沙漠侵占的范围日益扩大，部分耕地撂荒，外围草场、灌木林等大片植被退化或死亡，最终形成土地大面积荒漠化。

五、保护和改善生态环境刻不容缓

自然界许多自然现象的演变，往往需要几百年或上千年才能看出它的变化，可是人类的各种活动，往往只需几十年或上百年，就能对生态环境造成严重影响。例如，黑河下游的终端湖是历史上著名的居延海，1940 年的水上面积尚有120 千米^2，但 20 世纪 80 年代就已完全消失，沦为沙漠；孔雀河的终端湖罗布泊，1940 年水上面积尚达 1900 千米^2，60 年代缩小为 530 千米^2，80 年代全部消失。以上巨大变化，仅经历不到 100 年的时间。

河流断流与湖泊消亡，促使气候更趋向干旱化，地下水位持续下降与水质恶化，加快大片植被的死亡。胡杨是我国西北干旱地区十分珍贵的落叶乔木，在全球已所剩无几。此类林木当地下水位大于 5 米，矿化度超过 5 克/升时，就开始枯萎；当地下水位下降至 10 米以下，矿化度升高至 10 克/升以上时就全部死亡。黑河下游近 600 万亩的乔、灌木次生林，在近几十年内全部枯萎死亡。塔里木河 1958 年尚有 780 万亩胡杨林，到 1995 年仅余 213 万亩；下游地区地下水位由 2~3 米下降到 12 米，矿化度上升到 5~10 克/升，50 年代尚有 81 万亩胡杨林，到 1995 年仅余 11 万亩。如果亲自到现场看一看，那茫茫一片光秃秃的枯木，满目凄凉，令人触目惊心。如此巨大变化，只是半个世纪内发生的事。大片土地的沙漠化，

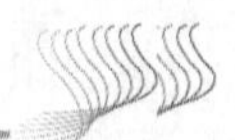

造成强烈的沙尘暴天气，其发生率及强度一年胜过一年，造成重大经济损失；不仅直接威胁河西走廊及宁夏河套等地区，也影响到华北地区。

为了保护和改善生态环境，合理分配水资源，首先要考虑生态用水的需要，特别是大力保证为维护绿洲外围的草地、灌木林、沙枣林及胡杨林等植被的用水需要，并积极抢救正在枯萎或已死亡的灌木林或胡杨林。例如，为了抢救正在枯萎的胡杨林，必须保证引入足够的水量，能满足使地下水位抬升至 3~5 米，矿化度由 5 克/升以上淡化到 5 克/升以下。即要恢复正常的生态环境，必须首先恢复合理的水环境，两者相辅相成。因此，研究地下水与地表植被之间的生态关系，至为重要。如果缺乏必要的水资源条件和必要的生态环境，那么盲目地种草、植树，都必然要遭到失败。

六、干旱区的生态建设是一项艰巨复杂的长远任务

干旱地区生态建设离不开水资源，水资源是生态建设的前提和基础。生态环境建设，必须与水资源利用综合考虑，统筹规划。在水资源分配上，不仅要考虑上、下游水资源的合理配置，还要考虑农业用水、城市和工业用水，以及生态用水之间的合理配置。

为了保护和改善生态环境，特别是防止下游地区生态环境继续恶化，实行还草、还林、还地，必须首先要还水。重新调整上、下游之间水资源的比例关系，逐步压缩上游地区的耗水量，逐步扩大下游地区的流入量，达到一个比较合理的新的平衡关系。压缩耗水量主要有两个途径：一是防止浪费，提高水的利用效率，实行高效节水农业；二是对新建立的人工绿洲，凡耗水量大而经济效益低的耕地，以及盐渍化严重而又缺乏治理措施的耕地，坚决实行弃耕。把这两部分水还给下游被撂荒的老绿洲，或还给被掠夺水源、改用井灌而又严重超采的老绿洲，如石羊河流域的武威地区。

对于生态环境已遭严重破坏的地区，如石羊河下游的民勤盆地、黑河下游的额济纳旗盆地，以及塔里木河下游 300 千米的“绿色走廊”，要进行生态建设，实现还草、还林、还地，这是一项非常艰难的生态工程，需要 10 年、20 年，甚至半个世纪的漫长时间，才能看到效果；而且需要地学(特别是水文地质学)、生态学、农学、水利学等各方面专家，进行联合攻关，才有可能完成这项长期而又复杂的系统工程。

西北干旱区的生态建设、生态环境保护、水资源开发的合理规划与科学管理，都是非常复杂、科学性极强的新课题，需要组织多学科共同合作，进行综合研究。例如，全球变化对干旱区水循环及生态环境影响的研究，干旱区河流水文系统、水资源系统与农业生态系统相互关系的研究，山前地下水库开发利用的研究，地

表水、地下水联合调蓄、统一调度的研究，水资源的优化分配与供需平衡的研究，流域水资源与灌溉系统合理规划的研究，流域水资源与多目标决策管理模型的研究，干旱区地下水与植被生态系统的研究，干旱区土地荒漠化、盐碱化治理研究，干旱区地方病与水文地球化学的研究，干旱区高效节水农业技术的研究等。

(本文选自 2001 年院士建议)

试论有关黄河的一些常用谚语

任美锷*

几千年来黄河以她的乳汁——河水滋润着广大的田野，抚育着亿万中国人民，因此，黄河被称为“中华民族的母亲河”。同时，黄河也哺育了中华古代文明的灿烂文化，因此，许多外国朋友常把黄河称为“中国文化的摇篮”(cradle of Chinese civilization)，我们中国人也常沿用这一谚语。可见在历史上和文化上，黄河无疑是我国的一条最重要的河流，其重要性超过了长江。同时，由于我们公认黄河流域的一个古代部族首领——黄帝是中华民族的始祖，黄帝的生活年代是距今5500年左右，因此，中国人民(包括政治家、学者等)常称中华民族有5000年的文明历史，中国是一个有5000年文化的古国。这些关于黄河的常用谚语，流传很广，影响很大，但严格说来，它们往往是不够科学的，亟须加以改正。本文试就此问题提出我个人的一些看法。

在讨论此问题以前，首先必须确定什么是文明(或文化)。世界各地古代文明都起源于农业，我国也不例外。在远古，先民以狩猎、采集为生，居无定所，谈不上有什么文化。一直到有了农业，人们的生活逐渐安定，集居在一个固定的村落，文化才逐渐发展起来。根据这种看法，中国古代文化的起源主要有两个中心，即南方的水稻文化和北方的旱作(粟)文化，两者的年代都距今8000~10 000年。北方旱作文化的中心主要在黄河中游，甘肃省秦安县(在渭河上游，即黄土高原的中西部)大地湾遗址发掘出大量的粟，并发现较大的村落遗址，它们的时代为距今8000年左右，其附近黄土地层中的孢粉年代亦距今约8000年。当时，黄土高原中部气候温暖湿润，但雨量并不太多，树木和森林不太茂密，土地比较干燥，旱作农业容易发展，且黄土深厚，易开挖穴居，故人口逐渐增多，形成较大的部落和较强的政治势力(如黄帝)。因此，黄河流域逐渐成为中国古代的农业和政治中心。反之，南方(主要长江中下游)在那时土地卑湿，森林茂密，开发不易(在当时技术条件下)，所以虽然水稻种植起源也很早，但南方始终未能形成强大的农业和政治中心。因此，我们常以黄河流域的古代文化代表中华民族的古代文化。根据以上简短论述可见，中国的文明史应为8000年，而不是5000年。中国应当是“一个有8000年文化的古国”，

* 任美锷，中国科学院院士，南京大学

而不是“一个有5000年文化古国”。黄土高原人民早已认识天水(甘肃省内)附近(秦安是天水市的一个县)伏羲的农业文化的年代早于黄帝，故尊称伏羲氏为“人文初祖”。黄帝则被称为“人文始祖”，以表示年代的先后。

黄河流域的古代农业主要以黄河及其支流汾、渭、北洛河等的灌溉而发展壮大。且在公元8世纪以前，黄河下游决口泛滥较少，是一条利多害少的大河。因此，黄河不愧是“中国古代文化的摇篮”。公元8世纪以后，黄河下游决口泛滥频仍，灾害加剧，对两岸广大人民已不再是一条利河，而是一条害河了。所以，外国人也常称黄河是“中国的忧患”(China's sorrow)。新中国成立以后，黄河下游的两岸大堤多次加高、加固，故最近50年来没有发生大规模的决口、泛滥，这是治河史上的巨大胜利，但水灾隐患并未根本消除。“黄河是中国文化的摇篮”和“黄河是中国的忧患”从字面上看是互相矛盾的，但在不同的历史阶段，两者各有其正确性，前者是指古代，后者指近代①(公元8世纪至1949年)。

根据以上论述，我作如下建议。

1) “黄河是中国文化的摇篮”应改正为“黄河是中国古代文化的摇篮”。“黄河是中国的忧患”应改正为“黄河是中国近代的忧患”，近代是指公元8世纪至1949年。

2) 中国的文明史应为8000年而不是5000年。“中国是一个有5000年文化的古国”应改正为“中国是一个有8000年文化的古国”。

3) “黄河是中国(或中华民族)的母亲河”这句谚语是完全正确的。黄河不但哺育了我国最早的旱农文化，而且中国古代文化的顶峰——春秋战国时期的诸子百家，也是在黄河下游平原上发育生长的，特别是孔子的思想对广大中国人民(包括海外侨胞)有着深刻且持续至今的影响。亚洲某些国家，如日本，韩国、越南等，它们的文化也受到孔子思想的重要影响。第一个统一全中国的皇帝秦始皇和汉、唐盛世都定都于今西安，当时，黄河中游不但是全国的政治中心，也是全国的经济、文化中心。在唐代盛世，西安还是当时世界最大的国际性大都市之一，人口达百万之众。唐代以后，由于北方游牧部族进入中原，黄河中、下游连年战火，黄河流域的人民大量迁移到南方，特别是到长江三角洲，促使长江三角洲的经济迅速繁荣，文化加快发展。因此，在现代，虽然全国政治中心仍在北方(北京)，长江三角洲亦成为全国重要的经济中心和主要文化中心之一。因此，从历史来看，黄河只是中国古代文化的摇篮。

虽然有上述古今变迁，黄河却永远是我们的母亲河。如何珍惜和爱护我们的母亲河，使她永远造福于后代，这是当代中国人民的神圣责任。

(本文选自2001年院士建议)

① 本文的近代不是普通历史上的近代，而是按黄河下游水灾情况分的，主要说明黄河下游水灾的三个时期(古代为少水灾时期，近代为多水灾时期，现代为由于不断加高大堤故无严重水灾时期)

台湾的环境保育与水土保持
——访台观感

施雅风*

我有幸于 2000 年 9 月 14~27 日去台湾参加“第二届海峡两岸山地灾害与环境保育研讨会”，除在台中市中兴大学举行两天室内讨论外，其余时间用于环岛旅行考察，间或到有关大学访问交谈，感受良多，印象最为深刻的是台湾环境保育和水土保持的良好做法，可为我们内地借鉴，简述如后。

一、环 境 保 育

台湾面积约 3.6 万千米^2，相当于浙江省的 1/3，人口 2300 万人，可说是地狭人稠；自然条件是山多平地少，海拔 1000 米以上的山地面积占 47%，1000 米以下的坡地面积占 27%；地震活动强烈，又多台风大雨，地势陡峻、土壤浅薄、河流短急等不良条件，给台湾带来了严重自然灾害。但台湾地处亚热带、热带，自然植被覆盖较好，现代工业、农业比较发达，公路交织。在近 50 年的历史上，台湾也一度出现过滥伐森林、破坏环境的现象，但从 20 世纪 60 年代起就较快地注意纠正。现在全岛有森林面积 210 万公顷，占土地面积 58%，我们旅行经过之处，除陡崖和森林线以上高山区、道路和建筑物占地外，几乎到处有绿色植物遮覆，很少见到裸露的山坡。印象特别深刻的是公路修建、斜切山坡导致裸露和岩崩、滑落的山坡以及自然崩坍裸露山坡地，应用铺网(铁丝网、水泥框架方格等)在网格中喷洒特制的土壤团粒剂和经过选择的适生草类，在不长的时间内就出现绿色植被，这称为植生工程，很值得在内地广为推行，极有利于环境保育和景观美化。台湾有多处公园和星罗棋布的游息场所。赏心悦目的美丽风光，招来大量游客，我们看到标语牌上劝告游客保护环境的警语，如一处标语牌写着“除了摄影，不取走任何一样东西；除了脚印，不留下任何一样物件”。我们在太鲁阁公园游览时，承公园管理处送给我们每人一顶帽子，帽子两侧各印着一句话：“替世世

* 施雅风，中国科学院院士，中国科学院兰州寒区旱区环境与工程研究所、中国科学院南京地理与湖泊研究所

代代创造瑰丽的明天，为子子孙孙留下美好的乐土。”台湾有一个环境教育学会，由著名地理学家王鑫教授任会长，印有许多宣传品，一份宣传品上印的标题为“道法自然”(老子道德经语)，内容是引导人们“跪地闻花香”，先引奥地利旅游家的实例，在田野嗅到野花香的时候，不仅没有去摘那朵花，而是跪在地上轻轻地去嗅它。由此引申出“环境教育不但要求认知，更要每个人从行为上表现出情意，那么，下一次嗅到地上花香的时候，请你跪下去，在下风方向，轻轻地扇动你的手，把花香送到你的脸上，切记，只能吸气，莫要吐气，以免污染了花儿的芬芳，如你能这样做，我们的环境教育就成功了”。诸如此类，台湾的环境教育比较深入、普遍而成功。有一个例子，一位退休的老工程师，在一处旅游景点，主动、义务捡垃圾，起初，在傍晚游客少时捡，效果不很大，后来，他当着白天游客多时捡，前面游客丢下废污碎物，他后面跟着就捡了，他这样的行为感动了游客，而游客随意丢废污碎物的现象就大大减少了。看来环境保护的好坏，一靠具体得力物质施工措施，二靠广泛深入教育促使的群众自觉。当然台湾环境保育不是一切都好，如水污染问题就相当严重，50 条河流中有 1/4 河段严重污染或中度污染，特别西部地区河流枯水期间，污染较重，37 座水库中有一半富营养化，表现出环保工作较经济发展的滞后情况。近年台湾已制定“水污染防治”有关规定、“五大河流饮用水源水质保护计划”、“土壤污染与地水污染防治”有关规定等积极治理污染。总体来说，台湾环境保护做得相当好。

二、水土保持

台湾的环境保育和山地灾害治理的深入密不可分。1999 年 9 月 21 日发生的 7.3 级的集集大地震，夜间发生，人员伤亡众多，损失惨重。我们考察时看到集集镇西侧的车笼埔活断层和大茅埔一双冬断层因地震导致的地面破裂带南北延伸七八十千米。我们经过的南投县受灾最重，县政府房屋被震毁，移县体育馆办公，县境多处张挂大幅标语“含泪重建，坚忍向前”。考察经过时，正值“9·21”地震一周年，南投县开纪念大会，县长慷慨陈词，重点仍在募集款项，加快重建。灾区原是台湾中部风景秀丽的旅游区，因房屋道路破坏，来客稀少，媒体报道由此增加了 8 万失业者。看来，如此大灾后的完全重建要经过更长时间的艰巨工作。

大地震引发了山区大面积崩塌、滑坡，于雨季特别是台风大雨后进一步崩塌和土石流(即泥石流)等二次灾害，台湾“农业委员会水土保持局”组织学术界力量紧急调查，从 SPOT 卫星影像上找出 5 个灾区县地面变异地点 2365 处，计算崩塌面积 14347 公顷，另根据震后新拍航空照片，配合电脑辅助制图，对崩塌地危险等级划分(A：急需处理，可能有立即危险；B、C：无立即危险，暂缓处理，但应进行查看观测；D：无须处理或无法处理，待植被自然恢复)，并按崩塌地大

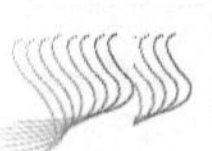

小划分统计，共统计到21969处，其中小于1公顷的崩塌占94%，面积仅占23%，而面积达100公顷以上的大崩塌均为地滑(即滑坡)所成，有6处，土石滑动距离有超过1千米的，堵塞河流，形成堰塞湖，造成对房屋、农地和交通道路的严重损失。例如，南投县九份二山区，崩塌体面积约195公顷，崩塌体积达3492万米^3，堆积体更膨胀到3658万米^3，堆积高度达97米，形成两个堰塞湖，为防止堰塞湖水位上涨，再次溃决，紧急开设了1.5千米长的溢洪道，排除了二次灾害。另外，"水土保持局"以面积大于3公顷，区内野溪坡度大于15度为标准，结合岩体破碎、崩塌土砂情况，确定土石流危险溪流共计370条，影响2645住户安全，其中高危险度105条，中危险度207条，低危险度58条，比大地震前增加很多。截至2000年底，由"水土保持局"和中部灾区7县市核定的复建工程达1591件，共投入新台币36.75亿元(新台币4元约合人民币1元)，已拟订的"灾害整治四年计划"工程2754件，共需新台币89.77亿元，以上两个方面都包括崩塌地处理、土石流危险溪流整治、治山防灾构造物修复重建、崩塌裸露地植生、农路水土保持等多项。

这里特别介绍崩塌地的植生复育工程。"水土保持局"优先选择127处，590.6公顷进行，核定投入新台币1.23亿元，至2000年8月已办理176.2公顷，基础工作有机械整坡及危石处理、喷泥浆、坡顶与坡面排水、坡脚挡土墙等。植生法有铺网喷植、打椿(木椿或钢筋椿)编栅铺网喷植，袋苗穴植，航空撒播，坡趾植栽等。从日本冲绳县引进一项先进的土壤团粒剂喷植技术，在崩塌严重的8个地点进行，作为紧急防止土壤流失的方法，其特点是土壤团粒剂可渗入土层而与土粒结合形成保护作用，所喷植草类成长良好，可全面覆盖山坡，由经过训练的人员操作喷植机进行，估计每公顷喷植成本达新台币90万元。另外，对崩塌地的裸露缓坡(60度以内)200多处，雇用灾区失业劳动力，选择百喜草(*Paspalum notatum*)、百慕达草(*Cynodon adctylon*)及类地毯草(*Axonopus affinis*)等草种均匀混合，进行人工撒播，成效良好，台湾崩塌地植生工程应用植物37种，内乔木21种[①]。

1994年，台湾的水土保持法实施，规定以集水区为单元进行整体治理。台湾"水土保持局"设有6个工程所，每所负责一县至数县的水土保持工程，有50~80位工程技术人员，一年经费数亿新台币，对水土流失严重的小流域，开展"景观野溪整治工程"，并提倡"水土保持工程生态化"，即工程设计不单纯为治理水土流失，而是和生态环境保育、旅游观光和地区经济发展融合。以我们参观第六工程所承办的花莲县白鲍溪整体治理工程为例。白鲍溪为中央山脉东侧的小河流，溪长9千米，集水面积2200公顷，上游坡降46.5%，下游坡降6.5%。年降水量2100毫米，由于地质条件不好，冲刷、崩塌剧烈，常产生暴雨土石流危害下游精

① 这部分的数据均取自《9·21集集大地震坡地水土灾害及复建纪实》一书

华农业区。治理工程分三类：一是溪沟整治和防沙工程，包括防沙坝、潜坝及固床工程，以减低沟床坡降和控制砂石下移，与之相结合为两岸护坝工程和阶梯状的护岸工程，以保护两侧田园住房；二是农地水土保持，包括辅导农民实施山边沟、安全排水、植生覆盖等，以抑制土壤冲刷，减少土石入沟；三是改善农村道路、便利运输，加强河川沿岸可供游览欣赏的设施，以增加观光资源。1988~1999年，整个工程投资达 4660 万元新台币。工程保护了 1350 农户(约 5500 人)、田园面积 900 公顷，以及通过下游河段的公路、铁路设施，完工后风光如画。这样，水土保持工程成为融入自然景观的艺术品。每个工程所都有几处工程，每项工程都贯彻始终，而不是短期应急行为。

对可能危害村庄居民的土石流预警工作，由成功大学水利系防灾中心承办，共设立了 18 处预警点。我们曾到该中心参观，也看到预警点现场设施。据中心主任谢正伦教授介绍，防灾中心主要预警台风豪雨形成的土石流，主要步骤如下：发源于西太平洋的台风从一出现，即予跟踪观察估量其通过台湾的可能性及路径；对凡可能经过台湾的台风以连线集中和分析台湾气象局 100 多个雨量站降雨量信息，确定台风降雨中心；设在各预警点的自记雨量计当记录到台风雨量达到有可能导致土石流发生的警戒标准时，自动向防灾中心发送信号，中心立即打电话向预警点先期约好人员，要求他迅速外出观察河流水情有无异常情况，并返回信息；根据实地雨量和水情变化，中心估计出土石流出现与危及村落的可能性较大时，立即向预警点村落及当地政府发出土石流即将发生的警报，敦促村民立即转移至安全地点。谢教授介绍预警成功的例子，是居民有 2~3 小时及时安全转移，大大减轻了灾害，也有失败的例子，即预报的土石流并未实际发生。

台湾水土保持的社会教育很为深入，考察途中看到的醒目标语，如“捍卫水土资源”，“青山是绿水的摇篮，绿水是生命的源泉”，台湾全省设有 17 个野外水土保持户外教室与多个示范教育点，向中小学生、周围居民与参观者讲授通俗易懂、模拟逼真的水土保持措施，使广大群众很快了解水土保持的重要性及自己应采取的行动，号召人人做“资源保育的实践者”，对“一滴水、一把土、一枝草、一棵树，还有野生动植物都爱护，为了维护水土保持，你我一齐来相助，我要立誓做保育大地的勇士”。这样，广大的台湾群众能够具备较高的水土保持与环境保育意识。这些工作比我们内地要进步得多。

台湾水土保持亦存在若干困难问题，如产值较高的槟榔、高山茶及高冷蔬菜等种植面积急剧增加。1988 年航测调查报告指出，山坡地作物有一半种植在坡度 30 度以上陡坡地上，特别是槟榔占地宽广，加剧水土流失。据科学家研究，一般山坡地开垦会增加侵蚀量 4~8 倍，当山坡开发达 30%时，侵蚀量就增加 3 倍，溪沟洪峰会提前 1 小时到达。我们旅行多次经过原有森林被清除而槟榔大片生长、加剧土壤侵蚀的地方，这种情况成为水土保持工作中很头疼的问题。

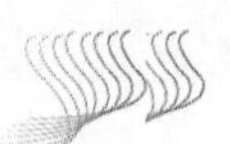

台湾水土保持人才的培养比较充分，有两个大学(台中市的中兴大学和屏东县的屏东科技大学)设有水土保持系。中兴大学水土保持系已成立20年以上，师资雄厚，科研工作较多，设有博士班和硕士班，毕业生的70%左右都从事水土保持工作。首任系主任是原黄河水利委员会钻研过水土保持的老专家，于1946年去台。另外，还有几所高校如成功大学、台湾大学等均设有机构从事水土保持工程设计或研究工作。在“9・21”大地震后，“水土保持局”就组织有关高校和研究机构，分工从事调查和整治规划与设计，较快地完成任务。

三、结　束　语

50年前，台湾并不是很富裕和先进的地方，人口只有600万人，在国民党政权初撤退到台湾时，人口激增200多万人，环境也受到严重破坏。但后来农业、工业、外贸出口等政策正确，措施得力，对教育基础和科技人才培养也非常重视，台湾经济获得了快速发展，经济实力大为增强，对环境保育和水土保持工作，主观上重视，普及教育深入，经济上也能拨付较大资金实施许多高质量的兼顾美化景观的工程。如前面所说，台湾的环境保育和水土保持措施上很多方面值得我们借鉴和效法。当前，生态环境的保护，水土流失的治理是困扰我国很多地区发展的根本性大问题，建议更大地扩展这方面和台湾的学术交流，更细心、认真地了解和学习台湾地区环保经验，引进适合大陆应用的先进技术，邀请台湾学者来访问考察，合作制订某些环境保育与水土保持的规划设计，促使我国环境保育与水土保持工作更快地发展，在21世纪初期解决这个大问题。

(本文选自2001年院士建议)

抓住时机，紧急部署纳米量子结构、量子器件及其集成技术的基础研究

黄 昆 等

在新旧世纪交替之际，纳米科技异军突起，受到全世界的关注。世界各主要国家均把纳米科技当作在未来最有可能取得突破的科学和工程领域。美国为此制定了“国家纳米技术战略”，克林顿总统还在加州理工学院发表了一篇脍炙人口的演讲，呼吁美国国会给国家纳米技术计划拨款 4.97 亿美元，将这场高技术争霸战推到了白热化的程度。在这场以“纳米”为主题的高技术争夺战中，中国的科技人员也做出了不少出色的工作，特别是在碳纳米管合成、纳米铜的室温超塑延展和高密度纳米存储阵列等方面。同时，政府有关部门给予了高度的重视，科技部正式批准了成立国家纳米科技中心和国家纳米技术产业化基地的计划等。我们认为当国家组织人力、财力和物力，准备积极参与攻占纳米科技制高点的竞争时，纳米科技战略规划和布局的制定就显得十分重要。

尽管目前“纳米”几乎已成为街谈巷议，大有言必谈纳米之势。但是在国际上，究竟什么是纳米科技，不同的研究领域和研究人员的看法目前仍是大相径庭。我们也很难用十分简练的语言来准确地描述它的内涵，只能借助最经常的说法：纳米科学是研究纳米尺度范畴内原子、分子和其他类型物质运动和变化的科学，而在同样尺度范围内对原子、分子等进行操纵和加工的技术则为纳米技术。我们认为，由于纳米科技正处在迅猛发展阶段，一定要去搞出一个纳米科技的“准确”定义并无太大必要。重要的是国家在作纳米科技规划布局时，不仅要重视近期易出有显示度工作的领域，同时更要重视那些带有根本性、规律性科技问题的研究。往往后者的突破会带来革命性的变革，它显然属于“有所为”的重要部分。

美国总统科学顾问尼尔・莱恩指出“(纳米)技术并不只是向小型化迈进了一步，而是迈入了一个崭新的微观世界，在这个世界中物质的运动受量子原理的主宰”。从某种意义来说，纳米技术就是人工造构的、具有量子效应的结构技术。从一开始它就是以量子论主宰世界为前提的科学技术。虽然 21 世纪不断被称为“生物工程时代”、“光时代”和“高度信息化时代”等，但是无论哪种称谓，其技术关键都是量子效应，这也是纳米技术有可能引起计算机革命、材料革命、光革命甚至生物工程革命的原因。因此，我们应当十分重视纳米科技在量子物理层面上

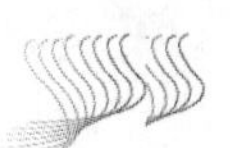

的研究，具体来讲，要重视如纳米量子结构、量子器件及其集成技术的基础研究。下面我们扼要从几个方面来阐述它的重要性与意义。

随着固态器件朝着小尺度、低维方向发展，它已经成为一种纳米量子结构。由于纳米量子结构中的受限电子、光子呈现出许多与它们在三维大结构中十分不同的、物理内涵十分丰富的新量子现象和效应，它一直在源源不断地被人们用来研制具有新功能和新原理的电子、光电子器件，不断地从最基础的层面上为开拓电子、光电子、光子信息技术的潜力提供新机遇。目前，纳米量子结构中波函数工程的提出将使人们能够从量子态波函数出发来设计新一代量子器件，开辟了量子相干的电子、光电子学新领域，标志着信息电子、光电子技术进入了“全量子化”的新阶段，这将对一个国家信息科学技术在21世纪的发展起巨大的推动作用。

在纳米量子结构中，信息载体将经历从经典的电子流到单个电子及至波函数的演变。这一挑战使得科学家探索固态量子电路的工作显得格外紧迫。例如，如何实现量子点自动基元间、单电子电路中数据信息的可靠传递？如何制备量子比特？如何在不同位之间引入量子纠缠？如何实现量子信息读出？这一挑战一定会促使具有新概念的量子电路诞生。

在纳米范围内运用自旋极化电子束与磁性材料互作用可以成为实现高速、高密度存储技术的新方案。另外，在纳米量子结构中如果能实现100%的自旋阈控制，可以研制出既具有记忆逻辑功能，同时又可用软件修改的可编程逻辑芯片。这种软件驱动的微处理器将显示出无可比拟的功能。因此自旋量子器件的研究对开发下一代计算机技术有着重要意义。

纳米量子结构、量子电路及其集成技术基础研究蕴涵着极其丰富的研究内容。

1）可以用做三维光子晶体天线、光子晶体二极管、无损耗光波导、光开关、无阈值激光器、光放大器等的新一代纳米光子器件。

2）量子保密通信用的关键器件——纳米单光子发射和探测器。

3）在纳米量子结构中通过控制电子自旋，可实现全新概念的自旋量子器件。

4）把纳米体系中电子态空间或自旋波函数的量子相干性作为电子、光子器件的物理基础，将可能发明和开发出全新概念的相干电子、光子器件。例如，利用超导量子点库柏对(Cooper pair)的宏观相干性和库仑阻塞效应可以实现量子比特；利用自旋在磁场中的相干拉莫(Larmor)进动(或者更广义地利用量子相干拍频)可以制成超高速(20吉赫兹以上)的脉冲激光光源。

5）以波函数作为信息载体，可能研制出固态量子比特器件，这将对量子计算的物理实现有着至关重要的意义。

6）特种材料(如硅基材料、GaN基材料)的纳米光电子器件可研制出新一代光互连、光开关、光逻辑、光参量放大等器件。

凡此种种，上述所列举的只是冰山一角，但是已经可以反映出这方面研究对一个国家抢占纳米科技制高点的重要作用。美国半导体工业协会预计，目前这场采用纳米量子结构的信息技术硬件的革命，完全可以与 30 年前用微电子集成芯片取代晶体管所引发的那场革命相提并论。因此，我们国家应及早把握住这一重大科技发展动向，抓住机遇，通过实施国家重点基础研究计划(“973”计划)或国家自然科学基金管理委员会重大研究计划和建立国家纳米科技核心实验室，集中人力、物力、财力支持国内这方面的研究工作。相信通过中国科技人员创造性的工作，我国一定会在已揭开战幕的纳米科技全球竞争之中赢得受人瞩目的一席之地。

（本文选自 2001 年院士建议）

专 家 名 单

黄　昆	中国科学院院士	中国科学院半导体研究所
郑厚植	中国科学院院士	中国科学院半导体研究所
甘子钊	中国科学院院士	北京大学
王启明	中国科学院院士	中国科学院半导体研究所
王　迅	中国科学院院士	复旦大学
陈良惠	中国工程院院士	中国科学院半导体研究所

开发利用西北地区空中水资源

周秀骥*

西北是我国主要的干旱和半干旱地区，水资源短缺严重制约着该地区社会经济建设与生态建设的发展，水的开源节流则是缓解这个瓶颈的主要途径，而开源更是增加可利用水资源的主要措施。

开发利用天然地下水无疑是见效快而显著的开源之道。但根据区域水分循环和水分收支平衡原理，在没有新水源增补的情况下，长期过度开采地下水将破坏区域现存的水分收支平衡，导致地下水严重损耗，更加恶化区域生态环境。因此，大气降水是可持续利用的淡水资源最重要的来源，充分开发利用空中水资源，增加区域降水量，不仅能增加地表水，对补充地下水、冰川和积雪也是十分重要的。

我国西北地区与一般典型干旱沙漠地区的不同特点是内陆盆地四周围绕着天山、昆仑山、阿尔泰山及祁连山等高山峻岭。气候资料统计结果表明，西北地区降水大部分集中在高山迎风坡，主要是迎风面上的地形云降水。对天山的迎风面，年平均降水量可达 200~400 毫米，个别山地则高达 600~800 毫米。而祁连山迎风面则高达 300~400 毫米。根据气象卫星测得的西北地区多年(1984 ~ 1993 年)夏季云量分布，西北地区平均中云量最大区出现在天山、昆仑山、祁连山北坡，平均达到全天空的三成。中层云是形成西北山区降水的主要云层，与实测降水区比较，这些云区正是西北地区的降水最大区。山区降水或转化为山区冰雪或与冰雪融水相汇合，形成强大的地表径流，一部分汇聚到盆地，另一部分渗入地下，成为滋润广大绿洲的宝贵水源。国内外已有的人工增雨试验结果表明，地形云是人工增雨效率较高的催化作业对象，只要云的物理条件适合，增雨量可达 10%~30%。因此，弄清西北地形云降水物理结构的时空分布，科学评估人工增雨总体潜力，设计长期、稳定、有效的地形云人工增雨作业技术方案，增加山区降水量是开发利用西北地区空中水资源的重要途径之一。

一个区域的降水量主要来源于空中水汽的输送和转化，西北地区共有三条水汽输送通道。第一条是西风环流携带的大西洋上及欧洲大陆蒸散的水汽通道，这是西北中西部(天山和祁连山西部)降水的主要水汽来源。第二条是东亚季风携带

* 周秀骥，中国科学院院士，中国气象科学研究院

的孟加拉湾及南海水汽的水汽通道，其水汽丰沛，但只能影响到甘肃东部和祁连山东部，仅在合适的天气形势下可能伸展到西北内陆。第三条是由印度季风携带的阿拉伯海的水汽通道，但它越过昆仑山时可形成大量云层，产生降水或积雪，夏季融化的水量是南疆的主要水资源，但这支气流进入南疆地区后，变为下沉气流而不易形成云层产生降水。气候资料的计算分析还表明，在西北地区全年区域水汽总输入量中，只有 15%左右能形成降水，85%的水汽都是越境而过，输出到中国东部地区。而西北地区年总水汽蒸发量中，只有 7%左右在区域内重新形成降水，返回到地面，而 93%蒸发的水汽随气流输送出境外。这说明，西北地区区域水分内循环很不活跃，降水的转化效率很低。继 1975 年 J . C harney 等有关撒哈拉沙漠地区生态系统反馈机制的研究以后，国内外已有不少理论研究结果指出，改变地表生态空间结构可以加强局地环流及对流性降水。这表明，改变地表特性空间格局，以活跃西北区域水分内循环，有可能成为充分开发利用空中水资源和增加降水量的另一条重要途径。同时，对西北地区土地利用和生态建设也提出了一个至关重要的科学问题——实施何种优化的地表空间格局，只有这样才可以取得西北地区气候和生态系统过程之间的良性循环。

此外，古气候和古环境的研究结果表明，距今 3000~8000 年前的全新世中期，西北地区曾经是气候比现在暖湿、植被也比现在茂盛的时期，当时的气温要比现在高 3℃左右，降水量可能比现在多一倍左右，西北的许多内陆湖泊的湖面也较现代高。由于当时的地质构造格局与现代相差无几，也无人类活动的影响。这种暖湿气候和生态环境状态形成的原因，只可能是由当时特定的东亚大气环流和地表特性相互作用所造成的。虽然，这种变化的机制还有待于进一步研究，但这个事实从历史的侧面启示我们，改善西北地区现有气候和环境状况是具有现实可能性的，尤其是目前西北正处于增暖期。

综上所述，开发利用西北地区空中水资源在科学技术上是可能的，它是根本改善西北地区可持续利用的淡水资源的关键环节。但要把这个可能性变为现实，还有以下几个科学技术问题需要深入研究解决。

1）应用卫星和地基遥感、飞机观测以及常规气象观测相结合的方法，深入、准确并全面了解西北地区水汽输送特征、地形云与降水宏微观结构空间分布及其变化规律和机制，对西北地区地形云人工增雨潜力作出科学的评估，并研究设计出能够长期地稳定地对地形云进行人工增雨催化作业的技术方案。

2）应用研究古气候与古环境的现代技术和方法，结合数值模拟试验，进一步科学地重建距今 1 万年左右全新世中期东亚大气环流及西北地区区域气候、水文、环境与生态系统，并揭露其形成与变化机制，进而与现代气候比较，找出其差异。

3）发展建立与全球大气环流模式嵌套的西北地区区域气候－水文－环境－生态系统动力学模式。结合野外综合观测，开展数值模拟实验，科学评估西北地

区气候和生态环境对全球变化的响应，设计西北地区土地利用和生态系统优化的空间格局，利于充分活跃区域水分内循环并增加地面降水。

建议围绕上述三个方面设立加强西北地区空中水资源开发利用研究的专项研究计划。根据我国现有研究基础和条件，如果集中组织各有关领域的优势科技力量，可在 5 年左右取得高水平成果，为西北地区空中水资源开发利用以及制订区域社会经济和生态建设规划提供十分重要的科学依据。

（本文选自 2001 年院士建议）

建议化肥工业进行战略性调整

陈冠荣*

化肥是为农业服务的。农业要作战略性调整，化肥工业应该及时作相应的调整。我国是世界上化肥消耗量最大的国家，不仅总量大，按单位面积施肥量计也属高施肥水平。但20世纪90年代以来，化肥工业的发展已经和农业的发展脱节，化肥的利用率极低，既造成很大的浪费，又污染环境。面临的问题十分严峻。

1）化肥产品单一，难以满足现代农业，特别是经济作物的需求。以小颗粒尿素为主的氮肥产品不适于进一步加工，大颗粒的氯化钾尚无生产，复合肥料的生产过程也不尽如人意。由此导致氮肥的利用率约为35%，而发达国家一般为50%。土壤中钾素达不到最低要求，平衡施肥的问题十分突出。

2）只重产量，忽视质量，加上产供销体系不合理，结果是加重了农民的负担，影响了农产品的成本。

3）用于科技开发的投入太少，在引进设备的消化吸收方面投入也极少。与化肥的产值及其对社会的重要性不成比例。

4）化肥生产布局不够合理。

5）不合理的施肥不但造成巨大损失，而且严重影响环境，已对水体和大气环境产生了多方面的危害，严重时出现“藻华”和赤潮现象。

鉴于目前的主要矛盾，应调整产品结构，降低生产和流通成本，并提高科学施肥水平。本文作如下建议。

1）国家对化肥工业应有一个总体考虑，制订较长期的规划，既符合农业现代化的发展趋势，又顾及现实情况。着眼于我国农业的可持续发展，加强我国化肥工业在加入世界贸易组织后的竞争能力。

2）将化肥生产分为三个层次(或三次加工)：第一层次为传统氮磷钾肥；第二层次为复合肥料、涂层肥料等；第三层次为小批量、多品种的颗粒肥料掺混物或液体混合物。各层次之间，产品直供；第一层次要增加钾肥的比例，第二、三层次要加强对生产的研究，第三层次特别适应农业种植的多样化，将成为发展趋势。

3）逐步调整化肥工业布局。化肥的原料都是矿物，一次加工应靠近矿区，适

* 陈冠荣，中国科学院院士，国家经济贸易委员会

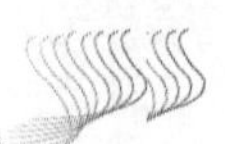

当集中，选点应着重西部地区并考虑国外矿产资源的利用(如中部和东部地区资源丰富，可创造条件去当地开发)。二次加工可分布在各地区，注意与一次加工的纵向联合。三次加工(掺混厂)的布点应靠近乡镇农业技术推广单位。

4) 重视化肥生产和施肥技术方面的研究和开发。

5) 注重化肥产品与市场的开发。市场放开，产供销结合。研究化肥应用的新领域，包括用于高附加产值作物的特种肥料、配合膜下滴灌的控制释放化肥、牧业草场的施肥、速生林和渔业的施肥。

近期发表的《中共中央、国务院关于做好 2000 年农业和农村工作的意见》中提出我国已进入农业和农村经济的新阶段，即战略性调整阶段。

化肥是为农业服务的。农业要做战略性调整，化肥工业怎么办？我个人认为应该跟着作战略性调整，而且要快，因为农业从“以粮为纲”向种植业“多样化”转变实际上早就开始了。根据联合国粮食及农业组织(FAO)统计资料，1980 年我国用于粮食作物的化肥量占总量的 80%，从那时开始逐年下降，1990 年为 70%，从 1990 年起下降速度加快，至 1994 年已降到 62%，估计目前仅占 50%多一点。而糖、棉、水果、蔬菜等经济作物的种植则大量增长，尤其是近年来高附加产值作物和创汇农业的发展方兴未艾。最近报载广东已决定再减少 400 万亩粮田，改种高附加产值作物。其他经济发达的沿海各省虽未见报道，但估计情况差不多。

对用于粮食作物的化肥和用于经济作物的化肥，其要求有很大的不同(化肥在粮食的成本中所占比例接近 20%，而对高价经济作物来说，化肥在其成本中所占比例很小)，何况我们的化肥品种和质量即使用于粮田，也远不能满足科学施肥的要求。我国的化肥利用率低，尤其是氮肥的利用率只不过 35%左右(水稻田更低，大约为 30%)，而发达国家一般可达 50%，损失严重。花了大量资金(一个年产 30 万吨合成氨的氮肥厂平均投资 20 亿~30 亿元)和人力、物力(每吨氮肥折纯要消耗掉 1000 余米^{3}天然气或 2 吨多煤)，而制成的产品却大部分浪费掉了。近 10 几年来我国投入农业的氮肥折纯有 2 亿余吨，其中约 1 亿吨挥发到空气中，或流入地下水，不但造成巨大损失而且严重影响环境。过量的氮、磷，特别是氮素向水体和大气迁移，已对水体和大气环境产生了多方面的危害。氮、磷是导致水体富营养化最重要的营养因子，其中磷是限制因子，氮是伴随因子。当水体中磷酸根达到 0.015 毫克/升，氮含量大于 0.2 毫克/升时，就可能出现“藻华”现象，在河口和海湾出现赤潮。氮浓度增加将对水体富营养化起推波助澜的作用。10 多年来，我国不少大、中、小湖泊及部分水库富营养化趋势十分严重，海湾赤潮时有发生，令人不安。①

我国是世界上化肥消耗量最大的国家。据 FAO 的统计，1997~1998 年度我国化肥消费总量和氮肥消费量分别占同年度世界化肥总消费量的 26.2%和

① 李庆逵，朱兆良，于天仁. 1998. 中国农业持续发展中的肥料问题. 南昌：江西科学技术出版社

28.7%，即使按单位面积施肥量计，我国施肥水平为 266 千克 / 公顷，在 FAO 所统计的 162 个国家中居第 11 位，也属高施肥水平国家①。

调整肥料生产中的养分比例使其协调平衡，是作物高产优质和提高肥料利用率，培肥土壤的重要条件。我国耕地中氮素施入量逐年增多，多数地区已显示出较高后效。部分耕地的磷素有所积累，只有钾素持续亏损。至今我国施肥，氮钾比例仍低于 1∶0.2，钾素达不到最低需求，这是当前我国平衡施肥中最突出和紧迫的问题，亟待解决(附件 1)。

以往化肥工业重产量而不重质量，重视化肥的一次加工而不重视化肥的二次加工。直至现在，即已进入 21 世纪，我国农民使用的肥料很大一部分还是粉状的单元肥而不是颗粒状的复合肥料，这是我国化肥利用率低的重要原因之一。将单元肥制成颗粒状复合肥成本可能要增加 15%~20%，但其效果却远超出 20%。建复合肥料厂投资小，见效快。邓小平同志早就提出应多搞复合肥料，可惜我们未能很好贯彻(附件 2)。

化肥工业需要尽快做战略性调整的一个重要原因，就是我国为了保护粮食生产，较长期对化肥实行“专卖”政策，因此，化肥管理部门和化肥企业习惯于在计划经济下运作，往往“遇事找市长而不是找市场”。这种思想必须尽快改变，否则会跟不上农业发展的步伐。我国从 1997 年开始，化肥即从卖方市场转为买方市场，这对促进化肥企业转变观念，大有好处。但总的说来，化肥企业，尤其是大型化肥企业的领导思想，还跟不上形势的发展。

化肥工业是否应该做战略性调整，如何调整均须由中央统筹决策，下面我想提一些具体意见。

1. 我国化肥产品单一，互不匹配

日本市场上的化肥品种、牌号有上万种，我们不一定要那么多，但目前的情况，我国化肥产品难以满足农业特别是经济作物的需求。氮肥一次加工生产的品种主要是尿素和碳铵，其次是氯化铵和硝铵。碳铵和氯化铵都是粉状产品，而尿素则绝大部分是用造粒塔制成的小颗粒，不适合于进一步加工，不能用做混配的原料，拿来做复肥还须破碎。而且从一次加工到二次加工不是直供，往往还要经过农资部门，先装袋，再拆袋，而不是用散装或大包运输。做复肥的最便宜原料是液氨和磷酸。液氨本来是其他氮肥的原料，但液氨价格却是按先做成肥料再折算回来的，因此市价过高。磷酸则还未能成为市场上的大宗商品。根据报道，现在许多大氮肥厂都准备将产品改成大颗粒尿素，这对提高尿素的利用率有好处。

① FAO. 2002. Yearbook: Fertilizer

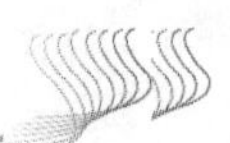

目前大部分企业打算生产的颗粒粒径均为 2~4 毫米，即适宜于和同样粒径的磷、钾肥掺混成复合肥料。由于我国的高浓度磷肥大都为 2~4 毫米的颗粒状产品，这就为在我国发展掺混复肥创造了很有利的条件。但我国还没有地方生产大颗粒氯化钾。

由于碳铵含氮量低，储运及施肥过程中损失大，在正在拟定的长远规划中，打算用尿素来逐步替代。尿素虽然总体来说是一个好的品种，但并不是到处都适用的。尿素中的氮属于醯胺状态，在未被土壤中的细菌转化为碳酸氢铵前，不能为植物根部吸收，也不能被土壤吸附。所以在黑龙江北部寒冷地带用于春小麦时，由于春天土壤温度低，脲酶活性弱，早春时肥效发挥不出来，影响营养生长。试验尿素肥效即较长效碳铵低 30%(同样施肥量 9.2 千克 / 亩)①；在南方多雨地区，施用尿素后，如果在一两天内，尿素未被脲酶转化前降大雨，尿素极易淋失；尿素作为水稻的追肥，挥发损失极大，据报道，其利用率还低于硝铵。

2. 忽视产品的品种和质量以及其社会效益

我国化肥的产供销体系很不合理，既增大了农民的负担又不利于农化服务。这是调整中必须解决的重要问题。

我建议将化肥生产分为三个层次。

第一层次或一次加工，产品为氨、尿素、碳铵、硝铵、磷酸、磷铵、普钙、重钙、氯化钾等。

第二层次或二次加工，产品为复合肥料、涂层肥料(包含控制释放肥料)、硝酸钾、硫酸钾、磷酸二氢钾等。

第三层次或三次加工，产品为小批量，多品种的颗粒肥料掺混物或液体混合物，同时担负农化服务。

各层次之间，产品直供。我之所以提出增加第三层次是因为我国现有的复合肥料厂不适合于生产小批量、多品种产品，难于满足将来农业种植多样化的要求。这也是国际上的发展趋势。

今后应该花大力气加大化肥的二次和三次加工的研究，以及产业化布点。因为这是避免浪费资源、污染环境、走可持续发展良性循环的必由之路。

应该重视施肥技术的改进。过去化肥企业认为如何施肥是农业部门的事，与工业部门无关。这是计划经济带来的后遗症。国外的一些大化肥公司非常重视施肥技术，如以色列发明的滴灌技术就是在以色列的化肥公司——海法公司的支持下开发成功的。海法公司还开发了一种可用于精确施肥的机械。施肥与灌溉密切相关。发展节水农业是我国农业发展的必由之路。而灌溉方法的改变(如由漫灌改

① 张志明，冯元琦. 2000. 新型氮肥：长效碳酸氢铵. 北京：化学工业出版社：177

为喷灌或滴灌)，也会对化肥产品提出新的要求。最近报道新疆石河子垦区推广膜下滴灌法，较常规灌溉节水50%，还兼有省肥、省力、增产、增效、降低成本等许多优点。今年即可推广10万亩。而一次性投资每亩仅为450元，较从以色列进口(2400元)便宜得多。陕西杨凌农业新技术开发区也开发了自己的节水喷灌技术，应当引起化肥部门的重视和支持。

3. 用于科技开发的力量太小，与化肥的产值及其对社会的重要性不成比例

我国是化肥生产和消费的大国，化肥是我国少数年交易量超过亿吨的商品之一，但在生产和施肥技术上却远远落后于发达国家。以往引进了几十套化肥成套设备，花了几百亿元，但在消化吸收方面，却投入极少。我国的大型化肥企业投入科技的费用很少。我问过一些单位，都说研究开发费大于销售额的1%，但再细问，实际上都是用于技术改造的，用于研究开发的太少了。上海化工研究院原来是以研究化肥为主的，但由于没有经费来源，只好将大部分人转去做其他工作。我国化肥产量和石油、钢铁相当，但和这些部门的研究院来比，经费却相差悬殊。现在的化肥企业分别属于中国石油化工总公司、中国石油天然气总公司和各省市，而化肥工业既不属于高科技，又不是高盈利单位，所以有关化肥的研究开发工作，并不是主管部门科技重点投入领域。加之企业本身投入又少，这是化肥科技经费日益萎缩的主要原因。长此以往，后果堪虞，希望能在长远规划中想出解决办法才好。

我个人认为，目前化肥的主要矛盾已不是提高总用量，而是调整产品结构，降低生产和流通成本，并提高科学施肥水平的问题。因此需要把更多的投入放到研究开发上去。

4. 要重视市场开发工作

市场需要开发，有些化肥企业领导干部却很少考虑。我国农业科研院(所)的许多农田试验工作是为外国化肥公司做的，而自己的化肥企业愿意拿钱请农科部门做试验的却很少。可是情况变化很快，尤其是中国加入WTO后，化肥企业也将面对激烈的竞争，如果不研究市场，不开发市场，想靠国家保护，要求减少进口来维持现状是行不通了。

我们今后还应拿出更大的力量放到化肥应用的新领域方面去。现在市场上的瓜果量大而质差，虽然主要是品种问题，但和施肥不科学也有很大关系。好多青菜，硝酸根含量严重超标。从对用户负责出发，我们也应该关心这些事情。国外很多公司都在开发特种肥料，量小而品种繁多，是主要用于附加产值高的特种作物的。现

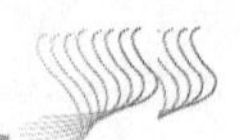

在各地都在发展这类农业，但用的很多是进口肥料。今后应加强这类特种肥料开发。

随着牧业的发展，有些地方的草场已实行灌溉，草场施肥也应提上议事日程。南方速生林的开发是否也需施肥？渔业也需要施肥，但化肥企业很少关心这些领域。总之，肥料市场有待开发的领域还很宽广。

5. 原料与生产布局问题

我国目前的化肥工业布局是在“大跃进”时期为了支持农业，动员全民办化肥而发展起来的。当时，调动各地方积极性，大家办化肥，对化肥的快速发展起了决定性作用。以后在建大化肥厂时，也采取了各省都搞的方针，将工厂分布到除西藏外的各个省(自治区、直辖市)。

从市场经济的角度看，目前的化肥布局不完全合理，但调整难度大，需要一个过程。主要的问题有以下三方面。

1) 化肥的原料都是矿物，合理的办法应该是一次加工(如氨、尿素、磷酸、磷铵、氯化钾等)靠近矿区，二次加工(如复肥厂)分布各地区。我个人认为，最好有三次加工厂(掺混厂)放在靠近乡镇的农业技术推广单位。

2) 一次加工过于分散，应该适当集中，组成少数实力强、有竞争力的化肥公司。在有条件的地方最好矿、肥联合，以提高竞争能力。一次和二次加工厂之间也应进行纵向联合。

3) 我国化肥的优质资源(如天然气、优质磷矿、含钾卤水等)均在西部，但现在许多大氮肥厂却在东部。由于附近没有天然气，只能用煤或油为原料，不但投资高，而且形成长期的原料结构不合理。以煤为原料制合成氨，不仅能耗高，而且二氧化碳排放量大，对环境不利。

我国是世界上唯一以煤为主要原料生产氮肥的国家。根据 1997 年的《京都议定书》，许多发达国家均已承担限制二氧化碳排放的义务。我国虽属发展中国家，尚未承担义务，但因我国目前二氧化碳排放量已居世界第二位，成为各国注意的焦点。1996 年我国的二氧化碳排放量约为 30 亿米^3，其中氮肥生产所生成的二氧化碳约为 1 亿米^3。氮肥生产是一个二氧化碳排放量很大的行业，也是减排潜力极大的行业。制备合成氨的直接原料是氢，不管用煤、油或天然气都要通过化学反应先制成二氧化碳和氢，其中氢加以利用而二氧化碳则排入大气中。用煤制合成氨(如果制成尿素)，每吨氨约要排放 3.4 吨二氧化碳，而用天然气为原料时，制成每吨氨则仅排放 0.66 吨，仅为前者的 1/5[①]。而如将燃煤锅炉改烧天然气，产生同样数量的蒸汽，二氧化碳排放量只能减少 50%。从合理利用能源的角度看，今后氮肥的原料结构

① 任宏业，林葆. 1999. 论提高我国化肥利用率. 磷肥与复肥，(1): 6~12

应该逐步往天然气方向转换。现在国家正在规划西气东输，从调整东部地区的能源结构看，这是完全必要的。但从调整氮肥工业的原料结构角度讲，我个人认为不如在西部(如陕、甘和川)多生产一些液氨用管道东输，要更经济一些。美国在南部天然气资源丰富的海湾地区生产液氨用两根管线，一根 1000 余千米，另一根 3000 余千米送往中西部玉米带直接施肥，而不是将天然气输到靠近用肥地区生产合成氨，主要原因是由于输送液体比输送气体无论从一次性投资，还是运行费用都要经济得多[①](附件 3)。像合成氨这种在西部生产更有利的产品，东部应当到西部去投资，而不要再在当地建厂，否则西部的工业很难发展起来。

我国的磷肥厂有许多建在远离磷矿，也没有硫资源的地方。今后应当在大型磷矿，或大型含硫有色金属冶炼厂附近建设大磷肥厂，最好能做成 85%的窑法磷酸输出(我国胶磷矿多，选矿成本高，不适于做湿法磷酸，但这些矿与一定比例的硅石配合可以制成窑法磷酸，据初步估算，成本比湿法磷酸要低得多)。

4) 西部建厂如果成套引进，投资太高，经济效益不好，非但不能带动当地的经济发展，反而会背上包袱。在目前这种投资体制下，老的欠账没有还清，又要背上新的包袱。我国很多新建大化肥企业效益不好，根子在于基本建设投资体制。各地争着想上大项目，以为这样就可带动当地经济的发展。由于自己没有钱，就千方百计争取国外贷款，结果投资很高，经济效益很差，反过来又要国家支持，使国家财政背上越来越大的包袱。这种状况不应再继续下去了。今后西部建大型化肥厂，中央应该只管方针政策，具体操作则采用市场经济办法。最好由东、西部联合集资，股份制管理，因为资源在西部，而主要用户却在东部和中部。在西部增产化肥，应首先考虑老厂扩建。如建新装置，规模应尽可能大一些，与国际现代化经济规模一致。应制定政策鼓励外商到西部投资化肥工业，以解决资金筹集的困难。

5) 现有的许多小型化肥厂分布广，有较好的交通和其他条件，是建设化肥二次加工的理想地点，在规划时应加以充分利用。现有以煤为原料的尿素厂，二氧化碳有很大的富余，将来如有廉价的液氨供应，可用来增产尿素。

6) 有的大城市(如北京)从环保要求出发打算搬迁现有化肥一次加工厂。建议趁此机会在新地址建二次加工厂，而不要恢复老样子。因为这样做，无论从环保还是经济结构看，都更合理。

6. 国家对化肥行业应有一个总体考虑

也就是说需要有一个较长期的规划，既要考虑到农业现代化的发展趋势，又不能不顾及目前的现实情况。但如果只顾眼前，而不愿及时作战略性的调整，则

① Kirk & Othmer. 1993. Encyclopedia of Chemical Technology. New York: John Wiley & Sons

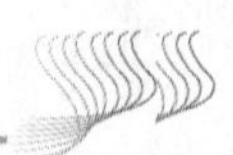

将跟不上我国整个经济，尤其是农业发展的需要，而使今后化肥工业越来越被动。

建议化肥行业完全放开，实行产、供、销结合，公平竞争。国家可在政策上给予适当支持。要严防地方保护和假冒伪劣，并采取有效措施予以解决，否则虽有好的方案也难以实现。目前化肥工业比较分散，缺乏强有力的管理部门进行长期通盘考虑，不仅不利于化肥工业的发展，也将对农业起牵制作用。

我国每年还需进口大量化肥，这种状况今后还会长期维持下去。现在政府鼓励企业到国外去投资设厂。中东地区的氮、磷、钾肥原料都比较丰富，譬如，沙特阿拉伯的天然气非常便宜，约旦的钾和磷资源都很丰富，设厂条件比国内好。日本和印度都到那里去建厂。应当创造条件到那里去开发，产品返销国内。利用国外的资源，用我们自己开发的技术和设备去建厂，既可促进我国成套技术出口，增加就业，又可满足国内农业的需求，我个人认为是一举多得的好事。希望国家能制定一些具体的鼓励政策来促进这件事。

附件 1 联合国粮食及农业组织资料

附表 1 1995 年中国、日本、韩国水稻田施肥量及产量比较

国别	总施肥量/1000 吨				平均单位面积施肥量/(千克/公顷)				氮磷钾比例 $N:P_2O_5:K_2O$	平均单位面积稻米产量/(千克/公顷)
	氮 N	磷 P_2O_5	钾 K_2O	总计	氮 N	磷 P_2O_5	钾 K_2O	总计		
中国	4375	1629	724	6728	145	54	24	223	1：0.37：0.17	6014
日本	182	213*	188	583	97	83	86	266	1：0.85：0.89	6012
韩国	188	77	88	353	170	75	80	325	1：0.44：0.47	6174

* 氮、磷数据似应对换——笔者注

日本的研究工作说明，每 1000 千克稻谷要带走 16.8 千克氮、3.8 千克磷和 21.9 千克钾。这个比例是相对固定的，不随产量而变。当然，作物的营养部分来自土壤，但从长期来看还是要由施肥补偿。中国、日本、韩国三国的水稻单位面积产量相差不多，而施肥的氮、磷、钾比例相差悬殊，尤其是中国钾肥的比例过低，难于持久。有些外国专家认为只要调整一下施肥比例，中国的农业产量就可很快提上去。

附件 2 均匀施肥的重要性[①]

由于“最小养分律”的制约，必须均衡施肥才能够充分发挥各养分尤其是氮

① 本附件大部分内容摘自《肥料国际》1994 年 1 月刊，部分内容由陈冠荣院士添加

肥的作用。

我们平常讲的均衡施肥是指在一块土地上总的施肥而言。但对每棵作物来讲，即使在其所在地块上施肥的养分是均衡的，但由于施肥的不均匀性，其吸收的养分也有所不同。因此整个地块的化肥利用率与施肥的均匀性有密切的关系。要想做到施肥非常均匀是很难的，尤其是由人工撒施。国外现在采用一个指标——不均匀系数(coefficient variation from the mean application rate，CV，直译为距离平均施肥量的差异)，系数越大越不均匀。根据国外研究，用机械施肥，不均匀系数和作物损失之间的关系如下：

CV 值为 0~10，可不计；

CV 值为 10~20，可接受；

CV 值为 20~30，损失可观；

CV 值为 30 以上，不能接受。

用机械施肥，一般来说 CV 值可控制在 20%以下。

NORSK HYDRO 公司做了用人工撒施的试验(估计全都用的颗粒复合肥料，未说明)，共进行 16 次，撒施宽度为 3 米，不均匀系数最大 69%，最小 11%，对不同肥料的平均数为 30%~36%。可见用人工撒播较机播损失要大得多。试验还说明，如果颗粒的均匀性好，非但对机播有利，也能使人工撒播得更均匀些。

从以上试验结果看，化肥先做成复肥颗粒，然后使用，有很大好处，而且如有可能应尽量采用机械施肥。如果采用粉状肥料而且是单元肥，如我国目前大量使用的碳铵、普钙、氯化铵、氯化钾等，无论是用手工先预混，还是分别撒施，其施肥的不均匀性必然很大，使作物达不到应有的产量。

附件 3　美国液氨管线介绍[①]

美国的主要天然气产区在南部的墨西哥海湾一带，所以 20 世纪 60 年代后期发展起来的大型合成氨装置都集中建在那附近。例如，得克萨斯和路易斯安那两州(均在海湾地区)的氨生产能力，1961 年仅占全国的 22%(300 万吨/年)，而到 1975 年已增到 40%(360 万吨/年)。路易斯安那州的 Donaldsonville 市就达 140 万吨/年。液氨管线就是在这时期建起来的。

从得克萨斯州开始到艾奥瓦州的“美国中部管线系统”(由美国中部管线公司管理)，全长 1158 千米，管道直径 152 毫米和 203 毫米。一般输送能力 1180 吨/天，高峰时可达到 4545 吨/天。另一条管路则是从路易安那州开始，中间在密苏里

① 本附件大部分内容从 Kirk & Othmer 主编的《化工百科大全》第三版第二卷摘录，部分内容由陈冠荣院士添加

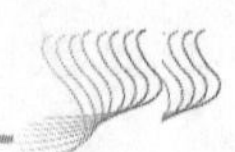

州分叉，一路向东往印第安那州，另一路向北再向西直到内布拉斯加州。这条管道名为“海湾中央管线系统”(由海湾中央管线公司管理)，全长 3220 千米，管径 152 毫米、203 毫米和 254 毫米。输送能力为 2545 吨/天。

这两条管线所输送的液氨主要用于直接施肥(美国 1973 年生产的用于直接施肥的合成氨，占总量的 27.1%)。由于美国的农田每年只种一茬，所以 75%的化肥销售集中在春季，以致管线的能力未能充分发挥。据美国 1990 年统计，长距离输送液氨(按 1600 千米计)，用槽船(海运)、管输和火车槽车三种方法，运费分别为 1.53 美分/(吨 · 千米)、1.61 美分/(吨·千米)和 2.15 美分/(吨 · 千米)。管输与槽船运价很接近。短距离(160 千米)用卡车槽车(20~30 米 ^{3})运费则为 3.65 美分/(吨 · 千米)。由于在施肥淡季，液氨要用低温常压大储罐储存(每个可储存 3 万吨左右)，每吨要增加费用 11 美元。

(本文选自 2001 年院士建议)

中国地学教育的未来*

汪品先 等

一、近20年来地学和地学教育的变革

包括地质、地理、大气、海洋等众多学科在内的地球科学或地学，是自然科学中直接面对人类与自然关系的部分。地学不仅是认识地球固态、液态和气态各圈层及其与人类关系的渠道，而且通过找矿勘探、气象预测、水文、测绘、地震等学科，在资源、能源、环境和减灾等方面直接为社会经济服务，直接为国家安全和海上权益服务。

随着社会和科技的发展，地学的内涵、性质和社会功能也在变化，这在最近的20年来尤为明显。

1) 遥感、信息技术和各种实时观测、分析技术的发展，使地球科学进入了覆盖全球、穿越圈层，亦即地球系统科学的新阶段，从局部现象的描述推进到行星范围的机理探索，获得了全球性和系统性。

2) 随着社会发展而出现的环境恶化和自然灾害后果的加重，原来主要面向资源的地球科学朝着环境和减灾防灾方向发展，从而拓宽了地学为社会服务的领域。

社会越是发达，地球科学的社会功能也越大。现在世界上的地球科学，已从原来固体地球科学占压倒优势，发展到和海洋、大气三足鼎立的新局面。在进入21世纪的前夕，人类终于从一味要“征服自然”的想象中醒悟过来，认识到只有理解自己的生存环境，找到人和自然和谐相处的途径，社会的发展才能持续，而这也正是地球科学的研究对象。因此在理论上，地球科学已经成为人类生存环境和社会可持续发展的理论基础；在应用上，地球科学的作用几乎无所不在，从采掘业、工业、农业到建设规划、旅游和军事，都是地球科学施展的领域。

地球科学的变化必然要求地学教育作相应的变革。发达国家的反应较快，不少国家不仅改变了地学教育的课程内容和教学方法，而且实施了机构改组，20世纪80年代全英各大学地质系的大幅度合并、调整，便是一例；同时，丰富和加

* 原报告未列咨询组成员名单

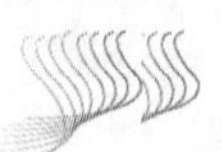

强了中学地学教育内容。

由于历史的原因，我国未能参与 20 世纪六七十年代的世界地学革命，地学教育也不可能与国际同步发展。近 20 年来，我国高校的地学教育增强师资、更新设备、调整方向、拓宽领域，取得了十分可喜的进展，一些地学专业已经成为报考和就业的热点；但也有相当一部分地学专业生源恶化、需求脱节，以致在国家需要的某些领域出现了人才新断层的危险。和其他学科教育一样，地学教育还广泛存在着教材老化、教法落后的问题。与此同时，我国还面临着由计划经济向社会主义市场经济转变、教学与产业部门脱钩以及加入 WTO 后人才市场全球化等一系列的新问题。从全国的社会需求和地球科学整体的高度出发，认真分析面临的挑战、指出改进的方向，是我国地球科学和教育界的当务之急。

二、未来社会的地学教育

社会对于地球科学的需求，与社会的发展程度密切相关。一个“靠天吃饭”、但求温饱的社会，对地球科学的需求面不广，主要涉及与采掘业直接相关的部分；一旦进入小康社会，对于资源和能源的需求大增，人们也开始关心周围环境，社会也有能力着手减灾、防灾，地球科学的社会功能便大为扩展。随着资源、能源的枯竭，有关产业中的科技含量相应增大；而随着社会经济力量加强，人类活动损害自然环境、破坏生态平衡的概率也必然加大。这就使得地学知识不仅为专业人员所需，而且成为计划、决策工作者的必备条件。近年来由于对自然环境的复杂性缺乏了解，建设项目事与愿违、“好心办坏事”的案例在不少地方重复出现，更是从反面凸显了地学教育的重要性。

地学教育也是国民素质教育的重要组成部分。从树立正确的世界观，到加强爱国意识、环境意识、海洋意识等，无不需要地球科学。地学教育提供的对于自然系统、关于人与自然关系的了解，不仅是抵御各种邪教歪理的免疫剂，也是走向中等发达社会的公众基础，是民族振兴的一种标志。同时，地球科学也是科普教育中最能引起广泛兴趣的一部分，随着社会进步、教育普及，地球科学的社会影响和公众兴趣必然增大。许多青少年正是通过对大自然的热爱，对地球变迁、生命演化的好奇，引起对地球科学兴趣的，而这正是地球科学家队伍后备力量的重要来源。

世界经济全球化正在导致人才市场全球化，必然影响未来地学教育的走向；而地球科学本身的全球化，又从学科角度提出了国际性人才的需求。为使地学教育培养的人才具有国际竞争力，必须使学生在知识结构、语言能力等方面与国际接轨。在这种全球化的过程中，发达国家的地学教育固然占有优势，而我国也可以发展自己的特色，其中必然会有一部分教育单位经受得住国际竞争的大浪淘沙，能够直接面对国际人才市场，立足于国际地球科学高等教育之林。

20 世纪的地球科学借助于跨学科方法的引进和新技术的应用，取得了革命性的进展；随着学科交叉和地球系统科学观念的贯彻，地球科学在整体上也已经进入定量研究和机理探索的新时期。与此相应，各个领域的地学教育也在先后转向以高新技术支撑的新轨道。当前高新技术层出不穷，地球科学加速发展，21 世纪的地学教育也必然日新月异，从内容到方法都将不断更新，陈旧的地学教育概念和方法必将淘汰。尽管我国这种更新进程在不同学科领域中参差不齐，地学教育反映学科的进展也难免有所滞后，尤其地学教育在公众心目中的形象尚待改变，然而历史的进程不容置疑。当我们面对目前国内部分地学教育严峻处境的时候，不能失去长远眼光和全球视野，要冷静地分析地学教育的前景和趋向，从中找出改革的方向。

三、中国地学教育的改革方向

在经历了连续多年经济高速增长之后，我国面临着保持社会持续发展的重大任务，地球科学的社会需求显得格外突出；我国加入世界贸易组织，又使地学教育面临着国际竞争的机遇和挑战。回顾新中国成立以来我国地学教育的设置曾几度反复，其中虽有成功的经验，但更不乏失误的教训。一些院校的几度搬迁，众多专业的反复调整，留下了许多值得反思的问题。以专业而论，我国经历了早期“通才式”的“宽专业”，1952 年院系调整后的“工种、岗位/针对性”的“窄专业”，以及 1997 年专业与学科调整后的“拓宽性专业”三个阶段，然而目前的专业设置仍存在不适应国际地学发展趋势、不适应国家经济建设和社会发展需要的问题。当前再次处在社会转折时期的我国地学教育，能否借鉴历史、放眼未来、适应形势、遵循规律，走上正确的改革之路，这不仅将在某种程度上决定我国地球科学的未来，还将影响我国社会持续发展的进程。

从我国地球科学教育的未来着眼，建议从以下几个方面推行改革。

1) 加紧地学教育内容和形式的更新。地球科学革命性的变化，必须反映到教学中来。近年来，有一部分地学教育单位在引进新技术、与国际接轨方面取得了显著进展，然而整体上讲，地学教育从师资到教材都难以适应新要求，传统的地学教育从内容到形式，都有待进行“脱胎换骨”的更新。教育内容无论理论还是实践都应当现代化，例如，野外教学应当有现代化的装备，内容可以包括信息技术和驾驶技术的培训，因此相应教学设备的更新是院校建设中刻不容缓的任务。地学教育更新的另一个重要问题在于克服过于狭窄的专业化和片面强调的本土化，对于科研型人才的培养尤其需要促进学科交叉，推进地球系统科学的新方向。要通过教材更新和师资培训，将高新技术和全球性、系统化的概念贯彻到地球科

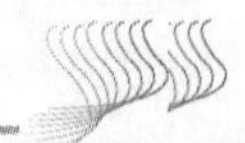

学教学中去。此外，还要进一步探索未来地学人才的知识结构及培养创新型优秀人才的有效途径，对于有关的教学质量评价标准、教学方式方法的改革，以及理论教学与实践能力的培养等问题作深入的研究。

2）促进高等教育与科研系统的结合。教学的关键在教师，目前甚至一些重点院校还有只知教书而没有科研实践的专业课教师，很难跟上学术发展的步伐。近来，引进人才和激励青年学者的措施颇有成效，应当继续推行；然而一个根本问题在于我国科研和高教系统长期以来的分家，既不利于教学及时反映科研的进展，也不利于科研人员拓宽基础，严重限制了高教系统广大学生接触科学前沿、科研系统优秀科学家面对学生的机会，使得人才培养和科学创新均受到影响。由于地球科学的科研通常要求较多的野外与实验条件，以及相应较多的经费投入，科研系统与高教分家的影响更为严重。建议主管部门早日决策，从体系上加以调整；在调整之前应当对高教和科研单位之间各种形式的合作加以鼓励。并建议将中国科学院的“知识创新工程”试点，推广到研究型大学。建议产业部门切实实施与有关高校的“产、学、研”三结合，加强对原属高校的支持，为师生参与科研实践进一步提供条件。

3）改变地学教育的现行专业体制。随着近几年高校系统的改组，单科性学校和行业办学的问题已经基本解决，然而生源和专业的问题依然存在。现行的专业选择过于僵硬，许多学生并非自愿选择，一旦选定又无从更改，此种体制在计划经济下还能勉强推行，在市场经济条件下已经缺乏可行性。应当改变入学时专业定终身的做法，有步骤地推行学生专业自选的原则，由学生入学后在教师指导下选择课程，毕业前按照个人志愿和就业前景确定专业。只有这样才能实施人才分流，使适于研究深造的学生和准备从应用方面就业的学生各得其所，以利于培养有志于地学的拔尖人才。同时也要推行淘汰制，特别要在研究生培养中废除“入学定能毕业”的做法。地学教育要多层次多类型，不能笼统地一概按照“科学家”的目标培养学生。当前大量需要的是地学实际工作者(工程师、技术员)，而地学科学家只是少数，前者已经青黄不接，有的地区和部门其严重缺乏的程度超过“文化大革命”期间，应当引起主管部门的严重关注。

4）直接参与国际地学教育的竞争。面对加入世界贸易组织以后的新局面，应当争取更广泛的国际合作交流，并直接参与国际地学教育的竞争。根据我国地球科学的良好基础和强劲的发展速度，完全有可能通过若干年的努力，使若干单位建成直接培养国际级地学人才的基地。应当充分利用中国地球科学的特色，发挥现有和潜在的优势，将优秀毕业生人才流失的被动处境，改变为主动参与国际人才市场竞争的新局面。为此要在聘用国际级师资、提供国际级设施和国际合作办学等方面创造条件，为高校提供更多的外事自主权，让各校依靠本单位的努力和竞争，通过试点逐步实现。

5）加强青少年的地学教育，大力普及地学知识。应当从素质教育、世界观教育、爱国教育的高度，重视面向青少年的地球科学教育活动。中学的课堂教育应当加强探索和实践的成分，正确反映地球科学的现代概念。要大力提倡和赞助青少年夏令营、实践园地和课外兴趣小组和知识比赛活动。各个地球科学的学会对此做出了不少努力，但从全局来看只是杯水车薪。应当为中小学教师提供条件，参加地学教育的进修和实践活动，通过他们带动学生。要通过电视、展览等为公众喜闻乐见的形式，通过高质量的科普材料，通过高校的非专业性地学课程与实习，通过研究单位和高校举办开放日等活动，广泛传播地学知识，培养青少年对地学的兴趣；要避免那种片面强调艰苦性的宣传，纠正对地学的不正确印象，这也是改变高校生源现状的重要措施。

6）将地学知识列入干部培训计划。作为社会可持续发展的理论基础，地球科学知识是制订经济计划，处理社会发展的必要基础，这对于主持地方工作的干部尤为重要。建议编制干部专用的地学知识教材和参考丛书，举办有针对性的讲座，组织专门为干部举办的现场实习，将地学知识列入干部培训和考核的计划中去。相信此举必将具有战略意义，必将有助于干部扩展视野，发掘地方资源的潜力，正确处理发展与环境保护的矛盾，更好地应对国际挑战。

7）采取切实措施，对地矿类专业实行鼓励政策。地球科学的服务对象有很大一部分属于社会公益事业，反映着国家的长远利益，相应的人才培养也不可能完全遵照市场经济的规则。对一些预期收益不高、回报时间较长，而又属国家需要的专业，可以通过减免收费、提高奖学金比例等手段加以扶植，主管部门应当为此制定政策，确实保障。同时也必须认识到我国现状与发达国家的区别，矿产资源的勘探开发依然任重道远，国家要采取切实措施，通过宏观调控鼓励有关专业人才的培养，保证就业后的待遇。突出的一点是当前地矿系统生源恶化与人才严重供不应求的现象同时出现，说明急需通过政府行为，尽快改善地矿从业人员的物质待遇和工作、生活条件，重塑地矿行业在公众心目中的光荣形象。建议国务院参照20世纪50年代国家领导人接见地质毕业生的做法，召开地学教育座谈会，端正和提高相应行业的社会形象。

在我国的现代自然科学中，地球科学及其教育起步较早，长期以来为国家作出过重大贡献，而且至今保持着优良的历史传统。在当前的转折时期，只要能客观地分析现状，准确地预测趋势，必定能早日调整步伐，肩负起国家建设和国际竞争的重任。

（本文选自2002年咨询报告）

我国人口老龄化的若干问题和建议

陈可冀 等

从20世纪下半叶到21世纪上半叶，我国人口日趋老龄化。与前期进入人口老龄化的国家相比，我国人口老龄化具有发展速度快、老年人口数量大、经济相对不发达的特征。人口老龄化将成为我国经济和社会发展中一个带全局性和战略性的问题，应当引起重视，尽早采取对策。

本报告采用大量数据和资料，从理论和实际结合的角度，分析了人口老龄化对我国经济发展、社会保障、健康保障、老年人口生活质量的影响，以及人口老年型社会所产生的社会伦理问题等，并从社会学和生物科学的角度探讨了解决这些问题的具体出路。

一、严峻挑战

我国人口老龄化形势严峻，其特点为基数大、速度快、底子薄、负担重、“未富先老”或“边富边老”，被称为是“跑步进入老龄化”。这种状况应当引起我们的严重关切。

从1982年开始，在不到20年的时间内，我国就完成了发达国家用了几十年，甚至上百年才完成的人口年龄结构从成年型向老年型的转变，这说明我国人口老龄化来势很猛、发展很快。根据预测，以65岁以上老年人口从7%上升到14%所需时间作比较，中国用了28年，与日本相似，法国用了115年，瑞典用了85年，英国和德国均用了45年。在向老龄化冲刺的大潮中，我国处于领先地位。特别需要指出的是，我国80岁以上高龄老年人口增长率快于老年人口增长率。2050年，我国80岁以上高龄老人占老年人口的比重将从现在的10%上升到20%。目前，我国60岁以上老年人口为全球老年人口的1/5，为亚洲老年人口的1/2，预计到2050年，我国60岁以上老年人口仍将占全球老年人口的1/5。老年以及高龄老年人增加所带来的养老、医疗和照料的负担，将会使我们真正感到老龄问题的压力。

20世纪五六十年代出生高峰造就的庞大人群，以及长期低生育政策促成的人口出生率的迅速下降，使我国老年人口的规模同总人口一样，都是世界之“最”。2000年，世界60岁以上老年人口共有6.08亿人，中国为1.3亿人；预计2025年和2050年，世界60岁以上老年人口分别为11.7亿人和20亿人，中国为2.8亿人和4.1亿人，始终占世界老年人口的1/5。最高增长年份(2023~2031年)的老年人口年增长量都将在1000万人以上。在老年人口增长的同时，我国14岁以下少儿人口在总人口中的比重迅速下降。据2000年第五次人口普查，我国少儿人口占总人口比重为22.8%，比高峰时期(1964年)的40.7%下降了18个百分点，比2000年少儿人口预测值下降了4.28个百分点。2025年，老年人口将超过少儿人口，2050年将超过少儿人口的一倍。人口金字塔形的倒置，对未来经济和社会的影响，现在还难以预料。

与发达国家不同，我国人口老龄化是在经济不发达的情况下到来的。根据美国人口咨询局1999年的资料，世界上已有70个国家人口年龄结构进入老年型，其中只有中国、格鲁吉亚、亚美尼亚和摩尔多瓦四国人均GDP不足1000美元，而日本为35567美元，美国为34047美元。据世界银行1998~1999年公布的材料，我国人均GDP仅为美国的1/40，为高收入国家的1/30。在一个经济不发达的国度里，老龄问题与人口问题狭路相逢，使我国处于两难境地，需要认真探讨，才能找到出路。

人口老龄化的发展，老年人口的增加和寿命延长，给我国社会经济和人民生活带来广泛而深刻的影响：劳动年龄人口对老年人的赡养负担加重；社会养老和医疗保障费用增长显著；养老和照料服务等社会问题日益突出。老龄问题将成为不容忽视的重大社会问题。

二、问题突出

解决老龄问题的关键在于从我国实际出发，正确认识我国老龄问题的特殊性，找准问题，抓住机遇，探求解决问题的出路。

1）老龄化对社会发展影响重大。随着老年人口的不断增加，社会负担日趋加重。据计算，2000年我国每100个劳动年龄人口只需负担15.6个老年人，而到2050年则要负担48.5个老年人。显然，每个劳动者肩上的担子在加重。研究认为，未来50年中的前20年，我国存在一个低抚养比时期，这期间少儿人口在总人口中的比重已经下降，老年人口在总人口中的比重刚刚上升，总抚养比处在从下降到上升的低谷，呈“V”形，应引起关注。

2）社会保障问题突出。占我国老年人口2/3的农村老年人的保障状况亟待改善。农村老年人口是经济上的最弱势群体之一。随着集体经济的解体，农村养老主要通过家庭赡养自行解决，农村老年人口缺乏养老、医疗、照料服务等基本社会保

障，存在“因病致贫”和“因病返贫”的问题。老人赡养纠纷和因赡养引起的自杀事件时有发生。上述现象在我国中西部及贫困地区尤为突出，应引起有关政府部门的高度重视，否则有可能影响社会的安定和发展。我国存在二元经济结构，社会保障的重点在城镇。城镇职工社会保障基本框架虽已初步形成，但正经历着未来人口老龄化的考验。工业化和城镇化的发展，将使大批农业人口转为非农业人口，农村人口转为城镇人口。2001 年我国城镇人口为 48 064 万人，占总人口的 37.7%。根据建设部对城市住房需求的预测，到 2020 年城市人口将增加 2.6 亿人，到 2050 年将再增 3.3 亿人，届时，城镇化水平将达到 70%。在城镇化进程中，结合小城镇实际状况和承受能力的养老保险办法亟待研究对策。

3）医疗保障面临挑战。随着老年期的延长，因疾病、伤残、衰老而失去生活能力的老年人显著增加，给国家、社会和家庭都带来了沉重负担。1993 年卫生部调查表明，老年人群中有 60%~70%有慢性病史，人均患有两三种疾病。60 岁以上老年人慢性病患病率是全部人口的 3.2 倍，伤残率是全部人口的 3.6 倍。根据 1992 年中国老龄科研中心调查，60 岁以上老年人在余寿中有 2/3 的时间处于带病生存。老年病多为肿瘤、心脑血管病、糖尿病、骨质疏松症、老年抑郁症和精神病等慢性病，花费大，消耗卫生资源多。据北京市调查，占公费医疗对象 18.39% 的离退休人员，占用了医疗费的 45.2%，为在职人员的 3 倍。据 1993 年调查，从两周患病率指标看，老年人消耗的卫生资源是全部人口的 1.9 倍。随着老年人增多，各项费用将进一步上升，将给社会经济带来更大的负担。临终关怀和“安乐死”问题尚未引起关注。

4）老年人生活质量问题应当重视。随着经济的发展，我国人民的生活水平有所提高，老年人的物质和文化需求也得到了明显改善。身体健康状况下降是影响老年人生活质量的重要因素之一，与此相关的心理、膳食和社会因素也不可忽视。研究表明，有 1/3 左右的老年人存在失落、孤独、抑郁、焦虑等心理问题，需要调适。随着年龄增长，大脑功能减弱，心智功能也需要改善。膳食结构不合理也亟须调整。在某研究所对老年人的调查中发现，老年人能量摄入偏高，是标准值的 121%，其脂肪摄入量占能量的 34%，而微量营养素摄入则不足。部分城市老年人体重超重，部分农村老年人存在营养不良。不合理的膳食还导致冠心病、高血压及糖尿病等慢性病的发生。忽视个体在体力和智力上的差异，“一刀切”的退休制度，也在一定程度上造成老年人才的浪费。再就业困难，社会参与率低，使老年人过早地被“养”起来。庞大的老年人群，漫长的老年期，单调的闲散生活，应引起全社会的关注，以促进老年人身心健康，利于社会安定。

5）老龄伦理问题越来越突出。老年人口绝对量的增加和在总人口中比重的上升，引发出的社会伦理问题十分突出。老年人口增加导致资源在社会和家庭不同代际的分配和转移，需要在观念上获得认同，使各代人都不受到伤害，都能得到公正对待，以实现联合国提出的“不分年龄人人共享”和代际和谐。在观念上没有得到认同的情况下，基本伦理原则便不能得到有效的遵循。例如，法律规定老年人有获得支持的权利，这里“支持”包括赡养；法律也规定了国家和家庭子女的责任。但是，近年来涉老案件增多，江苏省在《中华人民共和国老年人权益保障法》公布一年多的时间里，受理涉老案件达 4752 起，其中赡养案件 1821 件，占 38.3%，继承、房屋等案件 1094 件，占 23.0%。这些案件既同法律有关，也同社会伦理有关，都涉及不同人群的利益问题。

6）教育和科学的支持力度明显不足。迎接人口老龄化的挑战，迫切需要大力发展老年科学和教育。与国外相比，我国在这方面严重滞后。美国从 20 世纪 30 年代开展老年学研究，40 年代国际老年学学会成立，说明老年学很早就引起他们的重视。目前，我国老年学教育基本是空白，高等学校不设老年学课程，没有老年学专业，也没有设置老年学硕士和博士学位点。作为占世界 1/5 老年人口的大国，没有一所正规的老年病医疗研究机构。人口老龄化需要的护理和照料人员严重不足。2000 年我国护理人员与实际需求相比，尚缺 336 万人。1998 年医护人员比为 1∶1.1，远低于 1952 年的 1∶2.26，也未达到卫生部规定的 1∶2。全科/家庭医生奇缺，康复医学发展缓慢，衰老机理研究投入严重不足。应该说，我们还没有切实做好应对老龄化的准备。

三、建　　议

从我国经济相对不发达，老年人口数量庞大的实际出发，应当采取少投入、易实施、见成效的对策措施。为此，我们建议：

第一，要在全社会树立正确的老龄观。对人口老龄化带来的问题，只要思想重视，积极应对，措施得当，是可以逐步解决的。老龄化是当今社会的产物，是人类社会发展和文明进步的一种象征。对老龄化持悲观的态度，过分强调老年人口增加给社会带来“负担”的观点，容易造成老龄化的消极形象，不仅片面，还会使老年人精神上受到压抑，不利于他们身心健康地安度晚年。此外，还要充分发挥老年人的作用。引导教育老年人在心理卫生、精神文明方面能够适应现实社会的要求。通过宣传，辩证地看待老龄问题，关怀老年人，树立老龄化的新理念。建议适当采取灵活的退休与返聘制度，以提高老年人才的社会参与率。

第二，切实采取措施，逐步解决农村老年人口的社会保障和医疗保障问题。加强卫生宣传和健康教育；对农村孤寡老人实行保吃、保穿、保住、保医、保葬等“五保”供养制度，提高供养水平；建立特困医疗救济基金和农民生活最低保障线；在一定时期内减免农业税/农业特产税，并将其转变为农民的养老基金和医

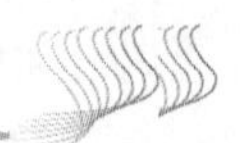

疗保障基金，同时，在此基础上可以逐步建立、健全农村的养老保险和社会医疗保险制度。建立社会互助制度，使农村老人得到全社会的关注。

第三，要尽快建立小城镇职工养老保险制度。小城镇职工具有亦工亦农的特点，有土地保障，也有工资收入，具有缴纳保险金的能力。考虑到小城镇企业发展的不稳定性，难以做到连续缴费 15 年以上，所以，应实行低缴费率，低待遇水平，工龄可以累计计算的小城镇企业职工养老保险办法。当前，需要在认真总结我国沿海地区小城镇企业养老保险做法的基础上，制定统一政策，加以规范，逐步扩大覆盖面。

第四，要努力做到把健康人群带入人口老年型社会。把健康人群带入人口老年型社会，不仅关系到国家和社会负担问题，而且也直接关系到未来我国人口老龄化的整体形象问题。延长健康期，缩短带病期和伤残期，尽可能提高老年人的自理能力是长期的奋斗目标。为此，我们应做到以下几点。

1) 要把促进人群健康作为一项系统工程。从人们的日常生活方式和行为方式入手，加强健康教育和健康干预；开展重点人群预防和疾病的监测，对 40 岁以上人群定期体检；加强老年期健康教育，重视老年病预防、康复，提高老年人自我保健能力，减少伤残和依赖。

2) 整合现有卫生资源。调整预防和医疗投入比例，重视城市社区和农村基层医疗卫生投入，在农村贫困地区开展医疗救助工作，加大老年医学基础研究投入，减少疾病发生率。

3) 加强对老年期健康生活的指导。推进各项有益老年期健康的文体活动，发展适合老年人特点的体育运动项目；关注老年人心理健康，开展心理咨询，帮助老年人确立合理的心理期望值，增强自我心理调适能力，提倡老年人要自强、自立；国家要引导社会有关部门重视对老年人膳食结构的指导，发展老年健康食品和保健品。发展为老服务的产业，满足老年人对设施、产品和服务的需求。

第五，重视老年学教育和科学研究。在高等医药院校设置老年医学、老年药学专业和老年护理专业，在综合性大学设置社会老年学专业。加强老年基础医学理论的研究。建立跨学科的老年科学研究中心，特别是老年生物科学研究中心，建立国家老年病医疗研究中心。高新科学技术要为老龄化服务，包括老年医疗生物用品，以提高老年人的生活质量。

第六，构筑符合老年人生存的社会伦理环境。为了使老年人不受到伤害，能受到有益公正的对待和尊重，需要建立适合老年人生存的社会伦理准则。在社会各成员权益得到兼顾的前提下，要弘扬尊老、敬老的传统文化，加强伦理道德建设，使全社会成员确认：老年人过去为国家、社会和家庭作出了贡献，作为公正回报，社会应向他们提供支持；老年人作为脆弱群体，应当得到社会更多的帮助；

老年人不应受年龄歧视，有参与社会发展的权利；老年人的事情，要有老年人参与决策。老龄化基本伦理原则应是不伤害、有益于人、尊重人和对人公平，应努力从人文角度创造一个适合老年人生活的社会环境。

附件1　我国21世纪人口老龄化的趋势和特点

（一）中国人口老龄化趋势

我国人口老龄化过程起始于20世纪60年代中期前后，至今已经持续了30多年。不过在过去发展较慢，人们都觉察不到，到了90年代以后已明显加快。在统计数字上，甚至在人们的现实生活中，已经感觉到了人口老龄化的影响。但这仍然是我国老龄化的“前奏曲”，人口老龄化的主旋律在进入21世纪以后才会凸显。一方面，由于21世纪我国人口政策要求稳定低生育，且人口寿命会进一步延长(附表1-1、附表1-2)；另一方面，由于在新中国成立后出生并存活下来的大批人口在21世纪初将陆续进入老年期，因而老年人数倍增和比例升高都要比现在更快。各方面对人口老龄化的预测结果大同小异，预计到2015年60岁及以上老年人将超过2亿人，到21世纪中叶前后，60岁以上老年人口在4亿人以上，其中65岁及以上人口在3亿人左右，届时将分别占全部人口的1/4或1/5(附图1-1)。历史将会证明，21世纪中国人口老龄化程度是很高的。这是我国制定21世纪发展战略和老龄化对策必须考虑的问题。

附表1-1　(1953~2000年中国)人口规模及到2050年的预测值　(单位：万人)

年份	1953	1964	1982	1990	2000	2010	2020	2030	2040	2050
总人口	59 435	69 458	100 818	113 368	126 583	136 028	143 503	147 939	148 478	145 647

附表1-2　中国近年来的人口预期寿命及到2050年的预测值　(单位：岁)

年份	1995	2000	2010	2020	2030	2040	2050
男	68.06	68.81	70.79	71.09	71.99	72.69	73.09
女	71.82	73.06	75.05	76.06	77.06	78.06	79.06

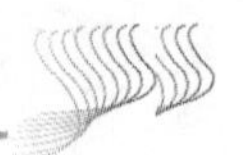

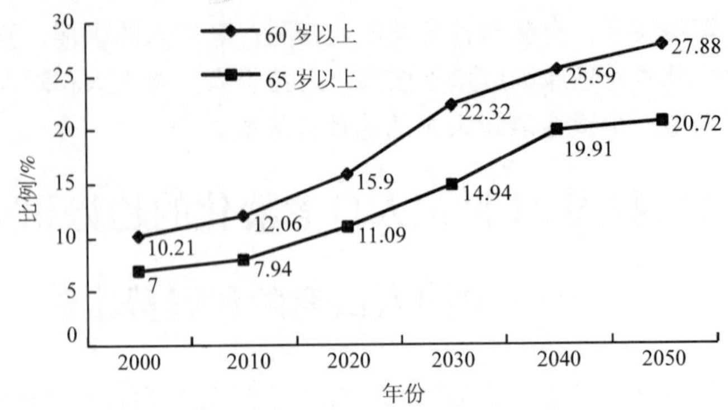

附图 1-1　我国 60 岁以上和 65 岁以上老年人口占总人口中的比例

（二）中国人口老龄化的特点

我国人口老龄化主要有下列特点：

1) 人口规模大，老年人口规模也大，都是世界之“最”，分别占全球人口和老年人的 1/5。1998 年我国国民生产总值只占世界的 3.5%，今后却要负担全球老年人口的 20%~25%，困难之大可以想象，因此必须未雨绸缪。

2) 老年人口增长速度快，人口老龄化发展速度更快。我国老年人口的增长一直大大快于青少年和成年人的增长，1982 年以前年平均增长率 3.9%，1982~2000 年年平均增长率 6.4%，预计 21 世纪前 30 年老年人口年平均增长率高达 3.2%，其中 80 岁以上高龄老人的增长率又快于老年人口的增长率。预计 21 世纪上半叶高龄老人年平均增长率高达 4%，到 2050 年可达 8000 万人到 1 亿人，有的估计达 1.14 亿人(附表 1-3)。届时高龄老人在老年人中占到 1/5，而现在只占 1/10。

附表 1-3　中国 20 世纪下半叶老年人口规模及到 21 世纪上半叶的预测值(单位：万人)

年份	60 岁及以上	65 岁及以上	80 岁及以上
1953	4154	2054	185
1964	4225	2458	181
1982	7664	4927	505
1990	9697	6299	768
2000	12975	8902	1296
2010	16411	10804	1700
2020	22815	15915	2269
2030	33014	22096	3286
2040	38001	29557	4993
2050	40608	30183	8063

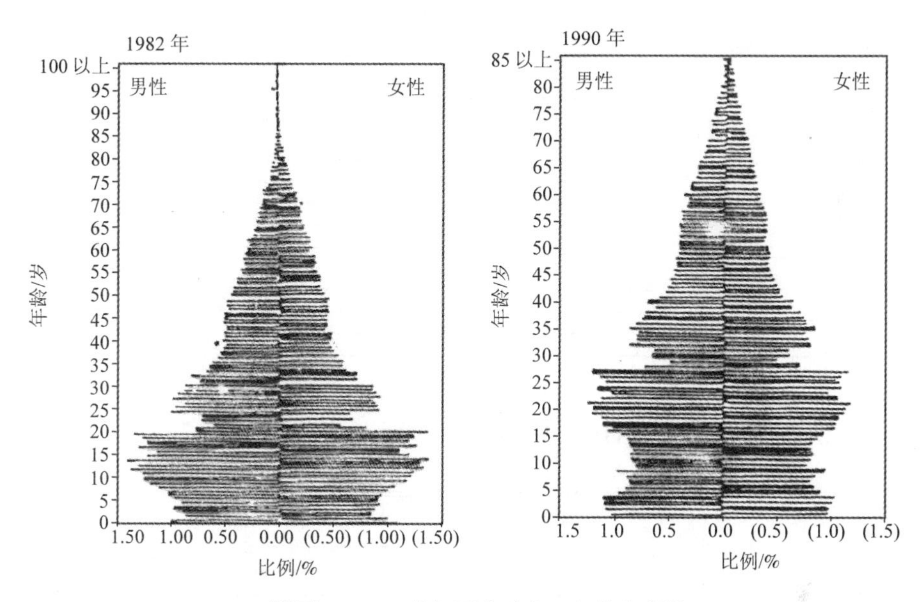

附图 1-2　20 世纪下半叶人口年龄金字塔

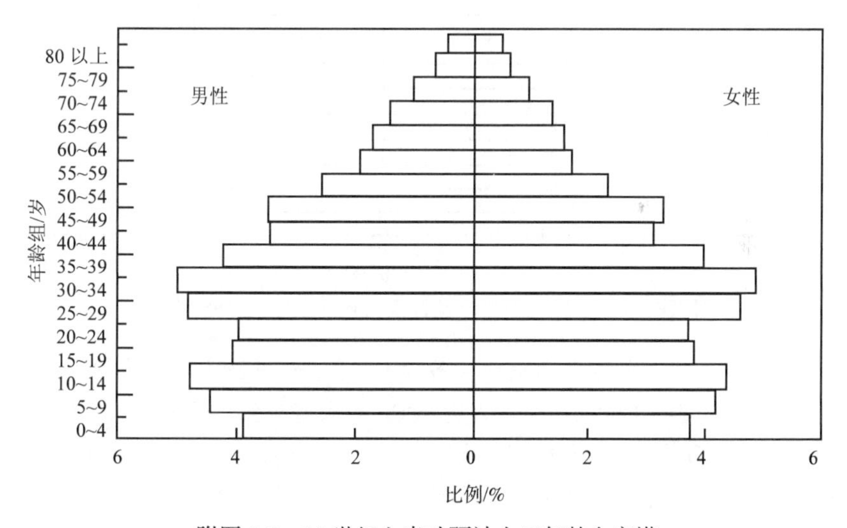

附图 1-3　21 世纪上半叶预计人口年龄金字塔

我国现在 60 岁以上和 65 岁以上老年人占总人口的比例分别为 10%和 7%，预计到 21 世纪中叶这一比例分别约是 28%和 21%(附图 1-1)，我国老龄化发展速度也是世界上最快的。

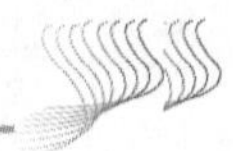

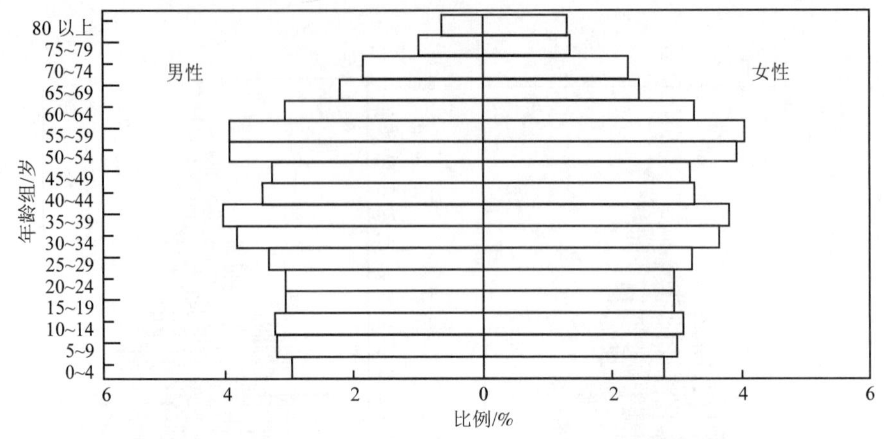

附图 1-4　21 世纪上半叶预计人口年龄金字塔(2025 年)

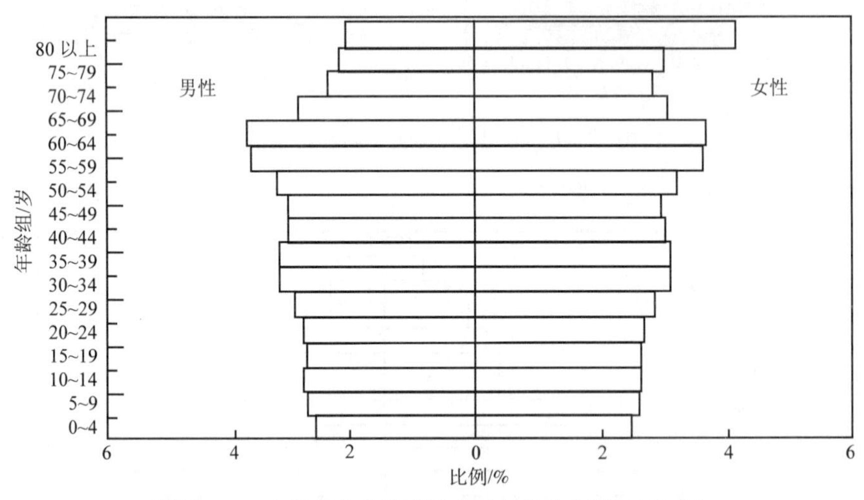

附图 1-5　21 世纪上半叶预计人口年龄金字塔(2050 年)

这一特点要求我国各项老年事业和各项准备工作，要跟上我国人口迅速老龄化的步伐。特别要重视 21 世纪高龄老人由 1000 万人增加到 1 亿人左右的巨大挑战。

3) 我国幅员辽阔，地区和城乡之间人口老龄化发展差异很大。我国东部地区，特别是大中城市人口老龄化的速度和程度大大快于和高于西部地区。以上海市和北京市为例，2000 年老年人口已分别占总人口的 18.5%和 14.6%，预计 2025 年这一比例分别是 33%和 30%，达到甚至超过发达国家的平均水平，因此在老龄化对策和措施方面必须区别对待。

4) 中国人口老龄化是在严格控制人口增长的条件下加速出现的。因此，必须不失时机地利用劳动人口抚养未成年人口负担急剧下降，而抚养老年人口的负担还较轻的今后 10 年左右的有利时机，大力发展经济和做好养老准备(附图 1-6)。

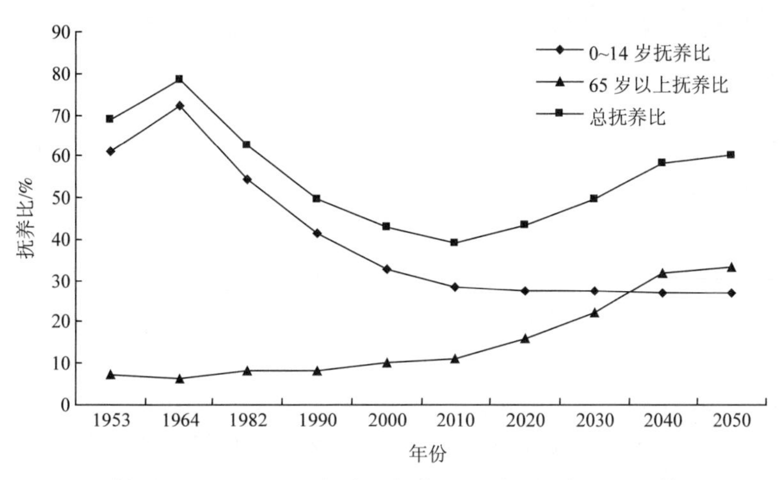

附图 1-6　1953~2000 年中国抚养比及到 2050 年的预测值

5) 我国是在经济尚不发达的条件下面对人口老龄化的。按世界银行 1998~1999 年公布的人均 GDP 的材料，我国只有高收入国家的 1/30 左右，因此面临的困难是很大的，必须走一条有中国特色的解决老龄化的道路。

6) 我国人口老龄化是在基本上还是家庭养老，缺乏社会养老传统的条件下到来的。我国家庭养老功能弱化比人们预料来得快。在人口老龄化加速后，占老年人口 70%左右的农村老年人会遇到许多困难，我国的这种困难比许多国家都要大。特别是加入世界贸易组织后，对农民的社会养老问题要及早提到议事日程上来。

附件 2　我国农村卫生保障制度现状分析

农村人口占我国总人口的 2/3，老年人在其中所占比例较大。20 世纪 80 年代，合作医疗被世界卫生组织称为“发展中国家解决卫生经费唯一典范”，曾积极向发展中国家推荐中国的农村卫生工作经验。然而，随着经济体制改革的推进，在市场经济惊涛骇浪的冲击下，这种建立在“平均主义”卫生政策和低水平经济基础之上的卫生保障制度举步维艰。曾经大面积取得成功且在国际上影响较大的合作医疗会如此处境？从历史上看，1938 年在陕甘宁边区创立的保健药社和 1939 年创立的卫生合作社是合作医疗的鼻祖。直到 1955 年山东招远县还保留着 158 个医药合作社。在农业合作化高潮期，全国合作医疗覆盖率达到 10%。人民公社化掀起了合作医疗的第一次热浪，至 1962 年覆盖率近 50%。但是，由于人民公社化运动中“左”的影响，实行“看病不要钱”，脱离农村现实的经济条件和农民的觉悟水平的做法，为合作医疗的正常发展埋下隐患。1968 年，毛泽东主席批示推广湖北长阳乐园公社的合作医疗经验，加上“文化大革命”政治运动的推动，

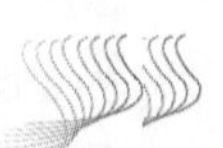

掀起了合作医疗的第二次高潮，到20世纪70年代中期覆盖率达到90%。其特点是：①集体经济巩固，三级医疗网逐渐建立，培养了大批赤脚医生，客观条件使其覆盖率能达到顶峰；②政治运动因素很浓厚；③技术性问题解决得不好，资金筹集比率、报销范围和程度等缺乏科学测算。80年代，农村集体经济解体，合作医疗迅速衰落，1985年覆盖率只有5.4%。1996年，江泽民总书记提出"发展和完善农村合作医疗制度"后，各地试行的二次合作医疗则有如下特点：①技术上借鉴了现代保险的原理和方法，对基金筹集、补偿模式和支付机制都有比较深入的研究，在经济发达和人口多的地方向社会医疗保险发展；②尊重群众的意愿，完全自愿参加；③有外来力量的参与和高校学者的研究；④发展缓慢。

纵观合作医疗制度，特别是二次合作医疗，其发展动力来自：①领导指示或部委发文要求基层重视合作医疗；②国外组织的干预与援助带动发展；但基层农村兴趣不大，执行效率和效果不容乐观。据北京大学卫生政策与管理研究中心的调查，合作医疗举步维艰的重要因素并不是技术问题，而是以下四大方面问题。

1）在大环境上：①合作医疗已失去存在的基础——农村集体经济；②农民与政府间信息不对称，产生马太效应，缺乏对话机制导致农民不信任；③药费飞涨导致合作医疗作用有限；④卫生部门面向市场背靠计划。

2）对需求方而言：①在经济上，就业压力和未来预期的高度不确定使农民最关心收入而非卫生保健，收入低带来对卫生保健需求不足，经济水平制约合作医疗基金良性循环的形成；②传统文化的价值取向上，中国式保障向来以纵向为主，强调家庭应尽可能地承载对自身的保障义务，讳疾忌医、隐忍和民间验方也影响居民的就医；③小农意识导致合作医疗面临严重的逆选择问题；④某些地方政府部门公信力相对较差。

3）从供方看，乡镇卫生院财政补偿不足，造血功能也不足，却又面临个体诊所的激烈竞争。政府方面的原因有：①政府的职责缺位，合作医疗在宏观发展上缺乏制度保障；②官本位现象严重，办合作医疗成为官员的一种短期行为，要在任期内出政绩的激励使合作医疗忽冷忽热；③政策缺乏可操作性，政策冲突时，实际上地方大于中央，以致政府对卫生的投入严重不足；④部门各自为政，使收取卫生费用和减轻农民负担难于平衡，政策冲突影响民众信心。这造成了合作医疗的基金规模小、保障程度低、基金暗箱操作等一系列问题。农民得不到实惠，群众看不到前景和可持续的动力，故而难以认可，因而其医疗需要不能在合作医疗的激励下转化为有效的医疗需求。

4）合作医疗制度运行不良并不表示农村不需要卫生保障制度。据调查，农民的医疗需要远远超过实际供给，但各种边际效用更大的事情(如失业、子女教育等)使农民无暇顾及卫生保健，但却没有合适的、能真正为农民解决卫生保健的横向社会共济系统。预防保健具有外部效应，是准公共产品，需要政府的干预。要达到医疗服务资源的有效配置，也需要建立卫生保障制度。

因此，不存在是否需要农村卫生保健的问题，而是究竟什么样的卫生保健制度才能真正适合农民、真正具有生命力。据此，我们有以下政策建议。

1）制定政策时，方法上要注意：①重视家庭、家族的作用；②政府要对外部性强的疾病和高财务风险疾病承担相应的责任，保证群众的生命安全，不对医疗机构打白条；③要加强基层调研，完善基础数据；④建立可行制度以保障其发展(据调查，在对将来卫生保健工作可能会出现的问题的预测中，管理方面的问题占了多数)；⑤加强信息透明度，防止信息成为强权寻租的资本(农民反应淡漠是因为他们根本不了解制度的存在，这势必影响卫生保健工作，建议采取派送政府工作简报的方式实现信息公开)；⑥结合实际情况，使政策具有可操作性，避免脱离地方实际而成为“镜花水月”；⑦充分考虑保险因子对起步阶段的卫生保健制度的冲击作用；⑧由财政投入启动资金。

2）对农村卫生保健工作方向而言：①建立农民生活最低保障线，并将其作为社会稳定器和减压器；②给农民减负，休养生息(减免农业特产税)；国家基本进入工业化后应对农村公共产品实行筹资主体多元化，减少农民的分摊；国家应支付农村失业和社会救济费用；③着力做好防保(防保医生的工资应由同级财政承担)；④加强卫生宣传和健康教育。

3）在不同卫生保障制度的定位问题上：对有支付能力、市场之“手”能够触及的人群，选择社会医疗保险和商业健康保险；对于缺少最基本的支付能力，只有靠政府的“脚”踩进去的地区，应着重解决外部性很强的预防保健问题，特别是计划免疫问题，并建立针对特困阶层的医疗救济制度。

总之，合作医疗不成功并不代表农村不需要卫生保障制度，我们面临的问题是具体制度的选择问题，今后要考虑的核心问题不是仅凭国际组织的评价(当然国际组织的评价不是不重要)，更主要的是要让该制度适应社会发展，符合民众需求，具有完善的制约和激励机制。

附件3　我国老年流行病学特点

（一）慢性病患病率高

国家卫生服务研究报告显示，我国人群中慢性病患病率已由 1985 年的 237‰ 增加到 1993 年的 285.8‰，1994 年则上升到 323‰。平均每天有 1.3 万人死于慢性病，占全部死亡人数的 80%以上。在门诊患者中，60%为慢性病患者。在 60 岁以上老年人中，慢性病患者的总患病率和死亡率上升非常明显，其患病率是全人群的 2.5~3 倍，例如，城市全人群患病率为 285.5‰，而老人为 789.3‰；农

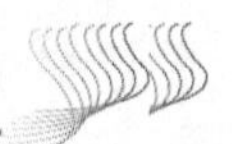

村全人群为 130.7‰，而老人为 398.2‰。

北京市一组对 3000 名老年人的队列前瞻性研究，发现无病者在逐渐减少，而身患两种以上疾病者则从 1992 年的 353‰增至 1997 年的 410‰。

增龄是慢性病患病率增高的最重要的独立危险因素，年龄每增 10 岁，各种慢性病患病率都大幅上升。60 岁以上年龄组与 20~29 岁组相比，恶性肿瘤增加 131 倍，高血压增加 115 倍，糖尿病增加 100 倍，脑血管病增加 135 倍(附表 3-1)。

附表 3-1　年龄别疾病别慢性病患病率　　(单位：‰)

慢性病 \ 年龄	20~29 岁	30~39 岁	40~49 岁	50~59 岁	60 岁以上
传染病	3.82	6.57	8.90	10.55	8.78
恶性肿瘤	0.03	0.51	1.80	3.22	3.95
糖尿病	0.10	0.27	1.65	7.00	10.05
血液病	2.54	4.66	4.31	6.72	5.71
神经系统疾病	1.18	2.39	10.59	11.22	10.71
眼疾病	3.14	7.53	2.39	7.00	19.76
心脏病	1.61	6.07	14.70	41.22	153.71
骨关节病	6.61	19.73	45.29	79.32	83.38
慢性支气管炎	2.51	6.97	16.23	34.44	63.58
高血压	0.53	3.38	12.47	40.55	61.03
脑血管病	0.18	0.63	2.55	10.83	24.50
胃炎	11.72	25.80	31.68	33.72	27.44
肝脏疾病	1.33	2.81	3.84	4.17	3.56

（二）老年人残疾率高

1987 年全国残疾人抽样调查表明：全国人口中各种残疾现患率总和为 4.89%，而 60 岁以上人口现残率总和为 27.4%，是全国人口残疾现患率的 5.6 倍。北京市 60 岁以上老人的残疾率是 19.53%，是 60 岁以下人群的 7.5 倍；80~89 岁为 49.35%，90 岁以上高达 76%。

（三）老年人医疗费用消耗大

老年人医疗费用远远大于职工平均医疗费用。据北京市统计，离退休人员占公费医疗对象的 18.3%，而医疗费用占 41.2%，为在职人员的 3 倍。劳保医疗费用 1996 年较 1995 年增长 17.6%，其中离退休人员增长幅度为 23%，高于总体增长速度。我国 1990 年卫生经费为 743 亿元，1995 年增长到 2257.8 亿元，其增长速度远高于国民经济及居民实际收入增长速度。

（四）老年人医疗状况仍处于低水平

据 1993 年卫生部调查，两周患病未就诊率全人群为 36.4%，而老年人群为 68.9%，是普通人群的 1.9 倍。老年人群慢性病的患病率为全体人群的 3.2 倍，但就诊率和住院率仅是全体人群的 1.4~1.8 倍，老年人的就医状况还处于较低水平。

（五）心血管病和糖尿病的发病率不断升高和年轻化

据 1991 年调查，我国有高血压患者 1.1 亿人，相当于每 3 个家庭有 1 人，并且每年增加 350 万初发患者。高血压还存在患病率高，致残率高，死亡率高，知晓率低，服药率低，控制率低的特点(附表 3-2、附表 3-3)。我国现有脑卒中患者 600 万人，其中 75%不同程度丧失劳动力，40%重度致残，并且每年新发脑卒中患者 150 万人。我国现有糖尿病患者 2000 万人，糖耐量降低者 3000 万人，是 10 年前的 3 倍。

附表 3-2　我国三次高血压调查患病率对比

年份	调查人数/人	患病率/%	年龄调整率/%
1958	494 331	5.11	
1979	4 012 128	7.73	7.52
1991	950 356	11.44	9.41

附表 3-3　高血压患者知晓率、服药率、控制率对比　(单位：‰)

国家(时段)	知晓率	服药率	控制率
美国(1975~1980 年)	71	45	27
中国(1991 年)	26	12	3

据世界卫生组织 MONICA(莫尼卡)方案研究(北京 74 万人群监测)结果，1984~1999 年北京地区急性脑卒中事件发病率(35~74 岁)，男性平均每年增加 4.5%，女性增加 4.2%；冠心病事件男性平均每年增加 2.3%，女性增加 1.6%。且在年轻人中也有增多趋势(附表 3-4)。

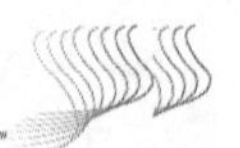

附表 3-4 北京–南宁–宁波 302 例
15~39 岁冠状动脉硬化的比较研究(1991~1994 年)

地区	早期病变		晚期病变		总计	
	人数/人	比例/%	人数/人	比例/%	人数/人	比例/%
北京	63	52.1	28	23.1	121	75.2
南宁	54	55.7	8	8.1	99	62.6
宁波	44	53.7	9	10.9	82	64.6

（六）卫生资源与卫生需求不成比例，资源分配不合理

据 1993 年世界银行报告，中国以全球卫生总经费的 1%较好地解决了全球21%人口的卫生问题。但由于资源与需求差距过大，加上卫生资源的分配不合理，约 80%的卫生资源集中在大医院，而 80%的卫生需求在社区。加上慢性病患病率的不断上升，医疗保障面临严峻挑战，医患关系比较紧张。

附件 4 我国老年人营养学领域的问题

（一）老年人的膳食营养状况

老年人的营养与全国城乡居民一样，近年有很大的改善，基本上解决了温饱问题。能量摄入量达到了供给量标准(recommended daily allowance, RDA)，但某些微量营养素仍有不足。贫困农村，尤其是山区还存在营养素摄入不足和膳食质量低下的问题。另外，由于经济发展，膳食构成变化，我国部分老年人群中已出现营养不平衡问题。

（二）老年人在营养方面存在的问题

从营养素的摄入来看，老年男女分别有 7.45%和 6.66%的人每日能量摄入小于 RDA 的 70%；蛋白质摄入量小于 70% RDA 的人，老年男女分别占 14.29%和16.01%。此外，与成年人相似，在中老年人中普遍存在微量营养素(如视黄醇当量、核黄素、钙等)的摄入量不足。

随着年龄增长，营养不良有增加趋势，60 岁以上老人的营养不良比例上升(附表 4-1)，贫血患病率上升(附表 4-2)。

1988 年国际膳食能量顾问专家组提出以体重指数(body mass index, BMI)[①]作为评价成年人(18 岁以上)营养状况的指标。世界卫生组织建议 BMI 小于 18.5 为慢性能量缺乏(营养不良)，18.5~25 为正常，大于 25 为超重或肥胖。

附表 4-1　体重指数(BMI)分布

项目	人数/人	BMI 分布/%					
		<18.5		18.5~25		>25	
		男	女	男	女	男	女
45~59 岁	12 107	8.7	9.2	74.8	64.6	16.6	26.2
60 岁以上	7 329	16.8	18.4	66.3	59.2	16.9	22.4
全国成年人平均	54 006	9.1	9.9	79.0	73.2	11.9	17.0

老年人群 BMI 大于 25 和小于 18.5 者明显高于全国成年人平均数，说明老年人群的体重指数分布向两端分散，也就是说营养不良和体重超标比例高于全国成年人平均值。高龄老人营养不良比例成倍上升，超重肥胖比例有所下降。

附表 4-2　全国老年各组贫血患病率　　(单位：%)

年龄/岁	城市		农村	
	男	女	男	女
40~49	12.5	25.7	13.0	22.4
50~59	14.9	25.1	19.2	23.4
60~69	21.6	28.2	26.3	28.0
70~79	30.5	28.8	36.6	32.1
80 以上	38.5	36.6	39.1	30.9

老年人贫血患病率在各人群中最高，平均为 30%左右。贫血对健康带来明显影响，尤其是导致免疫功能下降。贫血与膳食关系密切，在对老年人群膳食调查中，血红蛋白与膳食有关参数相关分析的结果表明，血红蛋白与能量、蛋白质、动物蛋白质及总蛋白质之比呈显著正相关。

（三）老年人的营养及相关疾病

从营养与健康关系看，老年人群较一般人群更加脆弱，更易受到营养缺乏或营养过剩和不平衡的冲击。生活在较贫穷地区的老年人，营养缺乏情况比一般人群更明显。生活在大城市的老年人，其承受慢性退行性疾病危险因素的威胁较大。

① BMI 的计算方法是 BMI=体重/身高^2，体重的单位为千克，身高的单位为米

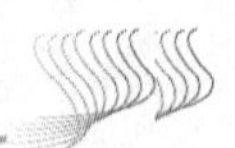

膳食结构不合理，高能量、高脂肪、高盐摄入，脂肪、饱和脂肪、胆固醇摄入过量常导致血脂、体重指数升高，增加患心、脑血管疾病的危险。

（四）老年公寓有关问题

老年人口数量迅速增长，兴建一定数量不同层次的老年公寓已是势在必行。我们对北京不同层次的四家敬老院进行了调查。四家敬老院都具有一定的医疗设施，并注意定期对老人进行健康宣教，带有共性的主要问题是经费紧张以及公费医疗(医疗保险定点)以及社会的理解与支持的缺乏，同时存在专业人员培养和技术支持问题需要解决。

老年人的营养状况与成年人相似，能量及三大营养素基本满足需要，但是某些微量营养素摄入仍有不足。随着年龄增长，各器官系统的生理功能减退，影响机体对营养素的吸收利用，这种不足较成年人更为严重。营养不良比例成倍增长，贫血患病率高达 30%，加之慢性疾病的困扰，老年人已成为社会中特定的弱势人群。这部分人群健康差，人数众多并不断增加，耗费了国家的大量医疗资源。对这部分人群提供合理营养，宣传膳食指南，促进健康老龄化，对于减轻国家和家庭负担以及维护社会稳定，都有不可忽视的作用。

附件 5　我国老年期精神障碍流行病学现状分析

（一）阿尔茨海默病

阿尔茨海默病(Alzheimer’s disease, AD)，俗称老年性痴呆，是一种发病于老年期前后的原发性大脑退行性疾病。AD 多隐匿起病，以痴呆综合征为主要临床表现，呈慢性进行性病程，最终常因多种并发症或因多器官衰竭而死亡，平均病程约为 11 年。由于病因不明且无有效治疗措施，AD 致残致死率极高，已是老年人群中仅次于心脏病、恶性肿瘤和脑卒中的第四位死亡原因。随着癌症和心脑血管病的有效防治，AD 将成为 21 世纪老年人的最主要疾病。

“九五”国家重点科技攻关项目在北京、上海、西安、成都、广州和沈阳等地 39 个区县进行的流行病学调查显示，55 岁以上人群中痴呆的总患病率为 2.90%，65 岁以上人口中痴呆的总患病率为 5.22%。我国现有 65 岁以上人口 9610 万人，据此估计，全国共有各类痴呆患者 500 万人，其中 AD 约占 340 万人。另外，1997 年北京的一项流行病学调查表明，65 岁以上人口 AD 的患病率为 3.22%，1999 年在同一人群调查显示，AD 的患病率上升为 3.86%，两年期间增加了 0.64%。上海的调查资料亦显示，65 岁以上人群 AD 的患病率为 4.61%，75 岁以上为 12.33%，85 岁以上高达 24.29%，而发病率分别为 1.31%、2.51%和 3.93%。痴呆的发病率为 65 岁以上 1.31%，75 岁以上 3.54%，85 岁以上 5.54%。在痴呆中，半数以上为 AD，1/4 左右为血管性痴呆。两地区的调查均表明，我国 AD 的患病率已接近发达国家。

截至 2000 年，全球共有 1200 万人 AD 患者，中国的 AD 患者已超过全世界 AD 总数的 1/4。随着老龄人口逐年增长，我国 AD 患者的绝对人数在总人口中所占比例将显著增加。AD 不仅严重影响老年人的身心健康和生活质量，并将引发一系列严重的社会问题。

卫生经济学调查表明，美国现有 AD 患者 400 万人，每年用于治疗痴呆的直接与间接费用高达 3000 亿美元。美国专家估计，如果没有行之有效的防治方法，到 21 世纪中叶，美国 AD 患者总数可能高达总人口的 1/10，巨大的开支将对美国的国民经济构成严重威胁。尽管我国尚无类似的调查资料，但 AD 将显著增加国家医疗保健负担以及个人和家庭的经济负担已成为不争的事实。更为重要的是，治疗和照顾 AD 患者的直接和间接的巨额花费，也将严重制约 21 世纪我国经济的可持续发展。

AD 晚期患者因为失去活动和生活自理的能力，给家庭和卫生保健系统造成巨大的负担。目前尚无法治愈 AD，但在过去几年中，研制或使用的药物数量有所增长，并使某些患者的症状得到了缓解。此外，对 AD 患者及其家庭照料者的支持和教育训练，可以提供实际的和精神方面的帮助，以改善其生活质量和减轻负担。90%以上的痴呆患者在家庭中接受照料，而且 90%以上由其配偶或子女(及其配偶)照料，照料负担成为突出的问题。对 110 名痴呆照料者进行调查，应用 Zarit 及 Montgomery 量表评定其照料负担，与 110 名非痴呆老人的近亲相比，痴呆照料者承受着更重的压力，花费了更多的时间和精力，严重影响着他们的日常生活。HAMD、HAMA、IMED 等量表评定，还发现痴呆照料者的身心健康受到一定影响。痴呆照料者也需要得到帮助和关注。

（二）老年期抑郁症

近年国内不同地区的调查表明，随着我国人口的老龄化，老年期抑郁症的患病率逐渐增高。北京的一项两年随访调查资料显示，在 65 岁以上人群中，抑郁症的患病率由 1997 年的 1.78%增长至 1999 年的 3.85%，两年净增长 2.07%。上海的一项对 2235 名 65 岁以上老人的调查发现，抑郁症的患病率并不低，为 1.8%；其中女性(2.2%)高于男性(1.2%)。成都地区调查表明，在 55 岁以上人群中，抑郁症总患病率为 2.62%，其中男性为 1.60%，女性为 3.54%。我国老年期抑郁症女性患病率显著高于男性，抑郁症有随年龄增长而增高的趋势，教育程度低、罹患

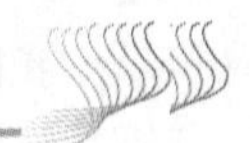

躯体疾病、日常生活能力受损、认知功能下降、经济困难及心理应激等，均是导致抑郁症的危险因素。

根据WHO、世界银行、哈佛公共卫生学院的DALY(伤残校正生命年)研究，抑郁症是主要的疾病负担源之一。在老年人中也不例外。特别需要注意是，抑郁症是一类可治性疾病，如能及时得到合适的治疗，70%以上可以缓解。在所有的老年人致残的医学情况中，抑郁症属于干预效果最佳的类别之一，如能提高认识，正确处理，多数因抑郁症而致残的情况是可以避免的。

（三）其他老年期精神障碍

近5年来国内区域性流行病学调查资料表明，老年人群中各种重性精神障碍占15岁以上人口的33.9%，患病率最高的是脑血管病伴发的精神障碍，其次是精神分裂症和物质依赖。

在精神病院住院的老年患者中，器质性精神病、偏执性精神病、精神分裂症、心因性精神病也占相当大的比例。在综合性医院，躯体疾病所致的谵妄、脑器质性精神障碍、精神分裂症及神经症较为多见。生活事件与老年期精神障碍关系密切，发生率高达33.33%，常见的首发症状有失眠、记忆力减退、多疑等。

我国是一个人口老龄化发展迅速的国家，当前不仅面临着经济体制改革不断深化以及工业化、城市化步伐不断加快的巨大变化，而且还存在着人口大量流动、传统大家庭向小家庭分解等各种复杂的社会、经济、文化因素，影响着人们的生活习惯、行为和方式，对心理卫生、精神性疾病的发生也产生了巨大影响。我们面临着精神疾患不断增加的严峻挑战，而且是在我国经济尚不发达、国力尚不强大的形势下迎来这种挑战的，因此，我们面临艰巨的任务和严峻的考验。

附件6 社会人口老龄化的伦理框架

伦理问题是指在社会老龄化的情况下，人们应该做什么和如何做的问题。这里包括所谓的“伦理难题”，即在两个或两个以上的义务(应该做什么和应该如何做)发生冲突时，应该做什么和应该如何做的问题。我国社会老龄化引起的伦理问题，既包括在新的情况下应该做什么的问题，也包括在义务冲突情况下应该做什么的问题。

面对迅速老龄化的中国社会，能不能找出一些办法使老人、年轻人(暂时将老年人以外的其他人都称为“年轻人”)和整个社会都不受到伤害，对他们都能有益、都能公正对待，也就是说达到“三赢”呢？这是非常困难的。似乎无痛苦的办法是很难找到的，也许三个方面都要作一些让步。然而，我们仍然需要确认一些基本的伦理原则，用来评价我们可能采取的行动是否属于应该做的。这些基本伦理原则可以有以下几个方面：

1）不伤害/有利原则。这个原则要求我们采取的政策或措施不要伤害人，而要有益于人。但实际上很难找到一种政策或措施，只会带来积极后果，而不会带来任何消极后果。但我们应该设法找到使积极后果最大化和消极后果最小化的政策或措施，而且它们带来的积极后果应该大大超过它们带来的消极后果。这个原则要求我们的政策或措施不伤害老年人，有益于老年人。问题是，社会老龄化涉及老年人和年轻人，如果政策或措施伤害一方较多一些，有益另一方较多一些，怎么办？处理这个问题就要涉及我们的价值观念问题。

2）尊重原则。这个原则要求我们尊重人，将人看作目的本身，而不是仅仅看作达到其他目的的手段。尊重原则包括尊重老年人的自我决定权(在涉及他们自身的问题上)、知情同意权、隐私和保密权。涉及老年人的公共政策也应该有老年人或他们的代表参与。

3）公正原则。这个原则要求在涉及资源或负担分配时的公正。分配公正涉及两个方面：一方面是公正的形式原则，即在有关方面做到同样的人同等对待，不同的人不同对待；另一方面是公正的实质原则，这个原则确定什么是“有关方面”，这是指需要，或过去作出的贡献大小，或将来可能做出的贡献大小，或购买力大小，或职位高低，另一是回报的公正。“来而不往，非礼也”。回报是一种道义要求，并不追求等价。

(本文选自2002年咨询报告)

咨询组成员名单

陈可冀	中国科学院院士	中国中医科学院西苑医院
秦伯益	中国工程院院士	军事医学科学院
翟中和	中国科学院院士	北京大学
韩启德	中国科学院院士	北京大学
王士雯	中国工程院院士	中国人民解放军总医院
邬沧萍	教　授	中国人民大学
陈孝曙	研究员	中国预防医学科学院
洪国栋	研究员	中国老龄科学研究中心
童坦君	教　授	北京大学医学部
张宗玉	教　授	北京大学医学部

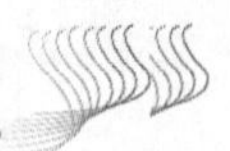

洪昭光	主任医师	首都医科大学附属北京安贞医院
邱仁宗	教　授	中国社会科学院哲学研究所
吴振云	研究员	中国科学院心理研究所
薛安娜	研究员	中国预防医学科学院营养学研究所
熊必俊	研究员	中国社会科学院社会学研究所
李春生	主任医师	中国中医科学院西苑医院
王　珣	研究员	中国老龄科学研究中心
杜　鹏	教　授	中国人民大学
张　岱	教　授	北京大学
董之鹰	副研究员	中国社会科学院
林　殷	副教授	北京中医药大学
刘峰松	副研究员	中国科学院生物学部办公室
孙卫国	业务主管	中国科学院生物学部办公室
宋　军	副主任医师	中国中医科学研究院西苑医院
王红漫	副研究员	北京大学
唐振兴	副研究员	中国老龄协会

我国电子商务发展与对策研究（总报告）

陈俊亮 等

近年来，由于电子信息网络在商务活动中的应用，全球电子商务发展迅速，它不仅改变着传统的商务活动模式，而且对产业间的融合与经济结构调整产生了极为深刻的影响，新的市场格局和游戏规则正在形成。基于信息网络的商务活动能够跨越各部门乃至国家间的界限，因此，电子商务已经成为一些发达国家改善商业环境、促进经济增长、应对经济全球化挑战的一般条件。

本报告分析了我国现阶段电子商务发展过程中的重大矛盾，建议我国应从战略的高度给予足够的重视，将大力发展电子商务作为推进我国国民经济信息化的一项长期基本战略；各级政府和各类企业必须充分认识到我国电子商务发展中的各种矛盾对我国社会经济长远发展所带来的不利影响，采取积极稳妥的应对措施。报告提出了促进我国电子商务实现以效益为基础的五个转变和我国当前应重点抓好10项工作的具体建议。

目前，由于电子信息网络在商务活动中的应用，全球电子商务发展迅速，它不仅改变着传统的商务活动模式，而且对产业间的融合与经济结构调整产生了极为深刻的影响，新的市场格局和游戏规则正在形成。由于技术进步对经济发展的加速器作用，国际社会正在发生两极分化，数字化鸿沟日益加深，发展中国家、经济落后地区、传统产业乃至弱势社会群体将面临更大的生存性挑战。

21世纪是以高新技术为主导的世纪，在21世纪上半叶的国际竞争中，创造性地运用信息科技的能力将是培育国家创新能力的重要环节之一。由于基于信息网络的商务活动能够跨越各部门乃至国家间的界限，因此，电子商务已经成为一些发达国家改善商业环境、促进经济增长、应对经济全球化挑战的一般条件。对此，加入世界贸易组织后的我国应从战略的高度给予足够的重视，并将大力发展电子商务作为推进我国国民经济信息化的一项长期基本战略。

全球电子商务浪潮正在为社会带来电子与商务两个层面的变化，前者是商务手段在“用”上的变革，后者是商务内涵对“体”的演进。正如电子显微镜的出现使得

人类对生物的认识从中观到微观，超大规模计算机的使用使得人类可以像破译遗传基因密码一样，电子商务实质上是信息技术对传统商务活动的一场工具性的革命。这场革命引发了一系列高科技成果的商业化应用。

与电子商务相比较，传统商务是高成本、低效率和粗放型的。其最大弊端在于生产者与客户之间的信息渠道不畅，信息反馈周期长，常常导致经济周期性波动，并影响宏观经济稳定。此外，传统商务还容易在中间环节发生各种浪费，孳生腐败。电子商务的社会效益主要体现在商务活动的“直接化”和“透明化”。电子商务的“直接沟通”满足边际成本递减法则，“透明化”则有助于建立良好的经济秩序，从而提高效率。值得指出的是，电子商务不只是将交易放到互联网上而已，其重要意义在于，因交易过程、交易主体和交易内容的虚拟化，传统的生产流程与经营管理模式都将得到再造。

自20世纪90年代末以来，我国电子商务在基础环境建设、企业参与以及商务实践等方面都取得了显著的进展，电子商务的发展从一个侧面有力地支持了我国信息产业迅速成长为国民经济的重要支柱产业，同时，也为加入世界贸易组织后我国实施第三步发展战略，参与国际竞争，提供了较好的基础条件。调研结果表明，我国一些大中型企业在运用先进信息技术改造企业传统生产管理流程、开展在线交易等方面，已经进行了大胆的探索和有益的实践。

然而，我国毕竟是一个发展中的大国，社会信息化水平、尤其是企业信息化水平仍然不高，因此，从总体上来讲我国电子商务仍处于起步阶段。调研数据显示，目前我国电子商务占总交易额的比例较低。2001年，B to B交易的市场规模不足260亿美元，B to C交易的市场规模仅为21亿美元，二者均未形成经济规模。此外，由于我国企业现有的组织结构形式以及经营模式等尚未与国外完全接轨，因此，企业文化的各种冲突导致企业资源规划(ERP)、供应链管理(SCM)、客户关系管理(CRM)等欧美新型管理方法和工具在我国的应用情况也不尽如人意，完全成功的例子较少。

分析表明，我国现阶段电子商务发展过程中的重大矛盾突出表现为以下几方面。

1) 在宏观层面上，政策法规不健全、标准不统一以及商务实践的盲目性等，显示我国电子商务发展缺乏统一的指导方针、发展规划和实施战略。尽管国家发展计划委员会、国家经济贸易委员会、信息产业部等政府部门均出台了有关促进电子商务发展的报告，但由于侧重点不同且缺乏相互之间的协调，显得政出多门，难以落实。

2) 在企业层面上，由于利用电子信息技术改造传统产业没有注重流程重组与结构优化，因此，“用”与“体”依然是“两张皮”。此外，企业开展电子商务的投资不足、人才缺乏等现象普遍存在，职业经理人制度有待完善。

3）在社会化服务体系方面，在线支付体系和物流系统信息化进程相对滞后，针对电子商务交易额90%左右的B to B支付还维持在互联网上订购，互联网下支付的局面，绝大多数物流企业依然为劳动密集型，尚无法提供科技含量高、适应客户个性化需求的IT物流服务。

4）在软环境方面，缺乏相关在线交易法律法规和政策，诸如电子签名、电子合同以及有关电子商务活动中保护消费者权益的立法工作尚未列入国家立法的议事议程，社会信用体系发育相对滞后，经济活动中失信现象、相互拖欠债务问题屡见不鲜，使一些企业对网络化虚拟环境下的交易行为更缺乏信任感。

5）在商业模式方面，具有中国特色的商业模式较少，商务活动网络化所应该发挥的效益没能与规模同步增长，泡沫明显；在线商务信息资源与服务资源的开发与利用均未进入有经济效益的良性循环，在整体上仍在拖电子商务的后腿。

6）在基础设施方面，信息基础设施瓶颈明显，网络能力严重闲置与重复建设并存。电子商务技术研发差距拉大，标准也不统一；平台技术和解决方案大多从国外引进，以致电子商务应用上游在外、根基不稳。

为此我们建议，各级政府和各类企业必须充分意识到我国电子商务发展中的各种矛盾对我国社会经济长远发展所带来的不利影响，并采取积极稳妥的措施促进我国电子商务实现以效益为基础的五个转变：①从目前以技术驱动为主的套利模式转变为以市场需求拉动为主的赢利模式；②将互联网应用从以“玩具”型娱乐消费为主的模式转变为商业和企业的“工具”型运用；③从单一的物理流通渠道或网络销售渠道转变为“在线”与“离线”相结合的“鼠标加水泥”多渠道模式；④将信息孤岛型的局部应用转变为全球化、多平台的协作模式；⑤将固定时间、地点的电子商务活动转变为随时可获得的基于无线通信平台的移动电子商务活动。

为此，我们建议当前应重点抓好以下几项工作。

1）国务院信息化领导小组办公室设立电子商务协调小组，统一协调全国电子商务推进工作。建议由国务院信息化领导小组办公室设立电子商务协调小组作为推进我国电子商务发展的常设机构，统一协调各部门、各行业和各地区的电子商务发展的相关政策法规，并在“十五”期间尽快出台我国电子商务发展的指导性发展规划和政策法规框架。政府应实施积极的电子政务政策，并注意发挥地方政府的作用，总结他们在推进信息港和数字省(直辖市、自治区)建设方面的成功经验并加以推广，其中应特别注意以经济发达的沿海开放地区和中西部落后地区为突破点，加强试点工作。建议由信息产业部会同国家质量技术监督局，加紧研究制定有关电子商务的关键标准；由国家工商总局、国家税务总局会同中国人民银行、行业协会等有关部门制定企业履约能力的等级认定办法；对于电子商务发展过程中一些亟待解决的法律问题，可以先由最高人民法院出台相关司法解释加以

规范，今后逐步上升为法律；国家税务部门联合工商、海关、银行等部门负责研究制定电子商务税制，解决互联网上税收的技术性问题。

2）以大中型企业和传统产业为先导，加快实施企业内部信息化。我国电子商务的发展应以大中型企业和传统产业的内部信息化为依托，通过基于电子商务平台的供应链和产业生态群带动中小企业开展电子商务活动。要重点抓好示范工程，注重改造企业传统的生产管理模式，优化企业流程，培育企业核心竞争能力。企业电子商务应用可采取“三步走”策略：第一步是将企业内部生产经营过程进行统一，实现资源的优化配置，提高工作效率；第二步是实现企业与供应商、销售商之间商务流程的统一，提高企业的市场应变能力；第三步是行业内部各企业商务流程的统一，形成统一的行业交易市场和经营模式，提高行业整体的国际市场竞争力。

3）营造电子商务市场氛围，发挥行业协会作用。为了营造良好的电子商务市场氛围，必须打破各级政府、部门对公共性信息资源的垄断和封锁，实现信息资源共享。要重视对商务信息资源的不断开发、更新和维护。国家应鼓励信息资源的市场化运作与商业化经营，保护企业和消费者利益和个人隐私权。要加强行业协会的作用，发挥它们在规范市场、规范行业标准、规范行业行为、促进企业之间相互协作等方面的优势。为了有效解决目前信用不足的问题，并促进供应链和电子商务垂直市场等先进商务模式的发展，国家应鼓励由行业协会牵头，在自愿的基础上建立行业性的门户网站。这样既可以减轻中小企业负担，又方便用户对分类商品与厂商的查询。此外，还可以通过行业协会，为中小企业举办电子商务知识讲座，提供信息化方面咨询服务等。

4）加紧电子商务法制建设，确立电子商务市场规则。国家立法机关和行政主管部门应加强有关电子商务立法方面的制度建设，通过制定具有前瞻性的网络经济政策法规，确立新型电子商务市场规则。要对电子商务和互联网产业的发展给予政策上的优惠，例如，制定相应的减免税收和补贴等政策，鼓励电子商务在中西部地区和传统产业发展等。建议国家立法机关和相关行政主管部门应抓紧组织制定电子交易、电子资金划拨、信息资源管理、电子商务中的消费者权益保护等方面的法律法规。同时，应及时修改现行政策法规中与电子商务发展不相适应的成分。在《专利法》、《商标法》、《著作权法》、《反不正当竞争法》、《合同法》、《公司法》、《票据法》、《政府采购法》等相关法律法规的制定或修改过程中，建议充分考虑电子商务的特点，为电子商务发展创造良好的法制环境并留有发展的空间。

5）建立社会诚信体系，倡导以德经商。要通过广泛的社会宣传和有力的市场监管措施，增强公众的网络经济意识和信心。应积极倡导以德经商，逐步建设起以诚信为基础的社会信用体系，通过电子商务的开展，解决目前我国商业环境中日益严重的信誉危机问题；应积极探索符合我国国情的企业与个人信誉等级认证制度，加快建立权威性的信誉认证中心和电子商务信誉等级数据库，对参与电子商务的企业、事业乃至个人进行信誉记录、评测及履约能力等级认定，并发放数字等级证书，以保障电子商务的交易可靠性和安全性。

6) 加强电子商务中介体系建设与规范化管理。应大力扶持社会化、专业化经营的电子商务第三方服务体系，发达的第三方服务体系不仅可以为中小企业电子商务系统的实际应用提供稳定和强有力的支持，还可以创造新的就业机会，并派生新的产业领域。当前，应注重发展电子商务应用解决方案提供商(ASP)和从事设计、实施和外包式运营的电子商务服务管理公司。要充分发挥现有邮政网络和交通运输系统的优势，支持邮政和交通运输部门建立电子商务的全国性配送系统以实现全程全网的第三方物流服务。要推广各类电子支付工具，由中国人民银行负责协调和推进全国范围内跨行的清算、结算等问题。在“金卡工程”全国联网的基础上，加速普及各银行间通存通取的“银联系统”，为在线支付打下基础。

7) 建立、健全安全电子交易体系。要建立、健全以信息安全、网络安全为目标，加密技术、认证技术为核心，安全电子交易制度为基础的、具有自主知识产权的电子商务安全保障体系。核心密码技术标准应与国际标准兼容，并必须经国家密码管理机关审核和批准方可使用。网络安全设备采用入网证管理制度，入网证由行业主管部门审核发放。国家应鼓励由公安、工商和民政等部门分别提供个人、企业和社团法人的身份认证信息，由经过认证的商业机构运营并提供电子商务所必需的专业电子身份认证服务。鉴于目前 CA 认证中心建设中的无序状态，建议由国家授权主管机关统一审核和批准认证中心的设立。与此同时，要加强对行业或者地方认证中心的监管，并尽快建立第三方顶级电子商务认证中心。

8) 突出重点行业应用，选择有竞争力的商业模式。我国电子商务的发展要走各行业联合互补的道路，以便形成电子商务产业增值链。当前应重点支持电子商务在外贸、金融、保险、证券、电信、航空、医药、旅游及交通运输业等信息敏感行业的应用与发展。在市场定位上要特别注意电子商务具有突破地域限制的特征，加强企业的国际合作。当前应特别鼓励开办面向信息化程度高的发达国家的直销型网站，从而达到增加交易量、降低交易成本及提高商品在海外的竞争力的目的。为了保证国家间经济贸易的安全和便利，建议与互惠国之间签订国家间的认证协议。

9) 制定国家电子商务技术发展规划、确立我国电子商务标准化体系。以电子商务为龙头积极发展以信息网络技术开发与应用为中心，制定我国电子商务模型(包括体系结构、数据模型、应用模型)和研究开发适合国情的、特别要支持自主版权的电子商务关键技术，包括协同商务平台技术、系统集成技术、在线支付技术、信息与网络安全技术以及各类针对我国特点的解决方案等；大力加强计算机技术和通信技术的基础研究以及有关信息技术对社会经济影响的研究；应注重参

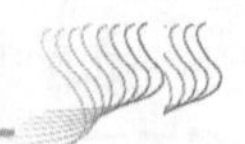

与国际标准的制定，做到自主研究与跟踪发展相结合；为了确保电子商务系统的无缝连接，商品分类编码、业务流程、电子支付、安全保护、数据交换和信息通用格式等关键标准应由国家统一颁布，国家应根据开放、平等、竞争的原则确定以上标准，并尽可能保证与国际标准的兼容。

10）完善网络基础设施，加强有效竞争，实现网络资源的合理配置。为了促进电子商务的普及与发展，要进一步改善网络基础设施的投资、运营与管理。要严格依照我国加入世界贸易组织法律文件中的有关承诺，逐步开放电信增值服务市场，实现已建成的各类专网与公共通信网之间的互联互通。为了解决接入网带宽瓶颈，应加速用户驻地网的投资与经营主体的多元化进程；为了提高通信服务水平，应鼓励社会力量参与以转售和分销为主的虚拟电信运营；为了形成公平有效的竞争，应改变原规定不同的电信公司各自经营专有业务领域的做法，允许公司的经营范围拓展到全业务领域；应通过广电部门的网台分离和电信部门网业分离实现计算机网、有线电视网和电话网三网的交叉进入与融合。要制定普遍服务补贴政策和电子商务微支付解决方案，鼓励全民使用信息基础设施，普及电信与网络的应用。

总之，在指导方针上，我国电子商务的发展应坚持“政府引导、企业为主、市场驱动、改善环境”的基本原则；同时要注意跟踪国际动态并吸取他们的经验和教训，积极开展国际对话与讨论，为建立、健全全球电子商务体系作出贡献。

附：我国电子商务发展与对策研究分报告目录

分报告之一：全球信息技术革命与电子商务浪潮
分报告之二：我国电子商务发展状况评估
分报告之三：电子商务的社会经济影响分析
分报告之四：我国电子商务基础设施发展状况及所存在的问题
分报告之五：我国金融电子化与电子支付问题研究
分报告之六：我国电子商务物流的进展
分报告之七：我国电子商务立法与软环境建设状况
分报告之八：电子商务与传统产业改造的研究
分报告之九：政府在发展电子商务过程中的作用和电子政务

（本文选自 2002 年咨询报告）

咨询工作组成员名单

陈俊亮	中国科学院院士	北京邮电大学
杨叔子	中国科学院院士	华中科技大学
王　越	中国科学院院士	北京理工大学
李衍达	中国科学院院士	清华大学
邬贺铨	中国工程院院士	中国电信科学技术研究院
邓寿鹏	研究员	国务院发展研究中心
张继平	高级工程师	中国电信集团
吕延杰	教　授	北京邮电大学
徐华飞	副教授	北京邮电大学
吴　波	教　授	华中科技大学
管在林	教　授	华中科技大学
盛海涛	高级工程师	中国科学院技术科学部办公室
刘　彩	高级工程师	中国通信学会
陈秀玉	工程师	信息产业部政策法规司
王家和	高级工程师	对外贸易经济合作部

关于进一步在黄土高原地区贯彻中央退耕还林(草)方针的若干建议

安芷生 等

为配合西部大开发战略的实施，进一步为西部开发作贡献，中国科学院学部于2001年组织开展了“西部地区生态环境建设与可持续发展”重大咨询项目，根据西部地区的不同特点，将其划分为喀斯特地区、黄土高原、干旱区、青藏高原四个关键生态区开展专题研究；在此基础上，完成了“关于进一步在黄土高原地区贯彻中央退耕还林(草)方针的若干建议”的咨询报告。报告指出了黄土高原地区在实施“退耕还林(草)”的过程中存在的一些问题，并针对这些问题，给出了全面持续贯彻落实中央“十六字”方针等政策性建议。

黄土高原是中华民族的发祥地。史前时期，黄土高原自南向北曾显示出从森林向草原变化的地带性植被景观。同时，黄土高原塬、梁、峁、沟谷和土石山区的差异分布以及黄土疏松等基本性质，导致局部呈现非地带性的植被景观。例如，应拥有草原地带性植被的黄土高原北部河谷中，由于温度、湿度较适宜，仍有非地带性的森林植被。新中国成立以前，由于不合理的开发和战争的浩劫，黄土高原的绝大多数地区自然植被已破坏殆尽，水土流失严重，群众生活贫困。新中国成立以后，国家不断加大投入开展黄土高原水土流失的治理，取得了巨大的成绩。但林草建设一直是水土流失治理的薄弱环节，数次大规模林草植被建设，均未达到预期目标，收效甚微。究其原因：一是农民的温饱问题尚未解决，滥牧、滥垦、滥伐现象无法杜绝；二是植被建设的利益驱动机制尚未建立，很难调动群众封禁退耕的积极性；三是对黄土高原自然条件的特点认识不足，急功近利、措施不当，人工林草往往经不起时间的考验。

针对包括黄土高原在内的西部地区植被建设存在的问题，中央作出了实施“天然林保护”和“退耕还林(草)”等生态工程的重大决策，并采取了“退耕还林(草)、封山绿化、以粮代赈、个体承包”的政策措施。两年多的实践证明，中央制定的在 8 年左右的时间向“退耕还林(草)”地区给予财政支持的政策是完全正确的，也是非常及时的。这一政策是以保护生态环境、改善人民生活为目的的新型人类活动，其实质是对人类生存环境和人民的“休养生息”，是一项符合国家的整体发展和长远利益，敢于对历史和未来负责任的务实工作，也是出于对历史的深刻反省，出于对人民现实生活高度责任感的一项完整的安排。不仅希望坚持下去，而且应根据实际情况适当延长政策执行的时间，给地方干部和农民以足够的时间调整生产方针树立环境意识，改变黄土高原生态环境面貌，改善这一地区社会经济发展的能力，提高广大农民的生活水平。因此，我们认为，只要全面持续地贯彻落实中央的“十六字”政策措施，结合黄土高原实际，以退耕、封山、禁牧为主，人工造林为辅，充分利用植被的自我修复能力，基本恢复自然植被景观，再造山川秀美的黄土高原的目标是一定可以实现的。

一、成绩与问题

由于“以粮代赈、个体承包”解决了退耕还林(草)后影响群众生活的问题并确保了农民的林木所有权，黄土高原的干部和群众以极大的热情投身于退耕还林生态工程。退耕、禁牧、造林力度之大，态度之坚决前所未有。这项功在当代、利在千秋的伟业，深得民心，进展顺利。例如，陕北吴旗县根据当地人少地多的特点，1999 年以来将占总耕地面积 84%的坡耕地全部退耕还林(草)，全县禁牧。实地考察表明，通过 3 年退耕禁牧，植被自然恢复很好，初步呈现出“沟坡林灌成荫，梁峁芳草铺地”的可喜景观。人工造林也取得了一定的成绩，各地造林整地的标准普遍较高，土壤水分较好地块的树木成活率高，已摸索出营造等高灌木篱、灌草混交等植被建造模式。但在退耕还林(草)的实施中也存在一些不可忽略的问题。

1. 退耕封禁政策措施有待完善

受退耕政策的利益驱动，农民在退耕地上大面积造林。定位观测试验及地方干部群众的生产实践普遍表明，绝大多数地区只要封禁，植被自然恢复效果会更好。现在因退耕封禁无补偿，各地均是尽量增加还林面积，以换取国家补贴。因补助粮太多又返销国库的事例也不鲜见。如果采取封禁，使植被自然恢复的退耕地也享受政策性粮食补贴，不仅可提高广大农民进行生态建设的积极性，也可避免目前大规模营造人工林的诸多弊端。

2. 人工林草的科学布局问题亟待重视

新中国成立以来的造林实践表明，延安以北的半干旱地区、沟沿线以上的梁峁坡地种植乔木林，成活率往往较低，树木即使成活，若干年后也仍为小老头树。

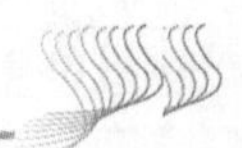

退耕还林中并未吸取历史教训，仍在梁峁坡地上大规模营造乔木林。植被建设布局缺乏科学规划，普遍存在有什么苗种什么树的现象，适地适树问题仍未解决。据调查，陕北某县 1999 年油松造林 40 余万株，仅存活 100 余株，被群众戏称为“梁山好汉”。如此下来，可能会重蹈该地区过去“年年造林不见林”的覆辙。

3. 一些政策规定束缚了地方政府和群众的创造性

黄土高原地域广阔，气候、土壤存在明显的区域差异，不同地形地貌部位坡地的土壤水分状况差异也很大，植被建设因地制宜尤为重要。现在因国家一些政策、条例的统一要求(如不区分植被自然分布规律，一律要求各县 80%退耕地营造生态林；科学依据并不充分的造林密度规定；“退一、还二、还三”的硬性要求等)，群众在退耕补贴利益驱动下，不顾当地条件进行造林。在考察中到处可看到在封禁后自然植被开始恢复的陡坡地上，又开挖鱼鳞坑、水平阶造林，不仅破坏了残存的自然植被，也违背了植被建设应遵从的自然规律。地方政府和当地农民最了解当地条件，只要认真总结 50 年来的植被建设历史教训，以县为单元做好建设科学规划，因地制宜制定标准，加强目标管理，可能建设效果会更好。

4. 退耕还林(草)补助期过后怎么办

各地政府普遍担心退耕还林(草)补助结束后的群众生活生产问题，这也是为什么普遍存在重经济林轻生态林的原因之一。普遍认为，如不能退耕还林同时解决群众的长期生产生活问题，不但目前重经济林轻生态林的倾向很难彻底纠正，而且在补贴停止后，返耕将难以避免。

二、在退耕还林(草)中需要处理好几个关系

1. 退耕还林与改善农村生产条件的关系

目前的退耕热说明退耕还林(草)是有条件的，就是给予补粮补钱的政策。只有在采取其他措施解决群众长期生活问题的前提下，退耕还林坚持生态优先才能真正落实，才能彻底制止边治理边破坏的问题。在退耕还林(草)的政策制定中也必须有“以人为本”的思想。黄土高原半个世纪来生态建设的典型经验表明，对于水土流失严重的大多数地区，通过淤地坝、梯田等基本农田建设，根本改善该地区农业生产基础条件，是生态建设的成功突破口，也是保证坡耕地退得下来，林草植被建设保得住、不反弹的重要保障条件。退耕还林若不与农民稳定脱贫和

致富产业培育同步进行，若不能永久性解决引起植被破坏的“三口”(人口、牲畜口、灶火口)问题，仅为造林而造林，会使“年年造林不见林”的历史教训重演。

2. 宏观决策与分类指导的关系

黄土高原生物气候环境变化明显，差异显著，总体上按照从东南到西北的走向，依次可分为森林、森林草原、干旱草原和沙化草原等地带。不同的地带植被建设林灌草的比例和布局不可能相同，即使在同一地带内，由于立地条件、土壤水分差异，植被建设的模式也不相同。在退耕还林的政策中，以县为单元统一要求生态林要占 80%，忽视自然植被地带性与非地带性特征，显然不妥。森林草原区，梁峁坡地造林的成活率、保存率低，生态效益低下。更严重的是布局不科学的人工林(包括柠条等灌木林)，还会加重林下土壤干化，林地难以形成合理的植被群落结构，直接影响植被的自然演替，植被恢复重建的目的难以实现。

为落实退耕还林(草)，由中央、省(自治区)制定有关条例，进行宏观指导很有必要，但地域广大，各地自然、经济、社会条件千差万别，用同一规定、同一种乔灌草比例不可能成功，应针对不同自然条件及不同经济和社会条件分类指导，宜林则林、宜灌则灌、宜草则草、宜荒则荒。上级进行分类指导，授权县级人民政府具体实施很有必要。

3. 退耕还林(草)与畜牧业发展的关系

山羊放牧对植被有极大的破坏性，不禁牧难以实现植被恢复。养羊业又是干旱、半干旱地区的主导产业，黄土高原草畜业不仅对发展农村经济重要，而且也是保证退耕成果的另一重要支撑条件。在退耕还林(草)政策中妥善处理好林牧(草)关系是十分必要的。地处半干旱地区发达国家发展农业和改善生态所取得的成功经验之一是在搞好谷物生产的同时，发展人工草地和改良天然草场，建立农牧业合理的生产结构，农畜产值各占 50%。在陕西吴旗、靖边、榆林等地，退耕禁牧后种草舍饲养畜开始收到明显成效，尽管羊只数量有所下降，但人工种草面积得到扩大，大片苜蓿(包括退耕坡地)长势喜人，舍饲养羊效益显著，有的乡(村)畜牧业产值占到农业总产值的 40%，甚至 60%。这说明在有条件的地方，借助退耕机遇，发展草地畜牧业促进产业结构调整是完全可行的。但近来在一些文件中淡化了草的重要性，包括在引用朱镕基总理“十六字”政策措施中删去了括号中的“草”字。在考察中，地方政府和农民反映希望国家重视草地建设在退耕还林(草)中的地位。草具有浅根性特点，在生态退化地区土壤水分长期严重亏缺状况下，植被恢复初期退耕还草尤为必要。

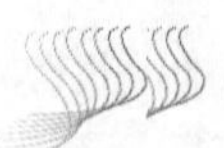

4. 植被人工建造与自然恢复的关系

黄土高原封禁3~20年的不同典型表明，即使干旱、半干旱地区，只要封山禁牧，在一定时期内植被就能自然修复。由于自然恢复、演替的植被结构合理，其稳定性和生态效益远优于任何人工植被。土壤是植被恢复重建的生态基础，长期的植被破坏，严重地损伤了土壤的蓄水功能。天然植被群落通过自身的调整，可形成与生境协调适应的演替序列。人工林若不顾地带、立地条件，再加上人为的不适宜密度要求，必将既干扰植被的自然演替，又加剧土壤水分的负补偿效应，形成更为严重的“干层”，破坏了植被恢复的土壤生态基础条件。另外，由于退耕地区面积广阔，自然条件恶劣，干旱频繁，即使在立地条件相对较好的退耕地，因人工植被建造困难，成活率和保存率也难以保证。对于黄土高原干旱、半干旱地区，荒山荒坡(包括人少地多地区的陡坡退耕地)通过封禁自然恢复植被应是生态建设的主要途径。人工建设只能是有限的辅助行为，因人力、财力、自然条件限制，只能“有所为，有所不为”。建设重点是在立地条件较好的退耕地上建造有利于加速适地植被演替及稳定群落形成的人工林草地，同时要尽可能考虑当地生态经济发展的需要。

三、几 点 建 议

1. 植被重建必须遵循植被的地带性规律和非地带性特征

黄土高原水热土状况的地区性差异决定了自北向南荒漠、草原和森林植被的地带性分布规律。恢复由于人类活动所改变的原始自然植被状况是“山川秀美”工程的基本原则。“山川秀美”的基本要求是按照自然植被地带分布的基本规律进行植被重建，提高植被覆盖率，减少水土流失，抑制水土流失、草原退化和土地沙化。因地制宜有步骤地实施“退耕还林(草)”，坚持宜草则草、宜灌则灌、宜林则林、宜荒则荒非常重要。

黄土高原植被重建必须遵循自然植被的地带性分布规律，在延安以北的黄土高原北部应以草灌为主，林木为辅的草原植被为主，并重视地貌地形和土质差异所造成的水热状况的不均匀性。有必要在遵循植被地带性规律的背景下，注意区域植被的非地带性特征，例如，一般说来阴坡宜树，阳坡宜草灌；沟谷宜树，塬梁宜草灌等。

2. 因地制宜分类指导，创造性地搞好植被建设工作

中央在进行宏观决策、目标管理的前提下，应当授权有关地区因地制宜确定

不同区域的退耕还林(草)、植被建设或恢复途径的政策措施。为有利于退耕能够均衡推进，也可根据退耕还林(草)成本差异，制定不同的补助标准。人均耕地多的地区可适当增加退耕面积，降低退耕补助标准；反之，则减少退耕面积，提高退耕补助标准。

3. 强化封山禁牧政策措施，促进植被自然恢复

有关地区可借鉴国外发达国家禁牧山羊的法规，制定地方性封山禁牧法规。封山禁牧的同时，国家应考虑地方要求安排其他专项，如人工草地、舍饲设施等，以补偿群众的禁牧损失。改变退耕地单一还林的政策，通过立法建立生态保护地等途径，封禁保护，促进植被自然恢复，对这类退耕地可在 5~8 年内同样享受国家退耕地粮食补贴政策。目前退耕还林工作主要由林业总局负责，建议农业部介入退耕还草的工作。

4. 改善农业生产条件，加强素质教育投入

国家应加强退耕还林(草)地区的农田基本建设投资力度，改善生产条件；增加普及教育和职业培训投入，为转移农村劳动力和小城镇建设创造条件。避免退耕还林补助结束后，群众生活发生困难，出现重新毁林开荒的现象。

5. 加大科技含量，落实科技支撑

退耕还林作为国家生态建设工程的重要组成部分，应认真做好科学规划，组织可行性论证，明确科技依托单位，改变传统的行政管理办法，给予必要的经费支持。中央各部门对西部大开发研究经费已经给予了一定倾斜，现有必要在退耕还林的拨款之外，增加一些科研经费，支持各地、市、县针对本地情况研究问题，进行宏观规划，发挥地方政府的积极性。目前科技支撑仍停留在文字上，实际操作很难体现。应采取切实可行措施，至少在植被建设布局、建设的实施计划、效益动态监测等方面创造条件，使科技支撑落在实处。发挥高新技术优势，例如，以地理信息系统为支撑，利用现有的遥感数据源，调查植被的生态现状，提取植被类型、长势、覆盖度及不同时期植被特征等变化信息，分析“退耕还林(草)”地区植被的空间分布及变化特征，研究植被建设动态变化规律，对生态建设进行动态监测和评价，避免盲目性，为“山川秀美”工程的顺利实施提供科技支撑。

(本文选自 2002 年咨询报告)

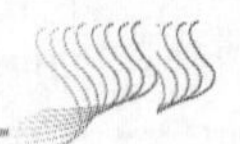

咨询组成员名单

安芷生	中国科学院院士	中国科学院地球环境研究所
薛禹群	中国科学院院士	南京大学
山 仑	中国工程院院士	中国科学院水利部水土保持研究所
张国伟	中国科学院院士	西北大学
田均良	研究员	中国科学院水利部水土保持研究所
张信宝	研究员	中国科学院成都山地灾害与环境研究所
侯庆春	研究员	中国科学院水利部水土保持研究所
徐郎然	研究员	中国科学院水利部水土保持研究所
顾兆林	教 授	西安交通大学
眭跃飞	研究员	中国科学院计算技术研究所
刘国彬	研究员	中国科学院水利部水土保持研究所
侯甬坚	教 授	陕西师范大学
赵景波	教 授	陕西师范大学
罗 琦	副主任	陕西省林业局
高会军	高级工程师	西安中煤航测遥感局遥感应用研究院
李小强	副研究员	中国科学院地球环境研究所
刘春杰	副研究员	中国科学院地学部办公室
吴 枫	博士研究生	中国科学院地球环境研究所
郑艳红	博士研究生	中国科学院地球环境研究所

关于加速西藏农牧业结构调整与发展的建议

孙鸿烈 等

实现西部地区经济快速健康发展是保证西部大开发战略顺利实施的关键。西藏是经济欠发达省(自治区)之一，加速该地区的经济结构调整，实现西藏经济跨越发展，对维护社会稳定和边疆稳定、增进民族团结、实现2020年全面建设小康社会的奋斗目标具有重要意义。

针对西藏经济发展现状和该地区在全国生态环境建设中的重要性和特殊性，报告建议，在农牧业结构调整中，要抓好政策落实、技术改造和市场开拓；加强羌塘和可可西里自然保护区的管理和保护，改善野生动物的生存环境，理顺自然保护区的管理关系，有序迁移人口和牲畜；设立西藏退化草地的恢复与重建工程专项，有效推动西藏生态环境建设进程；调整国家援藏的重点和方式，实现工作重点由城市向农村的转移，加大科技力度；整合西藏各类农牧业试验示范区，为西藏农牧业结构调整提供成功的经验和示范。

一、西藏农牧业现状

目前，西藏农牧民增收渠道狭窄，收入增长缓慢，人均收入在全国的排序逐年下降，1978年居全国第10位，1985年下降为第21位，而自2000年开始即列全国倒数第1位。全国2000年城乡居民人均收入比为2.8∶1，而西藏自治区则高达5.6∶1，远大于其他地区，位列倒数第2位的云南省也仅为4.3∶1；自然条件相似、经济水平相当的青海省和贵州省分别为3.5∶1和3.4∶1。收入水平低、收入增长缓慢和城乡收入差距加大，已成为影响西藏农村经济发展与稳定的主要问题之一，亟待解决。

西藏农业结构十分单一，粮食生产既是西藏农民收入的主要来源，也是农业生产的主体。但粮食已出现严重过剩。据测算，目前西藏全社会粮食库存总量在280万吨左右，约相当于全区年粮食总产的3倍，其中85万吨由粮食部门掌握，

另有近200万吨在农民手中。分析其原因：一方面是由于粮食生产得到了较快发展；另一方面是由于占粮食总产量34%的冬小麦品质很差，当地藏族居民消费有限，汉族居民则以食用内地面粉为主。因此，继续增产粮食不仅不会使农民增加收入，相反会加重农民和政府的负担。

西藏牧业仍停留在靠天养畜为主的阶段，生产方式原始落后，商品率很低；另外，部分畜产品又供不应求，例如，当地居民所需酥油主要由青海及四川藏区等地供应，城镇居民的奶类主要依靠内蒙古。同时，草场又由于超载过牧等利用不当而退化，全区草场退化率已高达40%以上。畜牧业面临着继续增加产量与保护草场的双重压力。在此情况下，通过优化畜牧结构适当增加畜产品产量，可显著增加牧民收入。

因此，通过农牧业结构调整和优化，可将农牧民增收、培育农产品市场和保护生态环境有效地结合在一起，这也是目前增加农牧民收入，保证西藏农牧业和农村经济可持续发展的出路之一。

二、西藏农牧业结构调整的重点

目前，西藏畜牧业蛋白质饲料供给缺口约50%。种植谷物和豆类蛋白质饲料，建立相适应的谷物配合饲料加工厂，是农区发展养猪业、禽蛋业和奶牛业必不可少的环节。

草地畜牧业要从纯天然草地游牧放牧型畜牧业，向农牧结合型畜牧业过渡，逐步提高种草养畜的比重，重点缓解因冷季草场窄小而产生的饲草严重不足的矛盾。逐步实现牧民定居，牲畜暖季放牧、冷季舍饲或半舍饲。在农区大力压缩冬小麦种植面积后，既可有效减少粮食库存陈化粮，又可腾出耕地种植其他作物。首先应扩大饲草饲料种植，建设饲料基地，在全区范围内逐步形成牧区繁育、农区和半农半牧区育肥、城镇畜产品加工的生产格局。

同时应发展特色优势种植业，实现增产增收同步。目前，青稞占西藏粮食总产量的59%，属地方习惯种植和消费的粮食品种，尽管口粮消费的市场容量有限，但可进行深加工开发，如青稞啤酒深受欢迎，市场前景较为广阔；还可考虑从欧洲、北美洲、澳大利亚等地引进优质啤酒大麦品种进行试种。西藏油菜籽生产还远不能满足当地需求，每年菜籽油缺口约3万吨，加之邻国尼泊尔对菜籽油的需求较大，可适度扩大双低油菜种植面积。

大力发展农畜产品加工业、开拓农畜产品市场，是西藏实现农牧业结构优化和农牧业可持续发展的关键。为此，需通过政策和技术等多种支持方式，大力发展农畜产品加工业，培育龙头企业，包括：发展牲畜屠宰、加工、冷藏；鲜奶及奶制品加工；藏毯加工；山羊及牦牛绒毛与皮革加工等。

三、农牧业结构调整与发展思路

根据自然、技术和经济条件，西藏农牧业发展可分为四个主要类型区。

1) 藏中农区和半农半牧区，包括拉萨市、日喀则地区、山南地区，以及阿里地区的扎达、普兰县。不仅是西藏商品性种植业发展的重点地区，也是西藏今后相当长时期内畜牧业发展的重点地区。

2) 藏东农、牧、林业多种经营区，包括昌都地区、林芝地区和那曲地区的巴青、嘉黎、比如、索县，是西藏生物多样性最丰富的地区，同时也是林牧业发展潜力最大的地区之一。据调查，该区草场丰富，尚可增养 38 万只绵羊单位的牲畜。同时，可通过利用林下资源扩展农民增收渠道，并促进森林保护。

3) 藏北高山草甸区，是独具特色的纯牧区，适宜发展牦牛和藏羊。目前，由于天然草场承载力已经饱和，在冬春饲草尚难明显增加的情况下，应控制现有牲畜规模，提高牲畜生存质量；同时，加强育种工作，提高家畜品种质量。

4) 藏西北高山草原与高山荒漠区，包括阿里地区的措勤、改则、革吉、日土县和那曲地区的双湖办事处(县级)、尼玛、申扎、班戈县，应严格控制人口和牲畜规模。其中，部分地区如双湖、尼玛，人畜应适当外迁。本区北部为可可西里国家自然保护区，可考虑开展野生动物驯化繁育。

四、关于加速西藏农牧业结构优化和发展的几点建议

1. 抓好政策落实、技术改造和市场开拓

一要抓好政策落实。当前西藏农业结构调整的关键是全面落实草场承包政策。目前西藏草场承包率仅 63%，其中承包到户的仅占 30%，70%是以自然村或行政村形式承包。应大力推进草场承包，使之成为促进草场保护与建设的基本政策保障。二要抓好技术改造，包括畜禽选育及配套饲养技术研究与开发、天然草场改良及人工草地建设技术研究与示范、农牧结合技术研究与开发、农牧业重大病虫害监测与控制技术研究、无公害特色农产品生产与深加工技术引进研究与开发等。三要建设农畜产品市场体系，努力开拓区外市场，消除区内市场隔绝，提高与周边地区的市场竞争力，树立产品品牌，打好绿色牌、高原牌、民族牌及宗教特色牌，以旅游带动农畜产品贸易，并进而促进农牧业发展和农牧民增收。

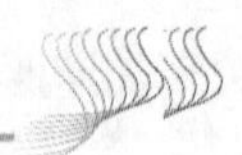

2. 加强羌塘和可可西里自然保护区的管理与保护

藏北羌塘高原、可可西里，平均海拔 4800 米以上，高寒缺氧，生态环境严酷。该区是藏羚羊、野牦牛、藏野驴等国家一、二级珍稀野生动物繁衍生息地。该区内的尼玛、申扎及安多等县，以及为开发西藏北部草原而设立的双湖办事处，共有 3 万多人、20 多万头(只)牲畜。不仅牧业本身难以发展，而且和野生动物争草，导致植被破坏和草原沙化。

建议撤消双湖办事处建制，将双湖和尼玛的部分牧民和牲畜迁往水草条件较好的那曲地区东部和林芝地区，或安排于青藏铁路沿线从事养路或第三产业。停止向无人区草地扩张放牧，逐步将该区发展为探险旅游区和野生动物驯养繁育区。

目前，可可西里自然保护区由青海省相关部门管理，但保护区的部分核心区属西藏管辖，保护区管理与行政区划管理之间的关系尚未完全理顺。为此，建议国家有关部门考虑由青海省和西藏自治区对可可西里自然保护区实行共管，以提高保护区的保护效果。

3. 设立西藏退化草地的恢复与重建工程专项

西藏草地位于金沙江、澜沧江、怒江和雅鲁藏布江四大江河的源头区，系我国重要的生态屏障。目前，西藏牧区、半农半牧区草地已普遍超载。据最近遥感调查，西藏草地退化、沙化面积已占草地总面积的 40%，且每年以 3%~5% 的速度扩大；部分地区的草场退化率高达 80% 以上。草地生态屏障的作用正日益减弱，甚至消失。需要在水热条件较好的沟谷地段和牧民定居点周围，大力营造多年生人工草地，进行草地补播、改良，提高冬春草场的饲草供给能力；同时，将部分超载牲畜及牧民转移出去，以实施大面积天然草地的围栏封育，实现草原植被的修复与重建。建议国家就西藏退化草地的恢复与重建设立专项，给予经费支持。

4. 调整国家援藏政策，加大科技、特别是农村科技的援藏力度

过去，国家援藏及地方对口援藏工作主要集中在城镇，为城镇基础设施建设和城镇居民收入水平提高作出了重要贡献。在城乡居民收入差距过大、农村基础设施极差、农牧业生产条件长期得不到根本改善的情况下，加大对农村的援助力度已势在必行。农村援助的重点：一是农村基础设施，特别是电力、交通和水利

设施；二是农村教育，特别是六年制或九年制义务教育；三是农村医疗卫生，特别是常见病的免费医疗及卫生网点的建设；四是扶持“退牧还草”的移民，使部分生存条件极差的农牧民摆脱极端恶劣的生存环境。科技支农同样也是援藏的重点，可鼓励全国及区域性农业科研教育单位与西藏建立固定和稳定的联系，包括人才交流和培养、技术成果的转让和推广等。

5. 对西藏目前各类农牧业试验示范区进行必要的整合

西藏各类农牧业单项试验、示范、开发区较多，但规模小、重复多、作用较差。随着农业发展和农业科技进入新阶段，农业试验、示范、推广等工作正在发生根本转变，为保证其高效、有序、健康发展，按自然区域选定代表性地点建立若干农业综合试验示范区，并进而形成具有先进性、实用性、示范性和带动性的农业科技园区，以集中有限的财力、物力和人力，为广大农牧民提供先进适用的种植、养殖、加工和农牧结合技术与管理经验，为西藏农牧业结构调整和高效持续发展提供成功的经验和示范。

(本文选自 2002 年咨询报告)

咨询组成员名单

孙鸿烈	中国科学院院士	中国科学院
吴常信	中国科学院院士	中国农业大学
张子仪	中国工程院院士	中国农业科学院
张启发	中国科学院院士	华中农业大学
郑　度	中国科学院院士	中国科学院地理科学与资源研究所
文　杰	研究员	中国农业科学院畜牧研究所
王石平	教　授	华中农业大学
王秀茹	教　授	北京林业大学
刘爱民	研究员	中国科学院地理科学与资源研究所
成升魁	研究员	中国科学院地理科学与资源研究所
何希吾	研究员	中国青藏高原研究会
宋洪远	研究员	农业部农村经济研究中心
苏大学	研究员	中国科学院地理科学与资源研究所
谷树忠	研究员	中国科学院地理科学与资源研究所

徐　平	研究员	中国藏学研究中心
高迎春	副研究员	中国科学院地理科学与资源研究所
黄文秀	研究员	中国科学院地理科学与资源研究所
韩裕丰	研究员	中国科学院地理科学与资源研究所
冯雪华	高级工程师	中国青藏高原研究会

增加西部铁路通道的重要性

叶大年 等

近年来，包括我国新疆自治区在内的中亚地区，各种分裂势力、恐怖势力和极端势力活动猖獗。美国“9·11 事件”后，美国、英国对阿富汗实施军事打击，中亚地区出现了复杂多变的形势。美国、俄罗斯、英国、印度等已暴露要进一步干预这一地区事务的动向。对这种长期严峻的地缘政治态势，加强西部地区的国防建设极为重要。其中，增加西部铁路通道是重要的措施。兰州铁路枢纽有四条铁路干线交汇，位于狭窄的河谷，却控制着大半个西部地区的铁路运输，在军事上是相当不安全的。我们建议尽快将规划建设新的连接东中部与西部地区的铁路通道提到日程上来。

一、我国西部地区将长期面临严峻的地缘政治态势

我国西部地区毗邻中亚、南亚地区。从 20 世纪初，苏联和英国等大国势力就觊觎这个地区。这一地区被地缘政治学家认为是强力集团争夺的边缘地带和缓冲地带(又称“破碎地带”)。因此，中亚和南亚地区对于我国国防安全具有极端的重要性。自从清康熙以来的 300 多年间，外国的侵略势力和内部的分裂势力累累相互勾结，企图将新疆、西藏等地从祖国的版图上分裂出去。支解、分裂和中央政府的反支解、反分裂的斗争从未停止。

苏联解体后，美国国家战略的重点逐渐向亚洲移动，以实现美国所期望的世界新秩序。特别是“9·11”事件后，美国暴露了借对付恐怖主义之机实现其全球战略部署的意图。阿富汗新政府成立后，美国、俄罗斯、英国等大国势力将会以种种理由多种方式影响乃至控制中亚和部分南亚地区。普京就任俄罗斯总统后，推行所谓“新亚洲外交”，以图扩大在亚洲地区的影响力。

南亚次大陆的态势对中国安全有重大影响，其中特别是西藏问题。近年来印度不断增加军事装备，研究和发展核武器，目前，已经由一个半公开核武器国家发展成为公开的核武器国家。

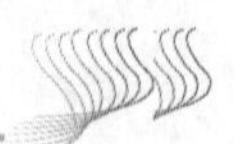

中亚和部分南亚地区，因民族、宗教、领土、资源等因素引发的冲突和战乱有上升趋势。各种分裂势力、恐怖势力和极端势力给国际社会不断带来危害。中亚各国独立后，宗教极端分子与国际恐怖组织相互勾结，不断从事反政府活动。毒品、难民等全球性问题在这些地区也日益突出。在这种形势下，我国境内的分裂势力和恐怖势力也很活跃。

上述种种错综复杂的国际国内安全问题势将进一步加强中亚和部分南亚地区对我国安全和稳定的重要性。不仅如此，我国对中东原油的依赖程度将进一步增加。中亚也是我国未来石油、天然气等资源的重要来源。因此，巩固西部地区的国防，发展西部地区的交通运输是非常重要的。

二、铁路通道在西部具有重大的军事意义

我国西部地区国土辽阔，大部分地区被沙漠、高原、戈壁所覆盖，运输距离很长，各省(自治区、直辖市)之间、地区之间，特别是与中东部之间的联系，非常不便。同时，运输线路建设条件差。历史上，运输对于经济发展、文化交流、政治统一就具有重要意义。铁路和高等级公路，运量大，速度快，平时可以承担大运量的运输，在特殊情况下，可以完成大量的军事运输任务。20 世纪 20 年代末 30 年代初，当时西北地区军阀割据，蒙古已经独立，东北三省和热河为日本侵占，英国始终觊觎西藏。占中国 1/6 的面积的新疆(1928 年新疆督军杨增新被刺后)，爆发了民族仇杀和内战，苏联也企图将新疆从中国版图支解出去。中央政府面临失去这一巨大疆域的危险。1933 年，曾在我国西北作过考察的瑞典探险家和地缘政治学家斯文·赫定，当被当时民国政府外交部次长(刘崇杰)问到“应该采取什么行动，才能扭转局势”时，他建议“应该加强中国内地与新疆的联系。第一步是修筑并维护好二者之间的公路；第二步是铺设通往亚洲腹地的铁路”。同年，南京政府即任命他为中国铁道部顾问，并以其为“铁道部西北公路查勘队队长”率领考察团对铁路线进行考察[①]。

20 世纪 90 年代，虽然国家加大了对西部交通建设的投入，但目前我国西部地区铁路密度仍然很低，铁路路网规模(1.59 万千米)，不足全国铁路网的 1/4，能力紧，线路少，标准低，西部与中部联系的通道数量少，西部省(自治区)间铁路运输通道不足。特别是西北地区，至今没有形成铁路网络，铁路网网距为 707 千米。长期以来，我国西部地区长达 1 万余千米的边境线，仅靠一般公路连接。尽管近年来西部地区的高等级公路建设有较大进展，但仍难以满足对外联系的需要。铁路在大运量、长距离运输方面的作用几乎是不可替代

① 斯文·赫定. 1996. 丝绸之路. 江红等译. 乌鲁木齐：新疆人民出版社：2~4

的。去年底阿富汗局势急剧变化的情况下，刚刚建成的南疆铁路(库尔勒至喀什段)在军事运输上就显示出极大的优势。对于稳定新疆，应对阿富汗局势起到了重大保证作用。因此，必须建设多条铁路干线和高等级公路，才能确保边境有效防卫和地区稳定。

三、通往西部的铁路通道存在的严重问题

我国西部地区不仅铁路路网密度很低，对于广大地区特别是边境地区难以实施有效的迅速反应。而且，从军事安全角度看，线路布局存在严重缺陷。这主要是:

(1) 现在通往大西北及西藏的既有铁路和在建铁路，均经过兰州铁路枢纽，该枢纽连接着陇海、兰新、包兰、兰青(又接在建中的青藏线)4 条干线，成为大半个西部地区铁路运输的咽喉，控制新疆、甘肃、青海和西藏四个省(自治区)，国土总面积 405 万千米^2(尚不包括内蒙古的西部在内)。但是，这个枢纽位于黄河狭窄的河谷地带[20 世纪 60 年代修建的干(塘)武(威)联络线可认为是兰州铁路枢纽的一部分]。兰州虽然位于国家的腹地，但在现代军事技术条件下，距离已经没有多大意义了。这样一个狭窄的地段，如果出现类似科索沃战争和美国、英国对阿富汗军事打击的情况，整个大半个西部地区的铁路运输就将被掐断，对西部国防安全和社会稳定的威胁是极其严重的。

(2) 西北和西南地区之间没有大的运输通道。特别是缺乏直接连接四川省和西南区的大通道。从铁路网分析西北区与西南区之间目前仅有宝成线连接，该线纵穿秦岭，地形陡峭，铁路线路限制坡度大，曲线半径小。货物输送能力仅有 1500 万吨/年(旅客列车 20 对/天)。为了增加两大区之间的通道，“九五”开始建设西安—安康线，该线将加强陕南与川东北和重庆以及湖北的联系，从区位上分析过于偏东。需要在甘肃中部和青海东部与四川西部之间建设新的区际主干通道。正在建设中的青藏铁路建成后，120 万千米^{2}面积和数千千米边防线的西藏仍缺乏运输的安全保障。

四、开辟新的铁路通道，增加路网的机动性和安全性

为适应西部大开发和巩固西部边防的需要，应该调整铁路交通通道规划，增辟由我国中部地区直接进入西部地区的铁路通道。同时，逐步将西北和西南的铁路联成网络。关键的是要绕开兰州枢纽。为此，建议将长期规划中的下列三条铁路通道尽快提到设计建设的日程上来:

1) 临河—哈密线。临河—哈密线是华北通往西北特别是通往新疆的一条直接通道。该线起自包兰铁路临河车站，向西深入内蒙古阿拉善盟和额济纳旗(居延海北)，

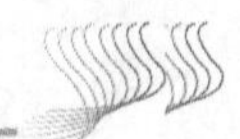

沿中蒙边界巴丹吉林沙漠北缘，经甘肃省肃北地区进入新疆与兰新铁路的哈密站相接。全长 1390 千米。其中新疆、甘肃境内 320 千米。该线建成将成为新疆通往华北、东北和通向首都的捷径。沿线大部分地区为戈壁边缘地带，工程比较简单。该线也是古代丝绸之路的北线，即“古居延道”。在唐朝末年安史之乱后，河西走廊由于战乱，交通受阻，这条路成为中原通往西域的捷径。1928 年斯文・赫定作西北考察时，为避开中原和甘肃、宁夏一带的战乱，选择从包头出发，经百灵庙、阿拉善北部、额济纳，由甘肃的明水进入新疆哈密。1933 年为避开马步芳占据的河西走廊，他率领的西北考察团，前往内蒙古和新疆，也是走这条“戈壁线”。

2) 成都—格尔木—库尔勒线。该线由成都起，经川西北的汶川、黑水、若尔盖进入青海的东南部，经过柴达木盆地与青藏线格尔木站相连。然后向西北经大柴旦、米兰(若羌)和塔里木河“绿色走廊”至南疆铁路与库尔勒车站接轨，全长约 2700 千米。该线建成对开发沿线资源、发展经济具有重要作用，同时具有重要的路网意义，可以分流缓解兰新铁路的运输压力，大大增强西北区的路网灵活性。该线还可以大大增强西北与西南两大区的交通联系。该线也是古“丝绸之路”的通道之一。在魏晋南北朝时期，河西走廊出现了割据政权，战乱频仍，交通受阻，“青海道”曾经取代过河西干道的地位。

3) 滇藏线。该线南起云南广通、大理铁路的下关车站，向北经德钦、八宿、通麦、林芝、泽当、贡嘎，进入拉萨，全长 1863 千米，是多方推荐的从南端进入西藏的主要方案。该线与在建中的青藏铁路联成网络，使西藏有两条铁路通道与其他省(自治区)相连(南连贵昆、成昆和在建的南昆线，可直达中南、华东及北部湾各港)，是使西藏稳定的重要运输保障。

上述三条铁路干线，不仅增强路网灵活性和运输能力因而具有重要的国防意义，也有一定的经济效益。例如，临河—哈密线可使新疆通往华北的铁路运输距离缩短 800 千米左右，使新疆丰富的资源和农产品进入华北地区而节省大量的运输费用和时间。滇藏铁路的建设将有利沿线森林、水电和有色金属资源的开发。建成后对促进藏东和滇北经济与社会发展、增强西藏经济实力有重要意义。

以上三条铁路干线已被国家有关部门列入 50 年长期规划。考虑到我国西部地区面临的严峻的地缘政治态势，我们认为需要提前进行规划建设。为此，建议国务院有关部门、有关军区及中国科学院联合组织关于上述铁路干线沿线的地质、地貌、水文、考古和经济等方面的考察，第一步先进行“戈壁线”的考察研究。

（本文选自 2002 年院士建议）

专 家 名 单

叶大年	中国科学院院士	中国科学院地理科学与资源研究所
陆大道	研究员	中国科学院地理科学与资源研究所
张文尝	研究员	中国科学院地理科学与资源研究所
李宝田	研究员	中国科学院地理科学与资源研究所

关于加大对自然保护区资金投入的呼吁

许智宏 等

我国第一个自然保护区建于1956年。到2001年底，我国有各类自然保护区1551个，占国土面积的14%左右；其中国家级自然保护区171个，世界生物圈保护区21个。中国的自然生态系统，由于历史上的开发消耗、灾害损毁、战火破坏，尤其是近几十年来人口剧增，尚有一些能够较完好地保存到今天实属不易，这是我国经济可持续发展赖以实现的重要自然基础，对它们的保护刻不容缓。设立自然保护区的目的，就是保护这些人类赖以生存的自然生态系统，它们的作用正受到越来越多的重视。将自然保护区作为生物多样性保护和实现可持续发展的重要手段已成为国际趋势。越来越多的国家将自然保护区的建设管理水平作为社会文明与环境健康的重要标志。江泽民总书记更把自然保护区事业看成既造福于当代，又能给子孙后代留下宝贵自然遗产的"积德"事业。

目前，我国整体生态环境仍在恶化，自然保护区的发展远远未能适应生态建设的需要，现在的状态使自然保护区很难在国家的生态、社会、经济能力建设方面充分发挥作用。虽然较之前10~20年，我国自然保护区的发展在许多方面已经具备了十分有利的条件，国家的经济实力已经大大增强，生态环境建设已经得到高度重视并采取了具体措施，然而，自然保护区建设方面仍然存在的诸多严重问题却令我们忧心如焚。为此，我们在京的部分中国科学院和中国工程院院士，根据中国人与生物圈国家委员会的调查结果，特提出"将保护区经费投入纳入国家预算计划，保障保护区建设与运行的基本费用"的建议。该建议的提出是基于如下考虑：

第一，我国的自然保护区只占了14%的国土面积，却保护着全国自然生态系统最好的类型，作用极为重要。我国是全球生物多样性最丰富的地区之一，自然保护区对保存丰富的自然资源发挥着特殊的作用，作出了重要贡献。如果不对这些保护区加强投入，则它们有面临退化的危险。尤其是我国自然保护区的40%位于西部地区，25%位于贫困地区。长期以来，由于缺乏应有的投入，不少保护区有名无实，许多保护区一直在走"自养"的路子，由此引发了保护区与社区矛盾加剧、管理低效、"孤岛化"以致退化等严重后果。

第二，相对于治理生态环境恶化，如沙尘暴、酸雨、湖泊富营养化等所投入的经费来讲，国家对自然保护区的投入严重不足。例如，“九五”期间国家用于环境与生态污染治理的费用为 3600 亿元，而据中国人与生物圈国家委员会最近完成的“中国自然保护区可持续管理政策研究”显示：近年来，全国自然保护区每年得到各级政府的总投入不足 2 亿元。发达国家用于自然保护区的投入每年平均约为 2058 美元/千米^2，发展中国家为 157 美元千米^2，而中国仅为 52.7 美元/千米^2，即使在发展中国家中我们也几乎是最低的。一个十分典型的例子是，内蒙古锡林郭勒国家级自然保护区在过去的 17 年里，平均每年每平方千米得到的政府投入仅为 2.46 美元，直到 1999 年才开始有 4 个固定人员得到基本工资的保障，目前该保护区内 80%的土地出现了明显的退化，占保护区面积不到 0.2%的核心区也不断遭到破坏，而国家在近两年里拨给锡林郭勒盟治理草地沙化退化的费用达 1.6 亿元。国家在加强退化生态环境治理工作的同时，更应重视对生态环境状况尚好的地区加以保护，以避免这些地区的生态环境出现退化或恶化。自然保护区应努力避免重蹈经济发展过程中出现的“先破坏，后治理”的覆辙。现在已经到了国家在这 14%的土地上增加投入的时候了。

对保护区的投入可以先从国家级自然保护区开始，列入国家的经费预算。因为这里保护了国家最典型的生态系统，绝不能让它们继续退化。满足近 200 个国家级自然保护区的基本经费需求，每年只需十几亿元(包括基建和运转费)，同治理破坏后的生态环境所需要的经费相比，该投入是微不足道的，但它所产生的生态效益却是无法用金钱来估量的。

（本文选自 2002 年院士建议）

专家名单

许智宏　中国科学院院士　北京大学/中国科学院
李文华　中国工程院院士　中国科学院地理科学与资源研究所
阳含熙　中国科学院院士　中国科学院人与生物圈国家委员会
匡廷云　中国科学院院士　中国科学院植物研究所
孙　枢　中国科学院院士　中国科学院地质与地球物理研究所
杨福愉　中国科学院院士　中国科学院生物物理研究所
张树政　中国科学院院士　中国科学院微生物研究所
田　波　中国科学院院士　中国科学院微生物研究所
张广学　中国科学院院士　中国科学院动物研究所

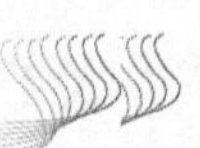

张新时	中国科学院院士	中国科学院植物研究所
陈宜瑜	中国科学院院士	中国科学院
章　申	中国科学院院士	中国科学院地理科学与资源研究所
李振声	中国科学院院士	中国科学院遗传研究所
孙鸿烈	中国科学院院士	中国科学院地理科学与资源研究所
梁栋材	中国科学院院士	中国科学院生物物理研究所
吴　旻	中国科学院院士	中国医学科学院肿瘤医院肿瘤研究所
李家洋	中国科学院院士	中国科学院遗传与发育生物学研究所
刘东生	中国科学院院士	中国科学院地质与地球物理研究所
王思敬	中国工程院院士	中国科学院地质与地球物理研究所
翟中和	中国科学院院士	北京大学
侯仁之	中国科学院院士	北京大学
汤鸿霄	中国工程院院士	中国科学院生态环境研究中心

论三库[1]协防的重要性

朱显谟 等

一、治 水 方 针

“治水之道在于治源，水用之则利，弃之则害。”新中国成立以来，我国治水多采用“蓄泄统筹，以泄为主”的方针，已不适应目前的状况。原因有三：其一，水资源缺短日益严峻，大量的宜泄地表径流已与我国缺水之态势相违背。其二，合理蓄水有利于下游堤防安全，缓解堤防失守之危机。其三，治水需走综合之路，并与生态建设相结合，这是我们用财富与生命换来的经验。

二、长江流域的治水方针

长江流域水资源相对丰富，全部拦蓄利用尚有难度，也不必要。长江流域治水应遵循“安全排水、节节拦蓄”的方针，但蓄排应有重点，在安全排水的前提下，尽量节节拦蓄，加以利用。所谓安全排水有两层意思：其一，排泄水量应安全，不应因大量排泄引起用水再度危机；其二，排泄有利于环境安全，不应因大量排泄而对堤防固守、甚至环境有害。长江流域治水重点应加强水源涵养林保护与建设，不仅有利于涵养水源，而且有利于打通地下水库通道，对下游防洪有益。

三、黄河流域的治水方针

对于黄河流域，应遵循黄土高原国土整治“28 字方略”，即“全部降水就地入渗拦蓄”。黄河流域干旱缺水，加之水土流失严重，有限的水资源难以支撑区域经济社会之发展，“全部降水就地入渗拦蓄”是我们切忌相悖的一条途径。点棱接触支架式多孔结构的土壤特性，为土壤水库的增蓄扩容创造了良好的条件，实现上述目标不仅在科学上是完全可行的，而且对当地区域经济社会发展大有益处。

① “三库”是指地表水库、土壤水库、地下水库

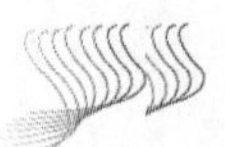

这里需要强调的是“就地”不是点的概念，而是面的概念，保护土壤水库是黄河流域的治水重点。

（本文选自 2002 年院士建议）

专家名单

朱显谟	中国科学院院士	中国科学院水土保持研究所
刘东生	中国科学院院士	中国科学院地质与地球物理研究所
孙鸿烈	中国科学院院士	中国科学院地理科学与资源研究所
李吉均	中国科学院院士	兰州大学
赵其国	中国科学院院士	中国科学院南京土壤研究所

解决中国交通问题的新思路
——磁悬浮列车+电动汽车+电动自行车

何祚庥*

一、中国未来交通的主导模式

中国现有13亿人口，未来将可能稳定在16亿人口。随着中国社会经济的发展，中国的客运量，无疑将居世界第一位。

衡量客运量最合适的指标，是亿人移动的千米数。当然，随着社会经济的发展，运行速度问题将越来越重要，因为“时间就是效益”。

1999年中国各类交通工具客流量/货运量见表1和表2。

表1　1999年中国客流量简表

单位	客流量/(亿人·千米)	总人数/亿人	人均里程/千米	总长度/万千米
铁路	4050.7	9.8	412.1	5.8(电气化 1.4)
公路	6199.3	126.9	48.9	135.2(高速 1.1)
水运	107.3	1.9	55.9	11.7
民航	857.0	0.6	1406.3	152.2 (国际 52.3)

注：因四舍五入的原因，客流量数值与总人数×人均里程所得数值略有出入。余表亦有类似情况

资料来源：2000年《中国统计年鉴》

表2　1999年中国货运量简表

单位	货运量/(亿吨·千米)	总量/亿吨	吨均里程/千米	总长度/万千米
铁路	12 616.00	16.42	768.33	5.79(电气化 1.40)
公路	5724.00	99.04	57.79	135.17(高速 1.10)
水运	21 263.00	11.46	1 855.40	11.65
民航	42.34	0.02	2 490.60	152.22(国际 52.33)

资料来源：2000年《中国统计年鉴》

---

* 何祚庥，中国科学院院士，中国科学院理论物理研究所

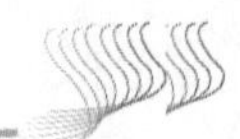

从以上两表来看，铁路和公路都是既有客运，又有货运。而水运主要是货运，其运量超过铁路将近一倍。民航主要是远距离的快速客运，但也有少量快速货运。至于公路，不论在客运“总量”或货运“总量”上，都远远超过了铁路。但在平均运转距离上，却是铁路超过了公路。

为什么公路的运输总量(包括客运和货运)远远超过了铁路？一个重要原因是：公路是门对门的运输，铁路是站对站的运输，不论是客运或货运，最终目的地总是直通家门口。所以，公路运输总量必然大于铁路运输总量；所以，公路的总长度，包括各不同等级的公路，是铁路的20~25倍。但是，如果是长途运输，那么不论是客运还是货运，人们宁愿选择铁路，因为在当前条件下，铁路的运转速度仍比公路较快，而且运价较低；高速公路的运送能力和运送速度，可能在某些方面比铁路较优胜，但是1999年的高速公路总长度才1.1万千米，2001年度总长度虽迅猛上升到1.9万千米，但仍然只是铁路总长度的1/3。

公路和铁路都属于客运和货运混跑的道路，但客运和货运在行速的要求上，有很大的差别。所有的旅客在旅行时都要求缩短滞留在路上的时间，而货运却要求运费低廉。一个显著的例子是：水运的旅客总人数约是1.9亿人，为铁路客运人数的1/5，为公路客运总人数的1/60，而水运亿吨千米的货运量却几乎是铁路的2倍，其货运的吨均千米约是铁路的2.5倍。因为货运首要要求是廉价和安全到达，并不过分关注在路上滞留的时间。与此相反的例子是：民航的客流量是857亿人·千米，约为铁路的客流量的1/5，公路的客流量的1/7，而货运量却只占微不足道的份额，其中绝大多数都是有特殊要求的“快件”。

客运和货运在“速度”要求上的矛盾，为“混跑”的道路上造成了一定的困难。如果说在公路行驶上，人们还能用快车道和慢车道实行分流和组合的话，那么在铁路运输上，这两者的“匹配”就越来越困难。所以，铁路部门的设想是：“修建高速铁路，实现客运货运分离”，从而“满足旅客对铁路运输的‘速度、舒适度、安全度’的要求”[①]。

铁路部门提出的这一新的设想，无疑有强有力的理由。但是，需要提出的质疑是：这一“客货分离”的设想，为什么只局限在“铁路”？为什么不能从更大的范围，亦即从中国交通建设的全局来实现“客货分离”？譬如，新建的高速铁路，完全可以自成网络，其主要任务是“满足旅客对客运的‘速度、舒适度、安全度’的要求”，而这一网络将直接和高速公路网络，二级及一级以上的公路网络相连接(其总长度达22.7万千米，约是当今铁路里程的4倍)，并且还能进一步和里程为133.6万千米的中等级公路相通，实现门对门的客运。支持这一新的“客货分离”的设想的根据是，现有公路运送的旅客年达127亿人次，而铁路却仅为

① 《科技日报》2002年3月17日第7版，铁道部孙永福副部长接受记者采访时的谈话

9.8 亿人次，即公路约是铁路的 13 倍！

前一时期，我国铁路部门，对即将立项的京沪高速铁路的修建方案意见不一。有些人主张修建速度高达 500 千米/小时的磁悬浮列车，有些人却主张修建速度达 250 千米/小时的轮轨高速列车。为什么铁道部门的某些人会选择速度较慢的轮轨式高速列车？一个重要理由是：沿京沪线旅行的旅客，才约占京沪铁路总客运人数的 50%，其他 50%的客流有赖从别的铁路“借道”京沪线转运。如果新建高速铁路不能容纳慢速列车的“混跑”，这将损失至少 30%的客流。所以，为充分发挥新建高速铁路的效益，必须实行快慢车的“混跑”，而磁悬浮列车却完全不能和其他铁路“兼容”。所以，在当前条件下，新修一条磁悬浮列车的京沪高速列车，不但乘客不满员，且不能充分发挥效益。

为了解决这一不同意见的争议，前一时期，负责修建上海浦东地区磁悬浮高速铁路的总工程师吴祥明同志提出了一个新设想，即磁悬浮列车的选线，完全不必沿铁路原线设站点，而是沿京沪高速公路设站点，其突出优点是能更方便地解决新建高速铁路和周围环境的“协调”的问题。中国的铁路转运站大多设在城中心。中国城市建设的特点，是先有铁路站点，后有城市，城市是围绕铁路站点兴建的。高速铁路的修建，如果要和其他站点“兼容”，就不可避免地带来民房和公共建筑的大量拆迁问题以及噪声扰民问题，或者就只好降低速度，“高速”铁路就变成了慢速铁路！轮轨式高速铁路还存在一个特殊问题，那就是道路阻断问题。轮轨式高速列车一般自重较重，尤其是全部重量集中在四个钢轮和钢轨的接触点上，其巨大冲击力要求高速列车必须紧贴地面运行，如果高架运行，那就成本太高！此外，为避免高速运行带来的可能的破坏性事故，高速铁路必须是全封闭的，因此必须隔 1~2 千米距离内修建“过街桥”或“地下通道”，否则就会引起沿途居民的激烈反对，甚至有可能对轨道设施进行破坏。对于磁悬浮列车来说，由于是“面”磁力的悬浮作用，所以根本不存在高速运行过程中巨大的“点”的冲击力，因而其自重较轻，可以较廉价地高架运行。如果磁悬浮列车的选线改为沿高速公路高架修建，那么将能充分利用高速公路已经解决了的和周围环境“协调”的问题，大量减少占用耕地，大量节约建造成本，加速高速铁路的建设。

沿高速公路修建磁悬浮列车的突出优点是：将能使时速达 500 千米/小时的超快速的“铁路”运行和速度较慢的大轿车和小轿车有机地结合起来，从而大量节约旅客旅行的时间，提高高速公路和中等级以上千米的利用率。

的确，据铁路部门统计，在目前运行的京沪铁路线上，利用京沪线直达乘客才约占旅客总量的 50%，因而出现这一新修建的高速铁路能否满载的疑问。但如果考虑到现有公路的旅客，是铁路旅客的 13 倍，那么，沿高速公路修建磁悬浮列车的“选线”，将能完全解决客源不足的问题，因为沿途将有大量乘客“改乘”磁悬浮列车缩短旅行时间。此外，由于磁悬浮列车的时速可高达 500 千米/小时，

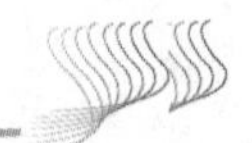

因而只需 2.5 小时的运行时间，就能由北京直达上海。这将吸引相当一部分利用飞机旅行的乘客改乘磁悬浮列车，节约民航的运力。

磁悬浮列车的速度快，加速快和刹车快，噪声小，无污染，能耗小，运行成本低，还将成为城市建设中大型快速公共交通的主导的交通工具，并且能和未来的磁悬浮列车的长大干线的网络“兼容”。

所以，“磁悬浮列车网络＋高速公路和中等公路网络”将是中国未来交通，尤其是客运的主导模式。

二、我国机动车发展方向

当前在各种公路以及城乡道路上行驶的机动车是燃油汽车。燃油汽车有两大缺点：一是尾气污染，二是噪声污染。在有些城市，燃油汽车尾气污染已成为城市污染最主要的来源。解决污染问题的重要途径是发展电动汽车。各种高能电池驱动的电动汽车、电动摩托车将是中国在各种公路上运行的主导的机动车。

目前，电动汽车有三种模式：一是纯电动汽车，即以蓄电池或电容器或二者兼有的电动汽车；二是混合动力电动汽车，即一方面用燃油驱动，同时又能用蓄电池储存的电力驱动；三是燃料电池电动汽车。

燃料电池是一种新型电池，其特点是可以将燃料中的化学能直接转化为电能。由于这不是由热能转化为电能或机械能，所以燃料电池的能量转化率较高，为内燃机的 2～3 倍。如果所使用的燃料是氢气，那么由燃料电池排放出的尾气将是水蒸气，完全不污染环境。可惜，目前燃料电池的成本太高，氢的制备、储存或成本太高，或安全性缺乏保障。当前以燃料电池作为动力的电动汽车，仅燃料电池的价格就高达 20 000~30 000 美元。所以，在当前阶段，燃料电池电动汽车将很难产业化。

混合动力电动汽车的优点是，在不同条件下，能选择“最佳”运行模式，节约汽油和减少污染。尤其是燃油汽车在启动和减速时，往往多耗燃油，并大幅度降低热功转化效率。实现“燃油”和“电动”驱动的组合，将能使燃油一直在“最佳”工作状态下运行，一直在“最佳”状态下对蓄电池充电。预期节油效率可高达 50%，可削减 90%的污染！混合动力电动汽车的突出优点是可以充分利用现有汽车生产线，缺点是两种驱动方式带来技术上“兼容”的困难，而且必然加大制造成本、提高售价。如果石油价格猛升，那么混合动力将有生存空间。但是，混合动力仍要求解决蓄电池的技术困难。

纯电动汽车的优点是，不论在技术上还是结构上均最为简单，但要求有售价廉、寿命长的蓄电池和电容器的成批量的生产。当前一辆纯电动汽车的价格约是同等燃油汽车价格的 2 倍。但如果能在车用电池上取得突破，我国将能在汽车产业上实现跨越式发展。

我国已经加入了WTO，在未来的岁月，很难再用“关税”来保护我国的汽车产业。纯电动汽车的突出优点是“零污染、零排放”。如果我国的纯电动汽车技术取得突破，就能用“零污染、零排放”的技术标准，将不够标准的外国汽车拒之于国门之外。所以，纯电动汽车将是涉及我国汽车工业生存和发展并且极有发展前景的产业。

需要向交通运输等部门通报的是，我国现有锂电池的技术已取得了重要的进展，未来完全可能，向社会公众提供“重量轻、储能大、寿命长、无污染、无记忆效应”并且价廉物美的车用锂电池。

三、电动自行车的发展前景

中国人现拥有自行车4亿辆，是世界最大的自行车王国。中国年出口自行车2000万辆，出口待组装的零配件共1800万辆，是自行车出口大国。自行车的特点是轻便、价廉、无污染、占地少，并有强身健体等功能，是中国最广大人群使用最频繁，尤其是在1~3千米的近距离内，最便捷的交通工具。自行车的缺点是，体力消耗较大，续航距离较短，丘陵地带不能行驶。自行车一个自然的发展趋势是，引入小型电动装置，节省体力，节省时间，适当加大行驶距离。

有些人引用美国的交通模式，认为中国的未来将是小轿车王国。然而这未必是中国未来的现实。中国现有13亿人口，未来将稳定在16亿人口，约是美国人口的6倍。中国的人均耕地约是美国的1/10，人均生存空间约是美国的1/15。所以，中国的未来，必然以大型快速公共交通网络作为解决中国交通问题的主导模式，小轿车只是为了满足特殊人群的特殊需求，因为燃油、停车用地、道路等问题均不易解决。

但是，大型快速公共交通网络只能解决站到站的运输，而“门到站”和“站到门”的交通，就要求借助其他交通工具。一个最为方便的解答是：发展轻便的可折叠的电动自行车。人们可以骑电动自行车到车站，再由车站骑电动自行车到办公室。小型的、轻便的、可折叠的电动自行车，就是实施这种交通模式的必要前提。现在我国已有整车重量为14千克(包括蓄电池)的可折叠的电动自行车的产品出现，还有可能进一步降低其重量和折叠后的体积。

也有些人认为“门到站”功能可以由自行车来解决，没有必要发展电动自行车。但是，有了电动自行车，可以提高速度，可以扩充自行车行驶的距离，因而在设计城市磁悬浮列车站点时，可适当拉大站点间的间距，可提高磁悬浮列车运行速度，提高城市交通运输流转速率，提高城市运转的整体效率。

前一时期，我曾多次呼吁人们“抓住商机，大力实现电动自行车的产业化”，

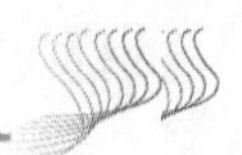

许多已说过的意见，这里不再重复。

四、中国未来的客运交通模式

综上所述，中国未来的客运交通模式应是“磁悬浮列车＋锂电池电动汽车＋锂电池电动自行车”。这一模式的突出优点是，能摆脱以石油为主要动力来源的交通模式。目前由于内燃机车、燃油轿车、燃油摩托车等机动车辆的迅猛发展，我国已年进口石油 7000 万吨，约是我国石油年产量的 1/3，在不久的将来，即将突破 1 亿吨的进口量。这将引起严重的石油安全问题。如果国际石油通道受到障碍，将严重阻碍我国经济建设的发展。

在十五届五中全会上，江泽民同志发出号召，“我国石油后备资源不足，与经济和人口增长的需要不相适应，必须未雨绸缪，做到有备无患。从目前世界石油市场急剧变化的情况看，这个问题更需要引起我们的高度重视。要稳定东部、发展西部，挖掘东部老油田潜力，加强西部和海上勘探，增加油气资源储备；从战略安全考虑，要‘走出去’，采取多种形式积极开放利用国外资源，实施进口多元化；合理调整能源结构，充分利用我国丰富的煤炭资源和水能资源，在技术可行和经济合理的前提下，研究开发替代石油的能源，多方面采取措施努力节约石油”，“我们必须……从应付世界上的突发事件考虑，从为子孙后代考虑”。

我国是锂资源十分丰富的国家，这里建议的中国客运交通的新模式，将由电动自行车的推广和普及开始，培育和发展我国的锂电池产业，逐步缓解直至完全解决石油“安全”问题。这将是寻求“替代石油能源”的一种最为现实的途径。

（本文选自 2002 年院士建议）

尽快开展极紫外光刻技术研究

王之江*

极紫外光刻(EUVL)技术是以波长为11~14纳米的软X射线为曝光光源的微电子光刻技术。根据目前的光刻技术发展形势看，EUVL 将是大批量生产特征尺寸为 70 纳米及更细线宽集成电路的主流技术。2001 年国际半导体工业协会发布的半导体技术发展蓝图指出，特征线宽为 70 纳米的半导体器件将于 2006 年开始进入批量生产，而且根据以往的发展经验看，这个技术节点的实现会比预计的要提前。

国外 EUVL 方面的研究进展很快。在美国有一个以 Sandia 国家实验室为主、由国际上多家光刻设备制造商和半导体器件生产商共同参加的国际性的EUV LLC 计划。2002 年 3 月 Sandia 国家实验室研究人员宣布，他们研制的 EUVL 工程测试样机已完成性能测试。欧洲有一个 EU Medea+计划，将于 2003 年末或 2004 年初研制成功 EUVL 原型样机(α样机)，2005~2006 年研制出β样机。2002 年 4 月 22 日，Intel 公司宣布它已订购了荷兰 ASML 公司的第一台 EUVL β样机，计划于 2005 年下半年交货。此举表明，目前 Intel 公司把下一代光刻技术选定为 EUVL。

光刻设备的更新换代非常快，一种新型光刻设备的市场寿命约为 5 年，而其研发周期却很长，因为光刻设备是一个多种复杂技术的集成，其中有许多技术难点需要经过较长时间的研究才能解决。为了能够在未来的光刻设备市场上具有一定的竞争力，我国应该尽快开展 EUVL 的研究。根据我们目前的财力和技术条件，可以选择其中的几个关键技术进行攻关，通过 5 年左右的努力，在 EUVL 成为半导体光刻技术的主流时，使我国在 EUVL 方面有某几种单元技术具备相当的国际竞争力。

我国曾经组织过多种光刻机机型的攻关研究，但在产业化方面几乎无一成功。除了投资力度小、国内光学精密机械制造业的整体水平相对落后外，最重要的原因是研究目标缺乏超前性和预见性。过去我们确定的光刻机攻关目标几乎都与当时国外已经商品化的机型相同。国外已经可以批量生产的光刻机，我们要经过约 5 年时间的努力才能研究成功，光刻机升级换代的速度相当快，常常会使我们处

* 王之江，中国科学院院士，中国科学院上海光学精密机械研究所

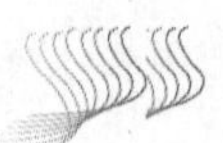

于极为不利的境地：刚刚研制成功的光刻机已在淘汰产品之列，或至少已错过了需求高峰期，不再是主流产品；而且此时国外同类光刻机的售价大幅度下降，我们的光刻机就更无市场竞争力可言。所以通过这些攻关目标的实现，只是培养了一批相关的技术人员，但却是对国家财力和物力的浪费。目前刚启动的 193 纳米 ArF 准分子激光光刻机项目，就是重走以前不成功的老路。国外三大著名光刻机制造商——荷兰的 ASML 公司、日本的 Nikon 公司和 Canon 公司很早就开始研发分辨率为 100 纳米的 193 纳米 ArF 准分子激光分步扫描投影光刻机，目前已可上市销售。我们很难想象，到 2005 年我国自己研制成功的 193 纳米 ArF 准分子激光分步扫描投影光刻机还能具有国际竞争力。

在此建议：我国应尽快更改光刻重大专项方向，开展 EUVL 技术研究。根据目前国内已具备的相关技术基础，至少选择如下几个关键技术进行攻关：①EUVL 光源研究。我国在激光等离子物理研究方面具有坚实的基础，通过进一步的工程化研究可以获得 EUVL 所需要的光源。②全反射式离轴非球面缩倍投影光刻物镜研究。与目前的光学光刻不同，对极紫外光已无透射材料，因为在该波段所有材料的折射率都接近于 1，必须采用反射式光学系统。③高精度离轴非球面反射镜加工、检测技术研究。EUVL 光学系统中的反射面要求具有接近理想的面形和亚纳米量级的表面粗糙度。④极紫外多层高反射率光学薄膜制备技术研究。EUVL 的反射式光学系统的反射面必须在镀制了高反射率光学薄膜后才能正常工作，反射率越高，则生产效率越高。

（本文选自 2002 年院士建议）

浅议我国“入世”对国内建筑业的影响及其对策

孙　钧*

建筑业是我国的四大支柱产业之一，它在“四化”建设和国民经济生活中占有举足轻重的地位。怎样面对“入世”(加入WTO)对我国建筑业的巨大机遇和史无前例的重大挑战？当前，国内建筑市场和建筑业界对此已经觉察到的四个方面问题。

1) 国际同行业间有形壁垒的消失；

2) 外资将进一步大量涌入，抢滩国家重大工程建设项目，势必对国内现有建筑市场体系和国内建筑业(这里的建筑业，自然也包括房地产业，下均同)带来巨大冲击；

3) 我国建筑业融入国际经贸发展行列，为本行业规范有序地发展提供了条件；

4) 有助于我国建筑业把握国际市场机遇，在激烈竞争中通过努力和自我完善，取得可喜丰收。

现就以上问题稍作展开撰述。

一、“入世”的有利影响

“入世”的有利影响，将集中体现在我国建筑市场竞争机制的建立、完善和规范化上。我国将逐步纳入世界经济一体化范围的进程，市场开放将突破以往封闭条件下在需求和资源配置方面的各种制约，将有望极大地提高我国建筑资源配置的效率，进而带动相关产业的发展，促进我国建筑业经贸体制的变革，加速我国建筑市场规范的进程。例如，WTO 将对我国建筑业领域的经济管理体制、政企分开、提高政府决策和行动透明度、法治建设以及部门和地区垄断等都将提出相应要求，我国政府在某些大的方面，在“入世”会谈时也已作了一定程度的承诺，它必将对我国建筑经济的良性发展起到积极作用。另一方面，“入世”将在相

* 孙钧，中国科学院院士，同济大学土木工程学院

当程度上增强外资信心，有利于我国建筑市场的活跃和发展，更多的国外承包商先进的企业管理理念和成果应用及转化等将必然进入我国，促进国内建筑企业向技术密集型转变和向国际化发展，推动国内大型建筑企业走向我国港澳地区、东南亚、日本和西方，有利于扩大在国外市场的份额。

二、"入世"的不利影响

1. 与我国建筑业的历史沿革和传统的行业定位相冲突

我国建筑业作为一种新兴的服务产业，本身起步比较晚，它作为一门产业的概念，一般地说，直到20世纪80年代之初才被确认。尽管建筑业已成为我国的一大支柱产业，但迄今尚未根本改变其经济效益低下的局面(此处指国企大型建筑业)，产值利润持续下降。近年来"粥少僧多"，施工招投标不够正规、规范，无序竞争使正规企业投资风险加剧。

我国建筑勘察、设计、施工行业整体水平仍然较低，缺乏国际竞争能力，还只能在少数东南亚和西亚、非洲国家靠人力低廉得标(而不是重在技术优势)或只能依附于国外大集团卵翼下的分包作业。

更严重的是：我国建筑业长期受计划经济体制的约束，未能按国际惯例建立以工程技术咨询服务为核心的建筑业管理机制；国内外市场长期隔绝和资讯不通，不了解国际竞争规则和规律，缺乏与国外大承包商在同一环境下竞争的实践和经验。

2. 与目前建筑企业的竞争机制相矛盾

"入世"后，国外各大建筑承包商将跻身国内市场，无疑将在新的态势和局面下加剧国内建筑企业的竞争和淘汰。作为国内市场竞争的主体，自然应该是国内建筑企业，但目前它们的综合竞争实力普遍低于国外同行的水平，对重大和重点的国家工程建设项目，问题将更加严重。

这样，国内建筑企业在上述竞争日益激化的情况下，将面对的主要问题有以下五个方面。

1) 内在综合机制不顺畅，从而使竞争意识淡薄；

2) 管理水平总的看只能说是"低下"，而管理模式还很落后；

3) 技术应用层次不高，技术含量还较低；

4) 国际经营承包经验欠缺，相应人才匮缺；

5) 习惯于寻求地区保护，而积极从本企业自我改进、完善及发展潜力上争取优势等方面的动力则尚不足。

三、“入世”后我国建筑业进入国际市场的前景

由于国内的成本优势(与国外比)，建筑工程业是我国对外服务贸易业中国际建筑市场上竞争力比较强的行业之一，其国内外收支一直都处于顺差。但另一方面，过去由于我国未加入 WTO，不能从服务贸易自由化中获益，中国建筑公司在海外市场只能获得由国际金融机构支持的以及在国内的外资项目；真正能获得公平参与东道国政府和私人机构、企业投资项目的机会则很少，这使我国的国际建筑工程服务业在国外总的服务贸易市场上所占的份额比重一直都很小。加入 WTO 后，我国打出国门的海外建筑市场将会相对宽松，机会也有望逐步增多。“入世”后，我国建筑业进入国际市场所要面临的问题有以下几点。

1）中国公司在国外的工程承包业、设计咨询业和劳务活动中，还相对缺乏理性和整体观念，在问题决策方面还不够成熟老到，也缺少长远的国际发展目标和规划；

2）中国公司的管理模式和运作机制均与国际同行存在较大差别和差距，在科技进步和高新技术成果应用方面也明显落后；

3）我国出口人力资源充足和廉价，这方面的比较优势短期看还很突出，但“入世”后的资源配置将要重组，这会增高我国的人力资源成本，使这方面的优势转化和下降；

4）我国建筑企业在国外市场的组织管理和技术上的优势基础也还是价廉，而这只能体现在与第三世界国家的合作中，一旦成本低廉的优势被均化，将难以在国际市场竞争中赢取“入世”后应得的份额。

可喜的是，以上海市为例，近年来在如下项目中取得突破：①上海最高楼层金茂大厦工程中，上海建工集团与日本大林组的合作；②上海证券大厦工程，上海多家国有公司企业与加拿大、美国、日本、新加坡等外商以及港商在设计、施工、机电设备等各方面的合作；③上海隧道工程公司在新加坡地铁建设项目中与西方承包商的合作，等等。这些项目都在国家政策的扶持和帮助下，依靠国内建筑企业自身的努力获得了成功，事在人为，喜人前景主要还得依靠我们自己去争取和拼搏。

四、政策和建议

1. 加快国有建筑企业的改革步伐，进行规范性的公司制改革，从企业实际选择改制形式

1）建立多种所有制形式的股份制企业。

2）按产权关系逐级建立企业经营决策失误追究机制。

3）推行国有资本金的绩效考核和评估制度。

4）企业改革要从制度上和机制上与改组、改造和加强管理真正结合起来。

5）切实实现适应国际化竞争的企业内部运作机制，等等。

2. 加快实施建筑企业专业化改组和改造，营造不同层次的经营竞争实体

1）尽快把一些层次较低的企业改组成按建筑设计或施工要求而形成的专业化企业，以专业化协作促进生产方式和生产观念的变革，增强国内建筑企业的整体竞争实力。

2）在有条件的国内大型建筑企业中，选择和支持成立几个或十几个龙头总承包型企业作为与国外竞争的建筑业航母。

3. 增加科技投入和科技含量

建筑企业一方面应积极引进先进技术和先进设计理念，迅速改变目前的落后状况；另一方面，要加大企业的科技投入，创造自有产权的核心技术，增强新技术的开发能力，增加本行业的科技含量，提高科技对经济增长的贡献率。在大力关注和重视高新技术的研发和引进、加大科技进步投入的力度方面采取措施。

1）建立有效的科研成果转化机制，提高工程质量、降低项目成本。

2）在设计施工中加大采用新材料、新技术、新工艺和新设备的力度。

3）用新技术支撑和保障我国企业在成本上的优势，将技术服务、合作承包作为国际引进的重点。

4. 提升管理水平，增高经营效率

首先，要加强人力资源管理，在收入分配中建立激励与约束相结合的机制，以最大限度地调动员工的积极性；其次，要重视企业发展战略管理，把近期目标和长远发展目标结合起来；再次，要实现管理现代化和科学化，加快管理信息化和网络建设。在构架适应国际竞争要求的企业经营管理体系方面，在企业改制、改组过程中，应与建立现代化管理模式相结合，包括建立国际通行的质量管理体系、环保管理体系和安全管理体系；以这三大体系为核心，有机地构建能够协调运作的企业现代管理模式，改进项目施工组织与管理方式。

5. 加强国内外合作

加强国内建筑企业与国外大承包商的合作，尽快适应国外建筑承包的运作和经营模式，从承包方式、融资渠道、管理程式等方面与国际承包业相对接和接轨。

6. 国家加大政策力度进行适当调整和引导

1) 依据“入世”的服务贸易总协定条款，灵活地对国内建筑业采取适当的保护模式，指定有效的市场准入策略，以赢取调整和热身需要的缓冲时间;

2) 引导企业开拓多元化市场，合理调整和优化地区结构，利用加入WTO时机，扩大在发达国家的市场份额;

3) 简化对外工程承包的审核制度和法规程序，逐步向自由、合法经营方向过渡;

4) 建立并规范建筑业的管理体制，扬长避短，尽快按国际惯例建立以工程咨询为核心的行业运作机制以规范运作。

7. 走出所在地区和国门，打入国际市场

以上海市为例，上海的建筑企业依靠近20年特别是近10年的发展，在国内建筑企业中已显示出较强的竞争实力。但是，为适应市场化的要求和参与国际竞争的需要，我们认为，有条件的企业必须走出上海到全国各地(包括香港、澳门和台湾地区)去搞开发建设和中介服务。在与各地区建筑企业的竞争中，积累经验，发展壮大自己，也为与国外建筑企业在国内的竞争作准备。同时，也要蓄势在适当时机冲出国界到世界各地，首先是到发展中国家去投资和经营。

五、“入世”后我国房地产业的发展态势及应对策略

在外商正逐步进入我国诸大城市房地产市场的形势下，一种现实性概率较大的悲观估计是：今后不少土地使用权都将旁落外商之手，各类人才精英流失替外商服务，国内许多中、小房地产企业被迫出局，或只能经营一些成本高、风险大、利润小的零星项目。在这样严峻的形势下，我国大中城市房地产业的发展趋势和策略应该怎样应对?

目前我们总的设想是：要充分利用“入世”后的一段缓冲期，迅速完善国内房地产市场，规范市场行为，淘汰一批落后企业，使优秀的有实力的企业尽快涌

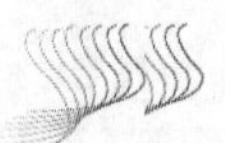

现并在竞争中发展壮大，逐步具备与国际房地产企业相抗衡的实力，充分利用熟悉本国风土人情等优势，从站稳脚跟、力保江山不失到争取更大的市场份额，是完全有望实现的；进而力争突破国界，走向世界，使国内房地产企业在海外也有一席之地，逐步做到在海外的投资额超过外商在我国国内的投资额。

（本文选自 2002 年院士建议）

关于我国高速磁悬浮列车发展战略的思考

严陆光*

一、引　言

整个人类客运交通发展的历史是一个速度不断提高的历史。每一种新型交通工具的出现和重大技术的突破都伴随着速度的显著提高。20 世纪在这方面的成就尤为突出，飞机、汽车与火车均在不断刷新其速度的纪录，特别令人瞩目的是出现了高速磁悬浮列车，它的高速发展证实了在 21 世纪前、中期人类地面客运的速度可以达到 500 千米/小时的新水平。

第一条轮轨铁路出现在 1825 年，经过 140 年努力，其运营速度才突破 200 千米/小时。由 200 千米/小时到 300 千米/小时又花了近 30 年，虽然技术还在完善与发展，但受到了用轮轨支撑和受电弓供电的限制，继续提高速度的余地已不大。高速磁悬浮列车用电磁力将列车浮起而取消轮轨，采用长定子同步直线电机将电供至地面线圈，驱动列车高速行驶，从而取消了受电弓，实现了与地面没有接触、不带燃料的地面飞行，克服了传统轮轨铁路的主要困难。已经证实的高速磁悬浮列车的主要优点与特点是：①克服了传统轮轨铁路提速的主要障碍，有着更加广阔的发展前景；②阻力小，能耗低；③噪声小，振动低；④启动制动快，爬坡能力强，选线自由度较大；⑤安全、舒适、维护少；⑥采用电力驱动，不燃油；⑦技术还在完善与发展，还要解决建设与运营中的一些实际问题，尚未形成产业化。

高速磁悬浮列车的主要优点在于它是当今唯一能达到 500 千米/小时运营速度的地面交通工具，这决定着它的主要应用领域。图 1 显示出了简单分析得出的旅行距离与列车速度坐标内列车与民航(700 千米/小时与 900 千米/小时)及列车与汽车(80 千米/小时与 120 千米/小时)的等旅行时间曲线。可以看出，如果列车速度停留在今天的 100~160 千米/小时水平，不去积极提高，随着高速公路与民航的高速发展，以及经济发展导致的节约旅行时间的重要性日益增大，铁路客运将会逐

* 严陆光，中国科学院院士，中国科学院电工研究所

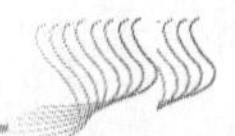

渐为汽车和飞机客运所取代，其在全国客运中的份额将逐渐减少，像美国几十年前发生的那样。有关现象在我国也已经出现，20 世纪 70 年代后期起，公路客运的份额已由约 60%增至当前的近 90%；80 年代末期，民航客运份额已开始急剧上升。这种情况有力地说明了铁路客运提高速度的迫切性。当铁路客运采取大力发展轮轨高速铁路的措施，使平均速度达到当前世界最高的 300 千米/小时水平，则可在 200~800 千米旅行距离的范围内，有效地吸引旅客，保持铁路客运的一定份额，但在更远距离内必然会被民航所取代。但高速磁悬浮列车，时速达到 500 千米/小时时，则将使与民航相竞争的旅行距离扩大到 1700~2500 千米，这充分显示了高速磁悬浮列车的优越性。除此之外，由于铁路建设既要投资于建路，又要投资于买车，建造新线的经济性在很大程度上取决于客流量的大小。大客流量的要求成为制约铁路发展的重要因素，也是民航与公路更易迅速发展的重要原因。综上所述，在整个交通系统中，高速磁悬浮列车主要适用于旅行距离为 200~2000 千米的大城市间、大客流量的高速客运，它有利于继续保持铁路系统在客运中的重要地位并与民航的发展相协调[①]。图 1 为等旅行时间线。

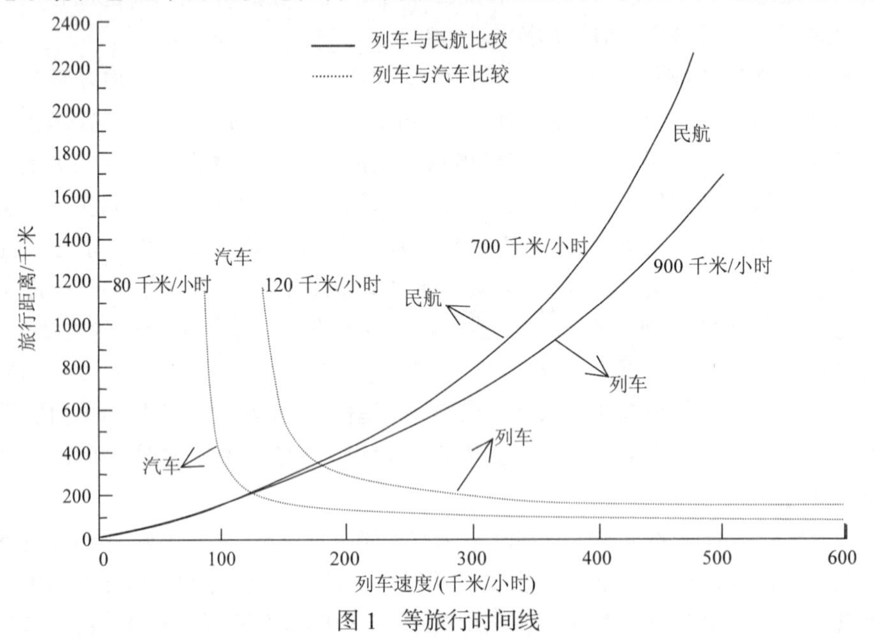

图 1　等旅行时间线

我国幅员辽阔，南北长 5500 千米，东西宽 5200 千米。人口众多，经济正处于腾飞阶段，在 21 世纪中叶将达到中等发达国家水平，对于高速客运交通的需求日益增大。民航、公路与铁路均在积极发展，正处于需根据需求和国际发展经验，

① 严陆光. 1999. 高速磁悬浮列车技术及其在我国客运交通中的战略地位.科技导报, (8): 34~37

对未来高速交通发展战略进行抉择的关键时期。根据预测，我国铁路在21世纪上半叶仍属于建设高潮时期，建成目前为0，总长将达8000万千米的高速客运专线网是一项重大任务，采用传统的高速轮轨技术还是先进的高速磁悬浮技术成为热点问题。经过近年来多方的努力，我国需要发展高速磁悬浮列车已取得了一定共识[①]，已决定引进德国Transrapid技术。建设上海浦东试验运营线[②]，并将“高速磁悬浮列车技术”作为专项列入了“十五”国家“863”计划，正在动员和组织各方面有关的力量来推进高速磁悬浮技术在我国的发展，明确我国的发展战略在当前有着十分重要的意义。

对于确定我国的发展战略来说，最重要的是一方面由我国的实际需求和客运交通系统发展现状出发，我国很可能是在全世界率先实现长大干线运营线的国家，从而完善高速磁悬浮技术与实现产业化的重大任务将历史性转移到我们身上；另一方面，我国自身的研究发展，工程与产业化的基础与力量又相当薄弱，与国际先进水平有很大差距，要有效地进行合作，在充分消化吸收国际先进经验基础上，继续向上攀登。自20世纪90年代中期，我们积极推进高速磁悬浮列车技术在我国的发展以来，我们曾多次反复研究过有关问题，本文反映了我们的一些研究结果，供有关部门确定我国战略时参考。

二、国际战略进展

作为一种完全新型的交通运输高技术，高速磁悬浮列车的战略发展顺序大致要经历四个阶段：①技术方案的基础性研究，证明方案的可行性与优越性。②选定方案的工程技术研究发展，证实整个系统及全部装备可以安全、可靠、经济的实际运行。③建造足够长的实用运营线，实现有关装备、工程与运营的产业化。④大规模推广应用，逐步提高其在整个交通运输系统中的地位。当然，实际工作总是以某一阶段为主，继续进行着一些前一阶段的工作，并为下一阶段做积极准备。

与其他高新技术发展相比，高速磁悬浮列车又有着一些自身的特点。第一，在基础性研究方面，虽然采用磁悬浮直线驱动原理是共同的，但悬浮与直线电机的磁体可以是电磁铁、永久磁铁或超导磁体，悬浮可以依赖磁体与铁磁物质间的吸引力，运动磁场与在导电体中感生涡流间的电动斥力或超导体反磁性的斥力。直线电机、车辆与线路又可有各种不同的结构，已经形成了10余种技术方案，

① 严陆光. 2000. 中国需要高速磁悬浮列车. 中国工程科学, 2(5): 8~13

② Yan Luguang. 2001. Progress of high-speed maglev and shanghai demonstration line in China. Paper presented to the Seventeenth International Conference on Magnet Technology, Geneva Switzerland

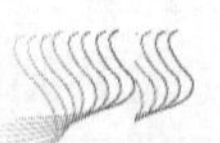

随着各种高新技术的发展，还不断提出一些新方案和已有方案的改进措施。技术方案基础性研究项目国际上支持力度在百万美元量级，在充分论证基础上，多方面给予了一定支持，全世界有近 10 个小组在持续积极的工作。第二，由于达到 400~500 千米/小时高速必须要有长 20~30 千米的试验线，客运的安全可靠性又要求车辆要经过行走数十万千米长期耐久性的考验，使得选定方案的工程技术研究发展阶段是一个耗资近 10 亿美元的长期阶段，需要国家给予长期持续的支持。第三，高速磁悬浮列车主要适用于长距离、大客流量的高速客运，选准合适的足够长的实用运营线对于其实用化与产业化至关重要，这方面又有着特殊的困难。主要困难在于这种大客流量长线的需求本身有限，需要上百亿美元的巨额投资和面临着与民航和高速轮轨铁路的激烈竞争，这种项目对任何国家都将是普遍关注的国家重大工程，为能得到批准实施必须尽早做好各方面准备。这些特点决定了明确高速磁悬浮列车发展战略的特殊重要性，必须分成若干战略阶段，由一个阶段过渡到另一阶段必须做好充分准备。

虽然早在 20 世纪 20 年代就已提出了磁悬浮列车的设想，但直至 60 年代才与多种电工新技术的发展紧密结合,认真开展了有关的基础性研究和出现了初始的示范性模型实验车。日本、德国列入了国家研究发展计划，得到了持续有力的支持。日本、德国花了 10 余年时间研究完善了各自的超导磁悬浮 MLX 与常导磁悬浮 Transrapid 系统方案，70 年代后期至 80 年代决定建设了试验线，各自投入数十亿美元的经费，认真进行了卓有成效的工程技术研究发展工作，使得运营时速可达 500 千米的高速磁悬浮列车技术达到成熟，可以进入建造实用运营线阶段，他们还分别选择了东京—大阪与汉堡—柏林线作为实用线，进行了多年认真的研究设计与建设准备工作，可惜未能落实建造。除日本、德国外，瑞士、美国等国也开展了多种方案的基础性研究工作，并努力向工程技术研究发展阶段迈进。

三、我国的工作基础与发展战略的建议

日本、德国等国在发展磁悬浮列车取得的成就引起我国科技人员的关注，“八五”期间科学技术部在国家科技攻关计划中安排了“磁悬浮列车重大关键技术研究”项目，支持组织了铁道科学院(组长袁维慈)、西南交通大学(组长连级三)、国防科技大学(组长常文森)与中国科学院电工所(组长徐善纲)四个小组，开展了常导低速磁悬浮列车的研制工作，先后研制成功多台试验车，并积极推进在青城山与八达岭建设实用旅游示范线。20 世纪 90 年代中期，还与德国合作，开展了高温超导磁悬浮列车的原理性研究，在中国科学院电工研究所建立了小型模型，后来，在“863”计划支持下，西南交通大学等单位研制成功了载人的模型车。通过这

些工作，初步形成了我国自身的研究发展队伍，为今后工作打下了一定基础。

为了促进高速磁悬浮列车在我国的发展，1994 年 6 月严陆光、何祚庥、程庆国院士发起组织了第十八次香山科学会议——中国高速铁路技术发展战略学术座谈会，我国有关主要专家均参加了会议，邀请了美国阿贡实验室何建良博士作了“世界磁悬浮列车发展的回顾与展望”的报告，会议建议大力加强超高速磁悬浮铁路技术的研究与发展，并列入国家“九五”计划。根据 1995 年 9 月邹家华副总理的批示，国家自然科学基金委员会牵头于 1996 年 4 月组织了国家“九五”重大软课题“磁悬浮列车重大技术经济问题研究”，进行了较细的调研论证工作。在此期间，还与日方合作进行了沪杭高速磁悬浮铁路可行性的初步论证，软课题于 1998 年 11 月完成，写出了报告[①]，简述了磁悬浮列车的可行性和基本思路。1997 年 10 月还在杭州开了磁悬浮列车在中国应用的国际研讨会。

1998 年 6 月 2 日，朱镕基总理在中国科学院和中国工程院两院院士大会上讲话中提出了京沪高速线为什么不采用先进的磁悬浮技术的问题，引起了大家的重视，开始了有关我国高速磁悬浮列车的发展战略的认真研究与讨论。中国工程院沈志云、钱清泉院士组织了“磁悬浮与轮轨高速列车分析比较”的软课题研究，先后于 1998 年 10 月、11 月、12 月开了三次研讨会。1998 年 9 月开始，中国国际工程咨询公司组织了京沪高速铁路项目评审组，下设磁悬浮组(组长严陆光)，12 月进行了沿线现场调研，还组织了多次研讨评审会议，1999 年 9 月公司董事长屠由瑞同志亲自主持举行了“高速轮轨与磁悬浮系统比较研讨会”。这些活动使得认识得以深化，并展开了激烈的争论。大家逐渐认识到，要在我国有效地推进高速磁悬浮列车的发展与实用，需要在国际已有发展基础上，根据我国的实际需求，要顺序大致经过五个阶段：①我国发展高速磁悬浮列车必要性的论证。②引进技术基础上，建设试验运营线。③为长大干线采用磁悬浮技术进行论证，组建自主的研究发展骨干队伍。④建设长大干线，实现相关装备的产业化与国产化。⑤在我国未来的高速客运专线网中，逐步使磁悬浮列车发挥骨干作用。

经过近年来的持续努力，第一、二两项任务取得了可喜的进展，正在努力组织开始第三阶段工作。

四、发展高速磁悬浮列车必要性的论证

时速可达 500 千米的高速磁悬浮列车主要适用于长距离、大城市间、大流量的客运。各国是否需要它，则取决于该国的国情，最主要的是客运发展的需求及

① 科技部磁悬浮列车重大技术经济研究课题组(国家“九五”软课题：Z 96007). 1998. 磁悬浮列车重大技术经济问题研究报告

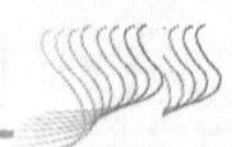

已有交通系统的发展状况。我国是否需要高速磁悬浮列车与如何预测我国铁路网的需求和发展紧密相关。铁道部经济规划研究院路网研究所李宏等同志发表了21世纪上半叶我国铁路网需求与总规模的预测研究结果，并提出了发展设想①。按照他们的研究意见，我国铁路在21世纪上半叶仍属建设高潮时期，约至2050年可基本形成满足需求的铁路网。据预测，2050年全国人口约14.7亿人，城镇人口约占75%；铁路年人均乘车率将由目前的0.8次增至约3次；铁路旅客平均行程将由目前的约360千米增至460~500千米；铁路旅客周转量将达2.0万亿~2.2万亿人·千米。从上述预测需求出发，他们建议：我国铁路网总规模将由目前的6.5万千米增至12万千米，由三部分组成：约0.8万千米的高速客运专线网；约2.2万千米的客货混跑快速客运网；约9万千米的普通铁路网。显然，当前问题的关键在于21世纪上半叶我国将建造的，目前为0、全长近8000千米的高速客运专线网应该采用500千米/小时的高速磁悬浮列车还是300千米/小时的高速轮轨列车，这是决定我国是否需要高速磁悬浮列车的基础。

我国需要发展高速磁悬浮列车就在于它最适合于我国高速客运专线网的发展，这是因为：①我国幅员辽阔，人口众多。目前考虑的主要客运专线(京沪线1320千米，京广港澳线2550千米，哈大线940千米，徐州–宝鸡线1030千米，浙赣线940千米，津沈线703千米，沪杭线194千米)大多在1000千米以上。时速500千米的磁悬浮列车比时速300千米的高速轮轨列车在旅客选择民航或铁路中具有显著的优越性。高速磁悬浮的投资成本比高速轮轨高出不多，其更高速的优越性必然会使其成为优先选择的方案。②我国至今尚无客运专线，高速客运网的形成大约需半个世纪的持续努力，恰恰成为我国在交通领域实现技术跨越发展、发挥后发优势、后来居上的重要机遇。虽然，高速磁悬浮技术不如高速轮轨成熟，只要我们统一认识，下定决心，认真抓紧工作，实现完全是可能的。③高速磁悬浮体系的发展将带动当前众多高新技术前沿的发展，这些高新技术本身又将为新兴产业的形成和经济发展起着重要的作用。我国及时抓住高速磁悬浮体系的发展机遇，将为我国在21世纪中叶相关产业的发展处于国际前列奠定良好基础。

还应该考虑到，着眼于科技发展战略，我国在21世纪上半叶，应逐步从“仿照，跟踪”走向“赶超，创新”，“实现技术跨越跳过传统发展模式，迎头赶上”应是一个重大的战略原则与措施。

徐冠华院士多次强调：“以磁悬浮列车为代表的高速轨道交通，占地少，污染低，经济前景效益好，技术条件已基本具备，我国铁路、公路系统还不够发达，这恰恰成为我们在交通领域有望实现技术跨越跳过传统发展模式的便利条件。”何祚庥院士根据我国一些重大决策的历史经验，强调：“在技术路线的选择或决策上，

① 李宏. 1999. 我国铁路快速客运网的发展构想. 铁道工程学报(1999年增刊), 跨世纪铁路建设对策研讨会文集

既要看到决策的现实性，还必须要预见到决策的超前性。否则到了未来，落后的决策就失去了未来的现实性。”这些意见值得重视。

可喜的是经过激烈的争论，在发展必要性问题上取得了一定共识。

五、引进技术，建造试验运营线

鉴于日本与德国已将Transrapid与MLX技术发展到可建造实际运营线阶段，我国的发展应在充分引进、消化、吸收国际先进技术基础上，继续向上攀登。大家一致认为，引进技术，建设试验运营线应是首要的措施，主要考虑是：①这条线将是我国今后自主研究发展的试验基地，要能达到500千米/小时的运行速度。②由于主要技术已在国际上进行过试验，这条线要能载客运营，满足实际的客运需求，解决运营问题，积累运营经验，同时解决一定资金来源。③以安全、可靠、经济的运行充分显示其优越性，对广大民众发挥有效的示范宣传作用。以建设试验运营线的重大工程项目带动，可有效地开展国际合作，引进与消化国际先进技术与经验，有力地组织我国自身的研究发展，工程与运营队伍，掌握与积累设计，工程建设与运营经验，逐步实现国产化与创新，为尽早建设长距离实用线与实现产业化打下坚实基础。

在我国需要高速磁悬浮列车取得一定共识基础上，由1999年中开始，我们就大力促进有关工作。1999年11月我国科学技术部高新技术司与德国Transrapid国际公司签订了在中国建设试验运营线可行性研究的意向书，科学技术部组织了前期预可行性研究项目组(组长严陆光，副组长常文森、徐善纲)，积极开展了工作，工作得到了上海市与北京市政府领导的积极支持，提出了两个候选方案，派人参加了项目组。2000年6月项目组提出了初步可行性研究报告[①]，指出：“高速磁悬浮铁路技术在德国已经成熟，有关装备已获得生产许可，通过国际合作与引进技术，结合国内攻关，在我国建造试验运营线的条件已经具备，技术风险不大。德国方面也有着较高的合作积极性。”“上海市建议的线路为浦东机场与市区客流快速通道，又具有旅游观光价值，需求迫切，较易实施，准备较充分，比较理想，应力争早日立项，及早开始建造工作。”2000年6月30日，中德两国政府正式签订合作开展上海高速磁悬浮列车示范线项目可行性研究的协议。8月，国家计划委员会批准了项目建议书，同月，上海申通集团等6家公司联合出资20亿元注册成立上海磁悬浮交通发展有限公司，上海市委、市府批准成立上海市磁悬浮快速列车工程指挥部，使工程项目启动得到强有力的资金和组织保证。2001年1月23日，上海磁悬浮交通发展有限公司与由德国西门子公司、蒂森快速列车系统公司和磁悬浮国际公司组成的联合体签署了《上海磁悬浮列车项目供货和

① 科技部高速磁悬浮预可行性研究项目组. 2000. 中国高速磁悬浮试验运营线初步可行性研究报告

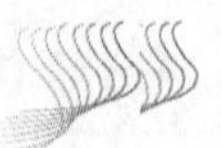

服务合同》，2001年3月1日工程正式开工。

上海示范线工程线路西起地铁2号线龙阳路站，东至浦东国际机场，正线全长约30千米，双线折返运行，由7段曲线组成，最小曲率半径650米，最大8000米，曲线部分占全长约62%。整个工程还包括两个车站，站台长210米，宽7米，并考虑今后增加中间站的可能性，两个容量为40兆伏安及50兆伏安的牵引变电站，一个运行控制中心、一个维修基地和一个制梁基地。设计最高时速为430千米/小时，加速与减速限制在1米/秒^{2}以内，从而以430千米/小时运行的距离约10千米，单向运行时间约8分钟。第一阶段运行，计划订购3列各5节共15节TR-08车辆，平均定员100人/节。在吴祥明同志的主持领导下，整个工程进展良好，期望可按计划于2002年秋完成轨道梁制造、加工、吊装和开始车辆组装，2003年初单线1列3节车试运行，2003年底全线完成考核验收，投入运营。

上海示范线的建造标志着我国高速磁悬浮列车的发展进入了工程技术研究发展阶段，是继日本、德国后的世界第三个国家。上海线的建设和安全、可靠、经济的运营无疑是当前最重要的任务，也是我国未来的长大高速客运专线，例如，京沪高速线能采用磁悬浮方案的首要的、必备的条件。对于未来长大干线的建设来说，上海线是精密轨道梁及土建工程的研发基地，车辆与机电装备的高速试验基地，并为工程建设与运营培养骨干队伍。

在促进试验线建设过程中，我们曾设想可引进技术，建造两条30~50千米长的试验线，一条采用德国Transrapid技术，另一条采用日本超导MLX技术。由于前者技术更加成熟，与现有产业衔接较好，特别是德国政府，产业部门与科技人员一致支持，使得能很快决策上海线采用Transrapid技术，并进入了实施。虽然日本方案有着悬浮高度大(10厘米)等明显优点，我们也多次推动进行合作，由于日本官方认为技术尚需进一步试验，除一般交流外，未能取得重要进展。

六、可行性研究论证与组织自主的研究发展队伍

高速磁悬浮列车主要适用于长距离、大客流量的高速客运，在技术成熟以后，其实用化与产业化必须要有建造实用长距离、大客流量干线的任务牵引，世界上高速磁悬浮列车的发展就在这方面遇到了很大困难，我们应该及早有所准备。在比较顺利落实了上海示范线建造任务后，及时抓紧组织长距离、大客流量干线可行性研究论证成为另一方面的重大任务，我们结合“十五”国家“863”计划重大专项“高速磁悬浮列车技术”的安排，从2001年夏开始在积极促进有关工作。

京沪高速铁路是我国实施高速专线客运的首选长距离、大客流量干线，也可能是21世纪前期我国以及全世界唯一将投入建造的长距离、大客流量干线。我国铁道部已进行了长期的建造京沪高速轮轨铁路的可行性研究，1998年提出了“新

建北京至上海高速轮轨铁路项目建议书”。参加该项目建议书评审工作时，我们感到：①京沪高速线全长 1307 千米，采用 250~300 千米/小时的轮轨高速，全程旅行时间需要 6~7 小时，难以与航空竞争，而采用 500 千米/小时的高速磁悬浮能将旅行时间减少至 3~4 小时，可在与民航激烈竞争中，保持地面轨道交通客运的骨干地位，有着明显的优越性。②为京沪高速轮轨铁路已进行的大量前期工作大体适用于高速磁悬浮线，也为建设磁悬浮线奠定了一定基础。由于磁悬浮线允许坡度可大至 10%，沿线站数略少，线路总长还可有所减小。③虽然不少同志主张建设京沪高速线“迫在眉睫，越早越好”，但由于还有一些重大问题有待进一步研究，如运量估计，实行高、中速混跑，旅客的经济承受能力，投资估计等，国家决策一再推迟。虽然，京沪高速线采用磁悬浮方案有着明显的优越性，上海线的建成与运营将增强建造的信心与决心，但全世界终究还没有建设与运营长距离、大客流量干线的经验，在近年国内关于采用轮轨或磁悬浮方案的激烈争论中，还提出了一些重大的技术、经济、运营、装备国产化和科技队伍等方面的问题，需要经过认真的研究论证，予以解决，以供国家决策时参考。有关工作正在积极组织进行中。当然，除京沪线外，其他可能的长大干线也应在视野范围之内。

鉴于我国至今从事过磁悬浮列车研究发展工作的力量十分薄弱，相当一部分主要带头人已达到退休年龄，国际上近期没有落实实用长距离、大客流量干线的建设项目，难以维持强大的研发队伍解决长大干线的重大问题，与上海线的建造与运营任务紧密结合，在国家“863”计划大力支持下，组织培养一支高质量、精干、稳定的研发、工程与管理骨干队伍是当前另一重大任务。这支队伍要有在我国坚定不移的“自己攻关，发展磁悬浮高速铁路体系”的决心，全面掌握高速磁悬浮有关的各种技术，有能力作为中坚力量在我国实现产业化，建成长距离、大客流量干线。这支队伍的形成与成长是今后能否顺利发展前进的关键。根据日本长期的经验，队伍要由多种专业的专家和经营管理人员组成，有着持续稳定的支持，其规模大致保持约 100 人，其中 10 多人是核心骨干，熟悉全面情况，负责总体与指挥，下设土木工程、电气工程与车辆三大部分，各约 30 人。除积极参加上海线建设，引进与消化德国技术外，为使整个队伍更快成长和进入国际前列，建议在近期内研制出我国第一台车辆，用全部国产设备建设一条调试线，并安排一些前沿性的研究工作。

进行长距离、大客流量干线可行性的研究论证，培养组织好自主的研发队伍，积极走向国际前列，应是我国国家“863”计划重大专项“高速磁悬浮列车技术”近期的主要工作内容。

七、未来展望

经过前一阶段的持续努力，我国需要高速磁悬浮列车取得了一定共识，引进技术，建造上海试验运营线已在实施，“高速磁悬浮技术”已作为专项列入了国家“十五”高技术研究发展计划，长距离、大客流量干线可行性的研究论证已经开始，正在积极培养组织骨干的研发、工程与管理队伍，我们期望，在不久的将来，上海示范线将安全、可靠、经济的投入运营；经过认真细致的研究、论证与比较，京沪高速线已令人信服的应该采用高速磁悬浮方案；我们的研发、工程、管理的骨干队伍成长到可以信赖有能力承担京沪线的建设与运营任务，党中央和全国人民有信心和决心批准京沪线采用磁悬浮方案，那时我国将在世界上率先进入高速磁悬浮列车的实用化与产业化阶段。在建造京沪线的同时，我们应根据我国发展的实际需求，拟定我国高速磁悬浮线的发展规划，逐步使磁悬浮列车在我国未来的高速客运专线网中发挥骨干作用。

八、主要结论

1) 高速磁悬浮列车用电磁力将列车浮起而取消轮轨，采用长定子同步直线电机，将电能直接供至地面定子线圈，驱动列车高速行驶，从而取消了受电弓，实现了与地面没有接触，不带燃料的地面飞行，克服了传统轮轨铁路提高速度的主要困难。20 世纪下半叶，它的成功发展证实在 21 世纪前、中期人类地面客运速度将可以达到 500 千米/小时的新水平。

2) 高速磁悬浮列车是当今唯一能达到 500 千米/小时运营速度的地面客运交通工具，具有不可取代的优越性，它还具有阻力小，能耗低；噪声小、振动低；启动制动快，爬坡能力强；安全、舒适，维护少等优点。它主要适用于长距离、大客流量、大城市间的高速客运。

3) 作为一种完全新型的交通运输高技术，高速磁悬浮列车的战略发展顺序大致要经历四个阶段：①基础性研究；②工程技术研究发展；③实用化与产业化；④大规模推广应用。各阶段目标与要求不同，所需经费投入相差很大，从而有关部署必须明确阶段，由一个阶段过渡到另一个阶段必须做好充分准备。

4) 20 世纪 60 年代以来，作为持续的国家计划，德国的常导 Transrapid 系统和日本的超导 MLX 系统耗资数十亿美元，已成功完成了基础性研究和工程技术研究发展阶段，技术已大体成熟到可以建造实际运营线，但在落实实用线与产业化方面，遇到了较大困难。美国、瑞士还在进行着几个新型方案的基础性研究。

5) 我国从 20 世纪 80 年代后期起开始了磁悬浮列车关键技术研究，90 年代中期以来又积极促进高速磁悬浮列车的发展。由我国的实际需求和我国与世界先进水平很大技术差距的现实出发，建议我国的发展战略的顺序分为五个阶段：①发展必要性的论证；②引进技术，建成试验运营线；③长大干线可行性研究论证与组织自主的研究发展队伍；④建设长大干线，实现实用化与产业化；⑤逐步使其在未来的高速客运网中发挥骨干作用。

6）经过近年的持续努力，已取得了可喜的进展。对我国需要高速磁悬浮列车取得了一定共识；引进技术，建造上海试验运营线已在实施；“高速磁悬浮列车技术”已作为专项列入了国家“十五”高技术研究发展计划，长大干线可行性的研究论证已经开始，正在积极培养组织研发、工程与管理骨干队伍。

7）希望能继续同心协力，奋力拼搏，期望在不久的将来，上海线将安全、可靠、经济地投入运营；京沪线采用磁悬浮方案的研究，论证与比较取得令人信服的结果；我们的队伍成长到可承担京沪线的建造与运营任务，从而使党中央和全国人民有信心和决心批准京沪线采用磁悬浮方案。

8）从决定京沪线采用磁悬浮开始，我国将率先在世界上进入实用化与产业化，然后逐步使磁悬浮列车在我国未来的高速客运专线网中发挥骨干作用，并为全世界高速磁悬浮列车的发展做出应有的贡献。

（本文选自 2002 年院士建议）

台湾不见东亚飞蝗是福还是祸?

印象初*

飞蝗是世界性害虫，包括 9 个亚种，我国有 3 个亚种：东亚飞蝗、亚洲飞蝗和西藏飞蝗。其中东亚飞蝗分布最广，为害最重，是我国历史上的大害虫，近 5 年连续大面积发生，密度之大，非常惊人，但都得到了控制，没有迁飞。

2000 年 11 月 20~27 日，我随中国昆虫学会“《海峡两岸昆虫学名词》对照工作”专家代表团赴台进行了为期 8 天的访问，参观了台湾自然科学博物馆、农业试验所和台湾大学的昆虫标本馆，在考察途中采了一些蝗虫标本。

回来后，中国科学院动物研究所陈永林研究员(曾同著名生态学家马世骏院士一起，用改造蝗区生态环境的方法为控制飞蝗灾害作出过重大贡献)问我：在台湾见到东亚飞蝗没有?台湾有没有东亚飞蝗?我回答：没有见到，台湾以前有记录。

台湾现在有没有东亚飞蝗，是一个具有重要科学价值的问题。2001 年 10 月至 2002 年 4 月，我和夫人应台湾自然科学博物馆馆长周延鑫先生的邀请，再次赴台专门进行蝗虫分类研究，仔细地查看了台湾自然科学博物馆、农业试验所和台湾大学收藏的蝗虫标本。自然科学博物馆于 1986 年建成，设备先进，收藏规范，同国际接轨，收藏标本虽仅 10 多年的历史，蝗虫标本种类较广，但没有东亚飞蝗标本。农业试验所和台湾大学是日本侵占时代的老单位，标本保存较好，产于台湾的蝗虫标本种类多、数量大，共计 3300 多件，但东亚飞蝗都只有 1923~1925 年日本人采自屏东县恒春等地的标本，以后 70 多年内没有留下一个标本。半个多世纪以来，未见有关台湾东亚飞蝗的报道。我们在台期间，曾在台北、新竹、台中、南投、台南和屏东等地考察和采集，仍未见到东亚飞蝗的成虫和跳蝻，由此可见，东亚飞蝗在台湾已基本绝迹，而且，大概已历时 50 年左右了。

东亚飞蝗的模式标本产地为菲律宾的马尼拉，台湾也有分布。历史上菲律宾和台湾都有东亚飞蝗为害和防治的记载。据小泉清明(1940 年)报道：1896 年、1900 年、1914 年、1923 年和 1925 年菲律宾的东亚飞蝗都迁飞到台湾，用大量化学杀虫剂进行防治。台湾人多地少，精耕细作，大量使用化肥和农药，加上高度工业

* 印象初，中国科学院院士，中国科学院西北高原生物研究所

化的污染，生态环境恶化，导致东亚飞蝗数量渐趋减少，直至绝迹。而自然环境相似的海南省，不仅有东亚飞蝗，前几年数量还相当多，出现群居型个体。众所周知，海南工业化较低，污染轻，生态环境较好，比较适合东亚飞蝗生存。东亚飞蝗在台湾已基本绝迹，不用防治，从治蝗角度讲是好事，当然是福。但这是由于农药使用过度，高度污染，生态环境恶化，东亚飞蝗不能生存的结果。这样的生态环境对我们人类难道没有害处吗?据报道：台湾人的肝病发病率很高，男人的性功能低下为世界之最，在台湾大学昆虫学系我见到的 10 多位女士中，有 3 位中年女士未能生育，台湾儿童中先天性残疾也较常见。我推测这些情况同生态环境恶化有因果关系；长此以往，可能也会影响我们人类的生存；因而从人类健康角度来看就是祸了。我曾建议台湾的昆虫学家们，搞清东亚飞蝗不能生存的原因及其对人类和其他生物的影响。为了子孙后代的长远利益，我们不能漠不关心。

在台湾，我发现在农田和果园里很少见到蝗虫，在公园和城市绿地上既未见到蝗虫，也见不到蝶类飞舞，因为这些地方使用农药较多，只有在人类活动较少的自然植被中较容易采到蝗虫，那里基本不用农药，生态条件较好。一些台湾人自种自吃的菜不喷农药，在新竹县竹东，一位开擂茶馆的老板非常好客，亲自开车领我们到他的别墅庭院和自种自吃的小菜园(不喷农药)中采集，很容易地采到了中华负蝗等 5 种蝗虫，共 50 多头。

蝗灾一定要治，大发生时现在主要靠喷洒农药。今年夏天，我到山东滨海蝗区和微山湖蝗区考察蝗情，都有农民反映喷药治蝗，殃及鱼塘，要求赔偿的事。残留的农药会长期产生有害于人类和其他生物的效应；工业排污处理不好同样会造成严重的后果。

综上所述，台湾的情况值得我们注意，不能以破坏生态条件为代价来发展工农业生产，如急功近利，不注重保护生态环境，那么即使富有了，我们人类也残疾了，甚至也不能生存了，那不等于自己毁灭自己吗?我要申明的是，我不反对使用农药和发展工业，而是抛砖引玉，提醒大家不要低估农药残毒和工业污染的危害。

（本文选自 2002 年院士建议）

绿 桥 系 统

——天山北坡与准噶尔荒漠生态保育和新产业带建设

孙鸿烈 等

天山北麓作为新欧亚大陆桥的重要地段，不仅是新疆政治、经济和文化的中心，也是西部开发的重点地区之一。然而，由于近代人口的剧增、农牧业结构的单一、不合理的土地利用和水资源的短缺，山盆系统生态环境整体恶化。

报告提出了“绿桥系统”构建设想，即针对天山北麓生态保育与社会经济可持续发展存在的问题，将天山北部山盆系统作为一个整体的系统工程进行全面规划，遵循自然规律，把天山山地的高山带、山地森林、草原带、扇缘带和沙漠带连成一个上下贯通并互相支持的生态-经济“桥梁”，形成一个可持续发展的优化生态和生产范式的“绿桥系统”。

一、“绿桥系统”的提出

天山北麓是新欧亚大陆桥的重要地段，是新疆政治、经济、文化的中心和21世纪我国经济的重要增长点。目前，天山北坡经济带已被列为21世纪自治区和兵团优先、重点开发的地区。该区域的生态环境改善和社会与经济可持续发展，关系到新疆经济的总体发展及我国西部大开发战略的顺利实施。

天山北麓的山盆系统是由能流、物流、生命流、价值流和文化流连接起来的，经过长期的历史和文化发展，已经成为该地区自然生态和人文社会的支持系统，是干旱区最为本质的、珍贵的自然资源存在和作用方式。然而，随着近代人口剧增、农牧业结构单一、不合理的土地利用方式、生态环境恶化、水资源短缺和农药污染等一系列干扰和破坏，山盆系统生态环境严重脆弱与退化，对工农业生产、人民的生活条件与生存质量形成恶性循环影响，严重阻碍了这一地区生态、社会与经济的可持续发展。把“山地-绿洲-绿洲/荒漠过渡带-荒漠生态-生产范式”作为新疆天山北部山盆系统生态保育、环境建设和农业结构调整的模式，可指导干旱地区生态环境建设，形成遵循大自然规律的优化格局。

作为干旱区水源的山地，因过伐林木和超载放牧，涵养水源的能力不断弱化，水土流失加剧，灾害频繁，严重威胁到山地本身与下游各生态系统的正常运行和可持续发展。山地草场的冬春饲草料未得到根本性解决，多年强调的轮牧措施也未能得到有效贯彻，粗放落后的传统放牧方式依然威胁着山地生态环境。

绿洲是区域农业生产和经济发展的主体，天山北麓绿洲面积仅占该区域国土面积的 4.5%，却承载着 95%以上的人口。在外部环境恶化造成绿洲生态经济系统脆弱的同时，绿洲内部因生产结构单一，盲目开采地下水及不合理的灌溉，造成严重的土壤次生盐渍化，耕地化学污染严重、土地质量变劣，沙漠化、盐碱化和沙尘暴灾害频繁发生。

具有世界温带荒漠中最为丰富的野生生物资源及宝贵基因资源的准噶尔荒漠是世界温带荒漠的瑰宝。但是过度开垦土地、放牧、樵采、滥挖药用植物、盗猎野生动物等恶性人为活动，已导致准噶尔荒漠物种生存环境严重退化，许多物种濒临灭绝。

山盆生态系统的整体恶化，已严重制约了该区域生态、经济与社会的正常发展。为了天山北坡、准噶尔盆地的生态恢复、重建和实现社会、经济可持续发展，必须进行山地休养生息和荒漠封育保护，以优化与提高绿洲生产力。仅靠扩大绿洲面积求发展，只会以牺牲生态环境为代价，带来更大的生态破坏。因此，必须以超前发展的新观念和重大的改革举措，将天山北部山盆系统作为一个整体的系统工程进行全面规划，实施山地用材林业和畜牧业的战略转移，进行绿洲生产结构的大调整和改造，对准噶尔沙漠生态系统实行完全保育。为此，提出天山北部实现可持续发展的新思路——“绿桥系统”。通过考察与研究分析，我们建议把天山山地的高山带、山地森林和草原带-山麓绿洲与扇缘带-盆地荒漠平原和沙漠带连成一个上下贯通和互相支持的生态-经济“桥梁”，形成一个转变天山北部山盆系统面临的危机和可持续发展的优化生态-生产范式——“绿桥系统”。这一系统的核心在于“抓中间、保两头”，即建立与开发绿洲/扇缘带以人工饲草基地为基础的高精畜牧业新产业“中间”带，“一头”是把 60%的山地畜牧业和 100%的用材林业转移到盆地，使山地森林与草地得以休养生息，主要发挥水源涵养与水土保持功能；另“一头”则是使准噶尔沙漠得以全面禁牧禁垦，整个规划为一个野生生物基因宝库和繁育野生有蹄类动物的自然保护区。“绿桥系统”的实施，将可能对保障天山北部山盆系统的生态安全，实施发展天山北坡经济带的战略决策，促进新疆社会、经济和环境的可持续发展，维护边疆社会安定具有重要的意义。

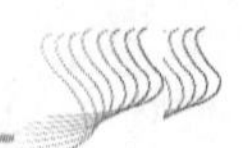

二、“绿桥系统”结构与建设内容

（一）天山北麓绿洲产业结构的调整

1. 存在的主要问题

天山北坡垂直高差大，地形变异大，气候对比强烈，生态系统复杂，生物多样性丰富，具有发展种植业、畜牧业等多种经营的优良条件。长期以来，由于经济建设发展的需要与人口压力，大量开荒以追求产量、扩大耕地面积发展农业，生产结构单一，种植业产值占总产值比重的75%以上。畜牧业仍主要沿袭上千年的传统游牧形式，70%的牲畜在山上放牧，30%在农区与荒漠散养，集约化程度低，经营方式落后，基础设施差，抗御自然灾害的能力弱。平原林业以农田防护林为主，始终处于“副业”位置。在种植业中，棉花作为重点发展的经济支柱产业，种植面积大，连作时间普遍超过8~10年，特色林果及饲、草作物种植面积偏低，林、牧(草)的用地仅占约 16%和 4%。种植结构的单一造成生物多样性减少，病虫害发生猖獗，绿洲生态系统稳定性差；单一的棉花经济抵御市场的风险能力弱，严重阻碍着这一区域生态、经济和社会的均衡与稳定发展。

2. 调整的思路与措施

建立绿洲草、粮、经、瓜果、林多元化复合种植结构，大力发展人工饲草基地，为发展现代集约化农区畜牧业奠定基础：扩大饲、草料和特色林果业的种植，建立草、粮、经、瓜果、林五元种植结构，将天山北麓绿洲带目前粮经、林(果)、牧(草)用地比例约 8∶1.6∶0.4 调整到 5∶2∶3。 建立新的经济增长点和生产基地，其中畜牧业总产值要逐渐发展到占农业总产值的60%以上。科学配置区域田园林草，保证和优化绿洲生态系统，促进可持续发展。

大力发展农区饲草基地建设：饲、草料生产是畜牧业发展的物质基础，是实现传统放牧向现代畜牧产业化方向根本转变的保障。在农区大力发展种植优质牧草和饲用玉米，建立高产、优质、高效饲草基地，进行规模化经营、专业化生产。建立棉-草轮作制度，推行棉花与紫花苜蓿等豆科牧草轮间作，从而减少病虫害，恢复土壤地力，降低农药化肥施用量，使其成为牲畜的重要饲料来源。结合作物秸秆，为畜牧业发展提供充足的饲料。畜牧业产生大量的有机肥，经无公害处理返回农田，形成优化的生产链，促进农田生态系统的良性循环。

大力发展特色林果业和特色经济作物：本区阳光资源丰富，昼夜温差大，有利于植物光合作用与糖分的积累，是驰名中外的瓜果之乡，发展特色林果业具有极大的优势。目前，在进一步推动番茄、红花、枸杞、胡萝卜等已具一定基础和优势的红色产业的同时，大力发展籽瓜、葡萄、西瓜、甜瓜、甘草、啤酒花等名、特、优产品，形成若干具有地域特色的生产基地，占据更多市场份额，获取规模效益。棉花作为本区优势支柱产业，调整的重点应是种植适应国内外市场需求的优质品种，发展特色精品棉。

（二）天山北坡山地植被的保育措施

天山北坡山地圈是整个山盆系统的水源地，高山冰川积雪的夏季消融与山地降水，是供给本区域河流与地下水的主要水源。新疆多年平均降水总量2430亿米^3，其中84%降于山区。山地森林-草原带位于山地最大降水带的下部，具有重要的水源涵养、水文调节与水土保持作用。同时，山地森林–草原带具有较丰富的生物多样性和很高的生物生产力，极具生物资源的保育和开发利用价值。

1. 天山北坡山地植被生态环境现状

天山与阿尔泰山的山地森林，是新疆森林的主要分布区。在过去50多年里，山区为人们提供了大约4000万米^{3}的木材，耗去了全疆森林总蓄积量的1/4，山地森林生态系统遭到严重破坏。据不完全统计，山地森林普遍遭受了高强度的采伐利用，现多为未及更新的疏林地、采伐迹地或幼林地。森林减少意味着山地气候趋于恶劣、水土流失严重、涵养水源能力下降和自然灾害频繁。目前，山地河流洪水期和枯水期流量比率增大，一些小型河流在枯水期已全部断流，河水含沙量增多，流域的侵蚀模数亦随之剧增。天山北坡的山地草原历来是主要的夏秋放牧场。根据2000年遥感调查结果，新疆草地总面积约为48万千米^2(72 000万亩)，草地面积正以每年13.8万公顷(约207万亩)的速度减少。目前，新疆的畜产品70%以上来源于天然草地，近数十年来随牲畜数量剧增，山地夏季草场因严重超载和过牧而普遍发生退化，冬春草场的面积与产草量很少，与夏秋草场形成严重的不平衡，退化更加严重，草地已失去了应有的生态系统服务功能。

2. 天山北坡山地生态保育的基本措施

天山北坡山地森林–草原和荒漠是数千年来的游牧草场，由于人类经营活

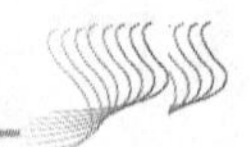

动的强烈干扰和破坏而极度退化，严重超出其畜牧承载力。土壤恢复较植被恢复具有时间与空间的滞后性，平均来看，土壤形成速度为每年 8.3×10^{-5} 米。对于天山北坡山地森林–草原带，今后在不破坏森林和很好保育与管理下，估计在21世纪末，现有人工更新40~50龄级的青幼林达到120~150龄级时，天山北坡的水源涵养和调节器功能有望基本得到恢复。天山山地森林即使在百年之后接近成熟时，也只能实施以促进更新和森林环境卫生为目的的弱度更新择伐。天山北坡的山地草原和低山荒漠，应全面转向减负——降低载畜量和合理、定时、定地、定量、划区轮牧的优化管理，基本措施见图1。经过10~20年的休养生息，草地的植物种类组成、生产力、土壤营养状况和水土保持功能可望得到逐步恢复。

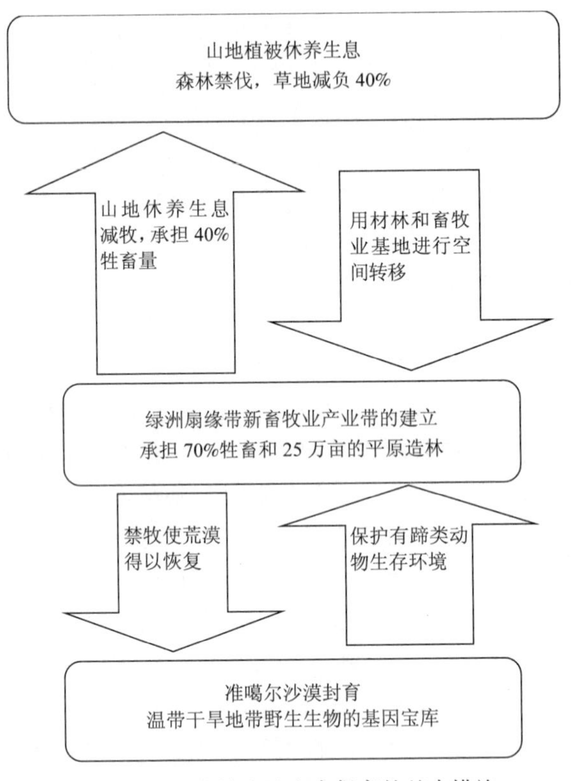

图1　天山北坡山地生态保育的基本措施

因此，山地用材林业和草原畜牧业必须实施空间转移，使已过度消耗的山地生态系统得以休养生息，恢复其生态功能和对盆地的良性补给作用。今后山地的功能主要定位为水源涵养和作为合理负载的夏秋放牧场。

为保护山地森林和草甸草原的生态服务功能，应将山地森林、草甸–草原和荒漠带的畜牧业大部分(60%~70%)转移到绿洲、弃耕地和可建立人工草地的扇缘带，建立草–农–畜相结合的生态新产业带，形成集约化经营的生态产业链，使山地和荒漠植被得以休养生息，从而解决日益紧张的草场资源问题，改善区域生态环境。

（三） 天山北坡绿洲与扇缘带新产业的建立

1. 存在的问题

天山北麓地带的天然和人工绿洲，特别是传统绿洲农区，多处在荒漠的包围之中。绿洲农业系统内部结构简单，作物单一，土地生产力低下，加剧了绿洲生态系统的不稳定性。在不合理灌溉和垦殖方式下，绿洲边缘造成大面积土地次生盐渍化，使原非荒漠化土地变成了盐漠。扇缘带位于洪积–冲积扇的下缘，由于潜水接近地表或溢出和土壤黏重而普遍发生原生盐渍化，天然植被为盐化草甸、灌丛和盐生植被形成的盐漠，以及在泉水溢出处的草本沼泽。扇缘带因土壤盐渍化本不宜于农作，虽然近数十年的开垦已使数百万亩的扇缘带土地转变为农田，但多由于次生盐渍化而成为弃耕地，环境进一步恶化，极不利于农牧业的发展。天山北坡土壤盐渍化和次生盐渍化面积占全区总面积的16.41%。

2. 绿洲及扇缘带舍饲畜牧业的建立及产业化发展

新疆是我国畜牧业最具发展优势的产区之一。目前北疆的畜牧业，主要分为天然草场放牧和农区养畜两大部分，尚没有形成完善的生态产业链，依然停留在初级经营阶段。目前，新疆牲畜存栏数已达到 5000 万头。畜牧业的生产方式与经营观念必须彻底改变，应由传统的落后粗放的季节性原始游牧业转变为以人工饲草地为基础的集约高效舍饲畜牧业，成为国家的畜产品生产基地，使畜牧业发展成为北疆经济发展的重要支柱产业。

饲(草)料产业的发展是实现山地和荒漠畜牧业战略转移的保障。在绿洲大力推行草田轮作，进行棉花与紫花苜蓿等豆科牧草轮作和间作，有利于减少病虫害，恢复土壤肥力，同时促进草食性畜牧业的发展。扇缘带是绿洲与荒漠之间的过渡带，这里普遍存在盐渍化和次生盐渍化，虽不宜农作与造林，但适宜于耐盐的胡杨、骆驼刺、盐节木、盐穗木、芨芨草、草木樨等天然植物的生长。如果人工种植这些耐盐植物，可成为牛羊的人工饲草生产基地，并形成绿洲前沿生态屏障与风沙过滤带。

据估计，天山北坡扇缘带面积约为 108 万公顷(1620 万亩)，通过引水工程和节水灌溉可利用面积约为 48.6 万公顷(729 万亩)。天山北麓从乌鲁木齐到精河现有农业用地 114 万公顷(1710 万亩)，根据区域人口与土地资源承载力分析，通过对目前单一农业结构的调整，可留出 45.7 万公顷(685.5 万亩)作为种草基地。估计在天山北坡绿洲和扇缘带可建立 100 万~150 万公顷(1500 万~2250 万亩)人工草地。据测算，在扇缘带弃耕地种植芨芨草，每亩产量可达到 1000~1200 千克；在绿洲种植青贮玉米，每亩产量可达到 8000~10 000 千克。加以农业生态系统输出饲草做补充，按每头羊年需 600~700 千克草计，扇缘带人工草地每亩可负载 1.5~1.8 头羊，绿洲人工草地与饲料地每亩可负载 3~12 头羊。在天山北麓绿洲与扇缘带新生态产业带可负载约 3000 万头羊，接近全疆 60%的牲畜和北疆的全部牲畜，从而可把目前山地与荒漠草场的牲畜数量比例从 7∶3 调整为 3∶7 的合理比例，形成优化的草-农-牧产业结构，建成新疆高产、优质、高效畜牧业基地，以人工草地和饲料基地支持舍饲畜牧业和育肥畜牧业，使之成为该区域的支柱产业。

3. 大力发展现代化舍饲畜牧业，促进牧农结合

传统游牧式畜牧业生产力在低水平上徘徊，牧民生活难以得到根本改善，而且对山区草场的生态环境带来很大的压力，在牲畜总量不断增加的超载情况下，造成山区草地的普遍退化，而尤以低山的冬春牧场更为严重。因此，畜牧业发展的根本出路在于尽快实现从天然草场放牧向农区舍饲养畜的战略性转移，即将传统的季节性山地游牧放牧业，转变为以人工草地与饲料地为基础的现代化绿洲舍饲畜牧业，走绿洲内农、牧结合，扇缘带人工草地化，山地牧区与绿洲和扇缘带草地结合，以及畜牧业产业化的新路子。绿洲农区土地开发利用，今后应走大力发展饲草料生产，扩大舍饲畜牧业规模的道路，饲草地以农业方式来经营——草地农业化。在农区大田中安排一部分饲料、饲草作物生产，不仅有利于畜牧业的稳固发展，而且通过草田轮作，对维护农田生态系统也是极为有利的。

因牧区冬春牧场短缺，牧区相当一部分商品畜可于冬季来临前转往农区，经育肥后再出售，也可为农区来年的生产发展提供一定的有机肥源。经 3~4 个月的舍饲育肥，即可屠宰、深加工或直接销售，从而大大减轻山区和荒漠的放牧压力，使山地草场生产力与生态功能得以恢复；新产业带的建立，也可避免低产、低质、低效和破坏生态环境的荒漠放牧；而且人工草地还能更好地覆盖地表，具有更高的防风固沙、防止盐渍化、保护绿洲的功能。

4. 延长生态产业链，建立配套机构服务体系

在扩大畜牧业生产规模的过程中，向区外销售皮、毛、肉、奶等畜产品可带来巨大的经济效益，是很重要的生产链环。但不能仅向区外调运初级畜产品，要重视畜产品的深加工，实现就地增值。在畜牧业的再生产过程中，可就地转化的产业链环较多。除皮毛、肉、奶外，内脏、血等亦可作为生化制品与医药工业原料，将会有数十倍乃至上百倍的增值。皮毛加工产品要起点高，创品牌。要注意引进区外企业集团及其人才、技术、新设备和资金。要建立配套的良种繁育基地、育肥基地、兽医、防疫、机耕、病虫害防治等设施机构及与畜牧业发展相关的运输业、食品加工业、金融业、信息业、咨询业等相关服务体系(图 2)。

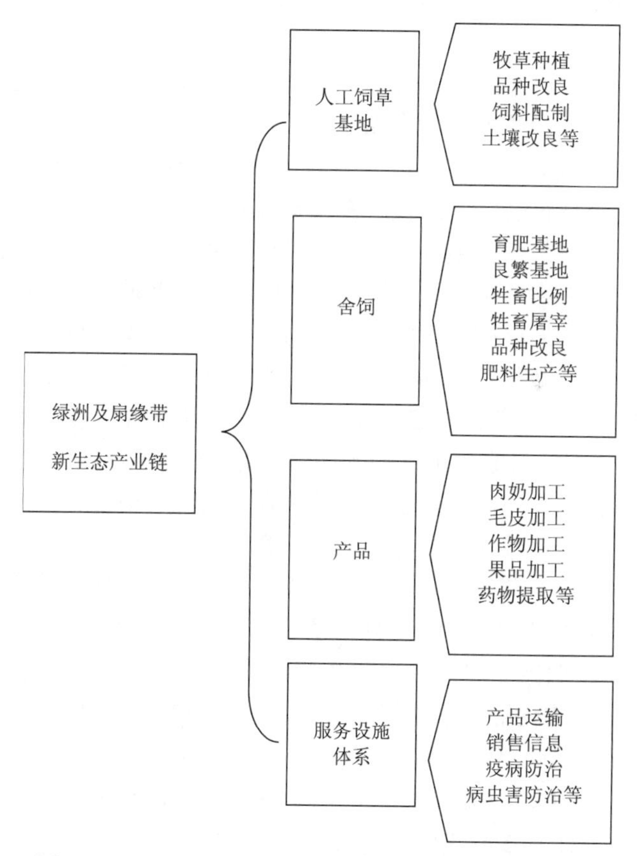

图 2　天山北坡绿洲及扇缘带新生态产业链结构示意图

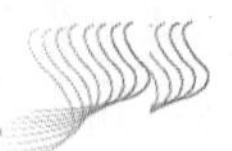

（四）准噶尔荒漠生物多样性资源的保育

1. 准噶尔荒漠的生态现状

准噶尔盆地是新疆天山北坡经济带所在地，盆地内的沙漠面积达4.55万千米^2。由于历史及现代农业的发展以及人类不合理的社会经济活动，准噶尔盆地荒漠生态系统的整体生物学过程正在不断弱化，生物多样性逐渐丧失，生物种群萎缩，生物链和营养级趋向简单，系统的脆弱性和不稳定性大大增加。由于栖息地的破坏，许多珍贵的野生动物已经灭绝或正处于灭绝的边缘。

2. 保护准噶尔荒漠生物多样性资源的意义

准噶尔荒漠不仅包括典型的天然及人工沙漠植被生态系统，还存在大面积的盐漠植被生态系统、荒漠湿地生态系统(玛纳斯湖)、荒漠淡水和咸水湖泊水生生态系统(乌伦古湖、艾比湖)，它们的存在是天山北部绿洲及荒漠草原的生态屏障，也是整个北疆生态建设和经济发展的生物资源基础。

准噶尔荒漠植被是中亚细亚荒漠土兰植物区系和北亚蒙古戈壁植物区系的交汇带和过渡带，兼有古地中海旱生植物区系成分，具有世界温带荒漠中最为丰富的植物物种资源。荒漠植被中既包括典型的沙漠植物群落，也包括典型的盐漠植物群落，以及种类和数量较大的短生和类短生植物。准噶尔荒漠也是丰富而珍贵的药用植物(肉苁蓉、麻黄、老鼠瓜等)的分布区。在准噶尔沙漠南缘沙丘还存在种类丰富的地衣植物，形成厚1~3厘米的生物结皮，对稳定沙丘起到了重要作用。

准噶尔荒漠是野生有蹄类动物的天然牧场。与荒漠植物长期协同进化形成的野生大型草食性有蹄类动物群，如鹅喉羚、赛加羚羊、蒙古野驴、盘羊、普氏野马和野骆驼等，适应于荒漠夏季高温、冬季严寒和长期干旱缺水的严酷生境，具有荒漠植物粗粝和高盐碱的食性，且食性较广，能更有效地利用多种荒漠植物。

准噶尔荒漠是温带干旱地带野生生物的基因宝库。在地质历史的长期自然选择和适应过程中演化形成了许多适应干旱生态环境的生物物种和特殊的基因型，包括大量耐旱、耐高温、耐强辐射、抗寒、耐盐碱、高光合效率、具特殊次生代谢化合物(芳香油、生物碱等)的基因。在国际上，干旱地带的野生植物基因资源被确定为国际生物多样性保育的第一重点，以及21世纪农业、食物、医药、工业原料的最重要来源。准噶尔荒漠具有世界温带荒漠中最为丰富的生物基因资源。生物基因资源已经成为决定一个地区在21世纪的发展地位和发展潜力的战略资源。

3. 亟待建立准噶尔荒漠生物多样性自然保护区

要坚决摒弃以牺牲自然为代价的、粗放落后的荒漠放牧生产方式与无节制的破坏性垦荒；在准噶尔荒漠区全面实行封育禁牧、禁垦、禁采；对开采石油必须实行绿色采油，最大限度地避免破坏与扰动荒漠生态系统与环境。建立准噶尔盆地荒漠植物种子库和基因库，是保存珍贵基因资源的重要措施。

前苏联在中亚荒漠中曾经繁育赛加羚羊获得成功；美国在北美中央大草原成功地恢复了已在野外灭绝的北美野牛群。近年来，我国有关部门已开始回引在国外繁育的普氏野马和赛加羚羊，初获成功。建议在准噶尔荒漠中有计划、系统地建立野生动物繁育场，繁育野生有蹄类动物，放归野外，形成荒漠食草动物种群。恢复重建准噶尔荒漠地带原始丰美的生物多样性、通畅合理的食物链、自然和谐的生态系统和最有效率的第二性(食草动物)生产力，并在此基础上逐步开展野生有蹄类食草动物繁育业，以及适度的生态旅游与草场狩猎业。

建议建立准噶尔荒漠生物多样性资源自然保护区，将准噶尔荒漠规划为国家级自然保护区和温带荒漠公园，由新疆维吾尔自治区保护与管理。保障准噶尔盆地的生态安全，不仅有利于天山北坡乃至整个新疆的社会、经济和环境可持续发展，而且对于世界温带干旱区生物资源的保护具有重要意义。

（五）人工速生丰产林建设

随着新疆社会经济的发展及人民生活水平的提高，新疆地区木材需求量逐年增加，2001 年木材需求量为 35 万米^3。国家“天保工程”实施后，新疆山区木材产量已由 1997 年的 28.2 万米^{3}调减至 2001 年的 8 万米^{3}左右，缺口达 27 万米^3，基本靠进口解决。因此，在新疆平原地带营造速生丰产林，可缓解新疆对木材的需求，并有利于改善绿洲边缘的生态环境。

在绿洲，人工速生丰产林的发展规模取决于农林牧各业的相对经济收益及各业对其他行业的贡献。目前，天山北麓绿洲带农林牧(草)用地比例大概为 8∶1.6∶0.4，林业所占比例过低。在木材短缺的新疆，其价格与间接经济效益可相当于棉花和种草养畜。因此，在灌溉绿洲带农林牧结构调整及防护林更新过程中，可发展部分人工速生丰产林。另外，壤质荒漠平原上具有丰富的土地资源及太阳辐射，也有发展人工速生林的较大潜力。通过引种速生、优质木材树种，集约化经营管理，经 6～7 年便可成材，每亩材积可达 12～15 米^3，可用于生产高、中密度板或板材，具有良好的经济效益。为此，建议在具有充足外来水源及部分地下水供应的条件下，采用先进的节水灌溉措施，每亩灌溉定额为 600 米^3。在每年保证 1.5 亿米^3~1.8 亿米^3

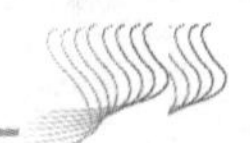

林业用水的条件下，在北疆准噶尔盆地绿洲及其扇缘带和壤质荒漠平原营造25万~30万亩速生丰产林,每年轮伐3万~4万亩，则可形成年产36万~50万米^{3}的用材林。伊犁河谷具有丰富的水土资源，有可能营造200余万亩速生丰产林，形成新疆最大的人工用材林基地，每年轮伐30万亩，年产360万米^{3}木材，可满足新疆地区的纸浆与木材需求，并可形成各种木材生产产业，实现山区用材林业向平原带的集中转移。

三、实施“绿桥系统”的建议

1) 改变传统的游牧放牧方式，减少山地过载的载畜量60%，实施畜牧业向绿洲及扇缘带的空间转移，使山地草场得以休养生息；

2) 在绿洲及扇缘带建设高效人工草料基地，实现在山地天然草场短期放牧的牛羊快速出栏，在农区和人工草料基地进行舍饲育肥，使草地牧场和农区舍饲高效饲养形成一个有机整体，互为依托，减轻草原压力，快速发展天山北麓的畜牧业；

3) 在实施天山北坡与准噶尔荒漠新产业带建设和生态保育过程中，大力增加高科技的应用，如高新技术育种、精细饲养、精密加工、环境保护等；

4) 干旱区新建绿洲的农草林合理比例应为 5∶4∶1；老绿洲应大致调整为5∶3∶2，以确保绿洲系统的稳定及社会经济的可持续发展；

5) 应将准噶尔沙漠整个地区划为自然保护区，将其作为野生植物的宝贵基因库与野生有蹄类动物的繁育场；

6) 在退耕还草和退牧育草过程中，政府部门应制定一套与退耕还林相似的补偿政策，对退耕退牧定居的少数民族牧民提供经济补偿与优惠条件，以保证退耕退牧和还草育草工作的顺利开展；

7) 为企业投资草业、舍饲畜牧业与精深牧产品加工业、服务业等提供优惠与鼓励政策。

(本文选自2003年咨询报告)

咨询组成员名单

孙鸿烈	中国科学院院士	中国科学院
魏江春	中国科学院院士	中国科学院微生物研究所
宋大祥	中国科学院院士	河北大学

张新时	中国科学院院士	中国科学院植物研究所
潘伯荣	研究员	中国科学院新疆生态与地理研究所
齐　晔	教　授	北京师范大学
康慕谊	教　授	北京师范大学
李少昆	研究员	中国农业科学院作物所
温　瑾	主　编	北京信报(海外版)报社
卢家兴	记　者	科学时报报社
张洪军	博士后	北京师范大学
任　珺	博士后	北京师范大学

新楼兰工程
——塔里木河下游及罗布泊地区生态重建与跨跃式发展设想

张新时 等

塔里木河下游及罗布泊地区不仅是新疆也是亚洲最干旱的地区，该地区蕴藏着丰富的矿产资源，是未来青新铁路的枢纽和联系内地与边疆的战略通道，其大部分地区为冲积平原，地势北高南低，因历史上河床游移摆动频繁，形成宽广的河岸地带，生长着茂密的荒漠河岸植被，被称为“绿色走廊”，可有效防止沙漠合拢、保护国道畅通。

该报告提出了“新楼兰工程”的设想，即以现有若羌、且末两县为基础，规划扩建一个中等规模的新型特色生态旅游中心城市作为塔里木盆地东南一个必要的生态-经济链节，从而形成盆地周边的环状绿洲城市链。

一、“新楼兰工程”的提出

我国最长的内陆河流塔里木河下游以及南疆东部向罗布泊洼地汇聚的数条水系(孔雀河、车尔臣河、瓦石峡河、若羌河、米兰河等)，面积约 40.8×10^4 千米^2，人口约 70 万人。受自然条件和历史因素的影响，这里的人居环境极为严酷，生产力十分低下，生态环境治理与重建任务也最为紧迫和繁重。

历史上，楼兰古国和丝绸之路曾在这里孕育过灿烂的文化。古国的衰败与丝路的废弃在很大程度上是由于生态环境的恶变造成的。然而，这里不仅蕴藏着丰富的矿产资源(钾盐、石棉、玉石、石油与天然气等)和苍茫壮丽的大漠风光，更有厚重的历史文化积淀和发展潜力巨大的特色产业，是祖国边疆不可舍弃的一隅宝地。218 和 315 国道在这里交汇，未来青新铁路的枢纽站亦拟建于此地，从而这里处于联系内地与边疆的第二战略通道的桥头堡位置。塔河下游“绿色走廊”不仅负有防止沙漠合拢、保护国道畅通的生态使命，还肩负着保证边疆稳定、促进民族自治区区域经济文化发展的政治重任。

水是生命之源。精心管理并充分利用好极其有限而宝贵的水资源，是改善恶变生态环境、重塑丝绸之路辉煌的关键。“十五”期间，国家实施西部大开发战略，制定了总额 107 亿元的塔里木河流域生态综合治理规划。此规划以塔里木河流域一系列水利工程建设为主体，作为流域综合治理的工程基础，为解决塔里木河下游的生态困境提供了必要的条件和先期的准备。然而仅依靠目前借自然河道向下游地区大水漫灌的输水方式，不符合生态经济学原则，也难以从根本上改善当地的生态环境。

区域生态环境建设，目标不仅限于往昔生态环境的简单恢复，而更在于寻求区域生态环境与经济社会的全面协调发展，极大地提高当地居民的物质和文化生活水平，从而使该区域步入可持续发展的轨道。只有将现代化的高新科学技术与系统性的生态工程治理措施相结合，建立科学的管理体制，尤其是纳入产业化与市场经济的轨道，才能真正实现该地区的生态重建和社会经济的跨跃式发展。基于此思路，谨提出新楼兰工程——塔里木河下游及罗布泊地区生态重建与跨越式发展设想。

二、生态环境状况

（一）地貌特征

1. 塔里木河下游

塔里木河下游段自卡拉始，至台特马湖口，河道长 428 千米。20 世纪 70 年代初，因农牧业耕垦灌溉，大西海子以下河道断流，台特马湖也因无塔里木河水注入，于 1972 年干涸。目前仅在人工放水的情况下，才有季节性水注入台特马湖。

塔里木河下游区大部分为冲积平原，地势起伏和缓，北高南低，南部的台特马湖地势最低，海拔 810 米。历史上因河床游移摆动频繁，形成宽广的河岸地带。其两侧从沙漠边缘到腹地，由固定、半固定沙丘过渡到流动沙丘，沙丘高度一般 5~15 米。过去沿河流两岸水分条件较好处生长有茂密的荒漠河岸植被，被称为“绿色走廊”，间有绿洲，218 国道库尔勒至若羌段穿行其间。“绿色走廊”的末端台特马湖一带，地貌特征为平缓起伏的盐壳、风蚀地和灌丛沙堆等。由台特马湖盆往东折向东北，地势进一步降低，经喀拉和顺进入罗布泊湖盆，俱已干涸，海拔 780 米，是南疆最低处，其上覆盖着盐壳、沙丘和风蚀形成的奇异雅丹地貌。

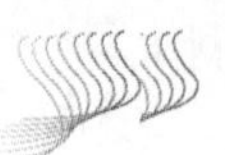

2. 罗布泊

塔里木盆地东端有三个低平的积水洼地，最西南较高的为台特马湖(海拔 810 米)，中间为喀拉和顺(海拔 790 米)，最东北的是罗布泊(海拔 780 米)。这三个湖泊洼地连接起来呈东北西南走向，与阿尔金山走向平行。台特马湖又称卡拉布浪海子，1959 年调查湖水面积为 88 千米^2，平均水深为 30~40 厘米，现已基本干涸，仅夏季洪水发生时局部洼坑偶有积水。喀拉和顺湖早已干涸，但从卫星像片和地形图高程标示上可以恢复湖盆的位置。湖由两个分隔的积水洼地组成，面积约 1100 千米^2，湖底海拔 788 米。1921 年后塔里木河改道经孔雀河由北面注入罗布泊时，喀拉和顺湖水量急剧减少，逐渐变干并失去与罗布泊的联系。罗布泊位于东经 90°10′~90°25′和北纬 39°45′~40°50′之间。当年有水时湖面的海拔为 780 米。其中 780 米等高线以下的面积为 5350 千米^2，湖底海拔 778 米。台特马湖——喀拉和顺——罗布泊之间，均有残遗的干河道连通。可以把台特马湖和喀拉和顺归入广义的罗布泊湖盆。

3. 阿尔金山及昆仑山北麓

原则上说，在南疆源自天山和昆仑山流入塔里木盆地的所有河流都可归为塔里木河水系，构成塔里木河流域，并形成一个封闭的内陆水循环和水平衡的水文区域。塔里木河下游流域的东南侧为阿尔金山及东昆仑山山脉，山体高峻，向北地势逐渐降低，至山麓地带由上至下出现：山前洪积—冲积扇—间有绿洲—冲积平原—风蚀湖积平原。其中后者位于塔克拉玛干沙漠东缘，与台特马湖、喀拉库顺及古罗布泊一带连成一片，很少有植物生长。

（二）气候特征

本区域深处欧亚内陆腹地，远离海洋，南北两侧高山屏蔽，属暖温带大陆性极端干旱荒漠气候。降水稀少，蒸发强烈，曾测到过空气相对湿度为零的记录，是亚洲大陆的干旱核心。年降水量一般 10~50 毫米，蒸发力 2671.4~2902.2 毫米。酷暑寒冬，年平均气温为 10.6~11.5℃，7 月平均气温为 20~30℃，极端最高气温 43.6℃。1 月平均气温为–20~–10℃，极端最低气温–27.5℃。昼夜温差大，年平均日较差 14~16℃，最大日较差在 30℃以上。干旱指数自西北向东南逐渐增大，约为 16~50。年日照时间长达 3000 小时，年平均总辐射量为每平方米 1740 千瓦时，10℃以上积温 4100~4300℃，持续 180~200 天。无霜期 187~214 天。多风沙、浮尘天气、起沙风(大于等于 5 米/秒)年均出现日数 202 天，最大风速 20~24 米/秒，主风向为北东及北东东。

塔河下游流域的气候条件虽恶劣，然而气候资源却很丰富，诸如太阳能、风能和光能等均列同纬度地区前茅，适宜推广使用太阳灶、太阳能热水器、太阳能温室和太阳能光伏电池等；风力资源有 9 个月以上时间可使小风机正常发电。0℃度以上的光合有效辐射一般为每平方米每年 2600~2750 兆焦，加上昼夜温差大，极有利于植物进行光合作用并积累光合产物，因而塔里木河流域下游农牧业生产的光能利用率提高潜力很大。

（三）生态系统

塔里木河流域的大小水系，共同特征是在流出山地之前，一般由地下水向河流补给；而在出山之后，反过来由河流向地下水补给。因有塔里木河及阿尔金山、东昆仑山北坡众多小河流的滋润，在塔里木河下游两岸以及阿尔金山、东昆仑山北麓均形成一些时断时续、宽 1~10 千米的“绿色走廊”(togay)荒漠河岸带与扇缘带以及星罗棋布的绿洲。其上植被覆盖较好，农耕及林果业较繁盛。

1. 天然植被

塔里木河下游河岸带与扇缘带的主体是胡杨林。胡杨(*Populus euphratica*)是典型的潜水旱生植物，具有耐干旱、抗盐碱、抵御风沙等生理和生态特性，因而自古以来胡杨林就是保护和维系绿洲生存的天然屏障。目前塔里木河下游的胡杨林多为成熟林或过熟林，分布在沿河两侧古老冲积平原与扇缘带上。

本区灌丛类型较为多样，以柽柳(*Tamarix* spp.) 灌丛最为普遍。柽柳具有较广的生态适应性，对地下水位的要求较低，耐受干旱的能力很强。并有铃铛刺(*Halimodendron halodendron*)、盐穗木(*Halostachys caspica*)、白刺(*Nitraria roborowskii*)、沙拐枣(*Calligonum* spp.)等。草本及小、半灌木植被的主要种类有芦苇(*Phragmites communis*)、胀果甘草(*Glycyrrhiza inflata*)、花花柴(*Karelinia caspica*)、罗布麻(*Apocynum venetum*)、膜果麻黄(*Ephedra przewalskii*)、骆驼刺(*Alhagi pseudalhagi*)等。当地下水位为 1~2 米时，地表往往伴生一定程度的盐渍化，生长有盐节木(*Halocnemum strobilaceum*)、盐角草(*Salicornia europaea*)等，并构成或密或疏的盐化草甸或盐生荒漠植物群落。本地区 80%以上是大面积无植被的裸露砾石戈壁、流动沙丘、雅丹残丘和湖相冲积平原(盐壳)。

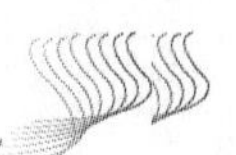

2. 塔里木河下游的“绿色走廊”

塔里木河下游可划分为上、中、下三段。上段植被覆盖度较高，主要为天然胡杨林。随着近年来塔里木河下游水量的不断减少，河道断流，地下水埋深下降较多，因而林木长势差，树高生长几乎停止，粗生长也极缓慢，林木更新不良。中段铁干里克至英苏一带，地下水位大部分为 5~7 米，胡杨林仅有成、过熟林而无幼林，自然更新能力丧失。英苏以下胡杨林中林木存活者不多，即使存活也顶枯、心腐、枝叶稀疏，林下无其他植物。以柽柳、铃铛刺等为主的灌丛植被也多处于枯萎状态。除河道外，以芦苇等植物为主的盐化草甸几乎全部死亡。下段绿色走廊宽度大大收缩。由于河水断流多年，地下水位大都下降到 10 米以下。残败的胡杨林仅延续到考干，其下靠塔里木河东岸的稀疏胡杨林和柽柳灌丛已覆没于流沙之下，至罗布庄已鲜见活植物，仅余一些枯死的灌木残桩和苇根。

3. 动物

塔里木河下游及罗布泊地区有两栖类动物 1 种、爬行类动物 7 种、鸟类 96 种、兽类 23 种。塔里木河中还有一些特产鱼类，如新疆大头鱼等。主要的特有兽鸟有野骆驼、马鹿、野猪、塔里木兔、白尾地鸦等。该区也是国家一类保护动物野骆驼和二类保护动物马鹿的分布中心。塔里木虎已绝迹近百年。

三、工程建设的意义与建设的原则

（一）意　　义

见诸于史书记载，塔里木河下游及罗布泊地区曾经水草丰美，逐水草而居的游牧及渔猎民族在这里创造过灿烂的楼兰文化，而其仰赖的便是以塔里木河水系为主的丰富水资源。塔里木河下游河水已多年断流，造成极为严重的生态后果：河道两侧地下水位大幅下降，植被衰败、土壤沙化、绿色走廊濒于碎裂、生物迁移通道受阻，严重影响到该地区的经济发展与社会进步。借助高新科学技术手段，合理和充分利用这一地区珍贵的水资源，最大限度地恢复自然生态并创造新的人工绿色植被，将为本地区人类生存和区域可持续发展奠定良好的生态环境基础。

该区土地辽阔，光热资源丰富，发展潜力巨大。然而由于对水资源的低效利用，土地和劳动生产率低下，人民生活贫困。新楼兰工程秉承西部大开发的技术创新和体制创新并举精神，力图通过开源与节流措施，极大地提高区域水资源的利用效率，从而恢复与扩展绿色走廊，为区域经济和社会发展提供保障。

该地区是著名的亚洲干旱核心，也是世界的极端干旱区。在本区进行生态重建，切合最近召开的全球可持续发展高峰会议的主题，将使地区经济和社会走向全面提高和可持续的发展道路，并为世界上其他极端干旱区提供发展经验，具有全球性示范意义。

绿色走廊所保护的218国道和未来青新铁路干线，是连接内地与边疆的第二条战略通道，建设新楼兰工程将有助于促进民族交流和整个新疆地区的安定团结。

西域36国曾有过灿烂的文化，丝绸之路是我国古代文明的象征，也是中华民族经济开放和文化包容的见证。在实现中华民族伟大复兴的今天，应以高新科技为先导，重建区域生态环境，促进社会经济可持续发展，再创新的辉煌。在此过程中，整个民族区域的教育水平和文化素质，也将会得到极大提高。

（二）原　　则

新楼兰工程将坚持生态保育优先、注重荒漠化防治与生物多样性恢复重建、强调以节水为核心、生态建设与经济发展相结合的原则。与此同时，工程建设将贯彻高效益——运用和发展资源节约型技术与工艺，提高资源利用效率；高起点——技术上的高投入、高标准，管理体制上的高度规范化与集约化原则。

（三）基础与支撑系统

(1) 建设新楼兰工程的基础是塔里木河流域生态综合治理规划

其首期107亿元的塔里木河流域生态综合治理工程及二期和三期的塔里木河治理工程将为新楼兰工程奠定和创造极为重要的基础和必要的实施条件。

(2) 维系新楼兰工程运行的支撑体系是工矿企业与交通运输体系

以水资源开发、生态重建、特色旅游与新城市建设四个方面为核心结构的新楼兰工程，其维系与发展的经济基础还有赖于具相当规模的工矿企业与交通运输体系作为支撑，以提供充足的运作资金和便利的交通条件。目前该地区已发现的矿产资源有石油、天然气、钾盐、芒硝、蛭石、石棉、玉石、石灰石、金等50余种。尉犁的蛭石储量占全国92.98%；若羌的石棉储量占全国1/3，现年产量达1万吨左右；继博湖县发现石油资源后，若羌境内英南2井获工业油气流，显示良好，具极大的开发潜力；罗布泊地区已探明钾盐工业储量达2.99亿吨，钾盐资源的潜在价值超过5000亿元，现已开采。钾盐工业将成为本地区与石油工业并列的两大支柱产业。除水力发电外，该区的太阳能和风能资源极为丰富，光伏发

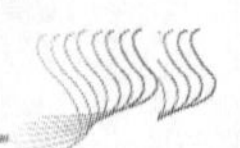

电、风力发电是解决边远农牧区用电的一条理想途径。该地区交通运输发展前景良好，库尔勒已成为南疆铁路客、货(石油)的集散中心；库尔勒、且末机场已开辟了至乌鲁木齐和北京、济南等地的航线；有5条国道通过库尔勒；若羌是通向青海省的218、315战略国道的交汇处，也是“十一五”期间规划建设的青新铁路的枢纽站之一。

四、新楼兰工程结构

新楼兰生态建设工程的主体结构共包括四个部分(图1)。

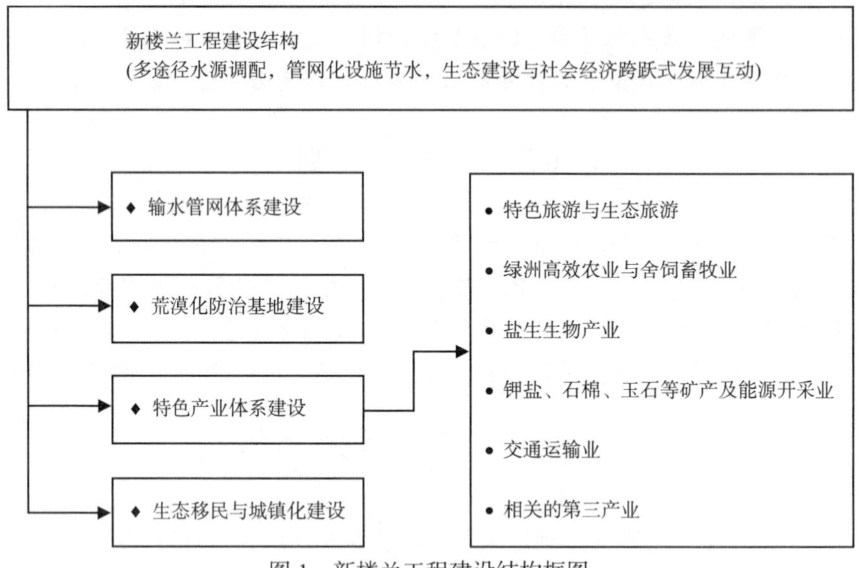

图1　新楼兰工程建设结构框图

（一） 水资源开发与节约利用

1. 多途径解决塔里木河下游水源

利用开都河2000年、2001年连续两年来水量偏丰，博斯腾湖水位持续偏高的有利情况，近两年塔里木河管理局先后四次向塔里木河下游“绿色走廊”进行应急性输水，共向大西海子水库以下输水10亿米^3，使沿河两侧地下水位平均抬升3~5米。最后输水至台特马湖，并形成超过10千米^{2}的临时水面。四次应急输水，为挽救濒临死亡的荒漠植被，治理塔河下游的生态环境起了良好的作用。然而这四次输水，主要依靠开都河丰水期保证。至于塔里木河上、中游通过一系列的节水工程措施，计划向下游输送的3亿米^{3}生态用水，即使至2004年后得到实施，也远不能满足塔里木河下游生态恢复和新楼兰工程建设的需要。因此，必须考虑扩大水源，通过多途径合理调配以及充分而有效地利用水资源，才能保护和挽救塔里木河下游的"绿色走廊"，重建生态和发展经济。

1）车尔臣河流域综合治理。车尔臣河发源于阿尔金山区的吐拉，河流总长728千米，由山区降水、冰雪融化和常年稳定的泉水汇集而成，出山口的年径流量7.84亿米^3，是塔东南地区流程最长、水量最充沛的河流，历史上每年曾有2亿米^{3}的水量注入台特马湖与塔里木河相汇，最后流入罗布泊；但近30年来，仅在冬季和洪水季节，才能流到台特马湖。车尔臣河流域的综合治理，一是在其上游山区大石门建设山区水库，二是进行河道整治。通过上两项工程措施，车尔臣河可以向台特马湖输水1亿~1.5亿米^3。该项水源比其他水源保证系数大，有可能在近期实现。

2）若羌水资源开发利用。全县共有大小河流14条，分属于来自阿尔金山区的罗布泊水系，年总径流量11.76亿米^3。目前已开发利用的河流有若羌河、瓦石峡河和米兰河，年径流量2.57亿米^3，占全县总径流量的21%。近期如能实施引托入若调水工程，即将托格拉萨依河水调入若羌河，再输入台特马湖，即可增加水量1.81亿米^3。最低估算，可向塔里木河下游输水0.5亿~1.0亿米^3。

3）开都—孔雀河流域调水。开都—孔雀(开—孔)河流域是巴州水资源丰富地区，主要河流开都河和孔雀河多年平均径流量为52.46亿米^3，其中孔雀河为11.94亿米^3。开都-孔雀河流域地下水总补给量为19.97亿米^3，其中可开采量为13.14亿米^3/年。最近四次向塔河下游输水，即主要靠开-孔河流域丰水期水源。今后每年可向塔里木河下游输水2亿~3亿米^3。

4）地下水资源利用。罗布洼地是塔里木盆地最低点，最低处高程780米，地表水和地下水皆汇集于此。通过水均衡原理的分析计算，若羌县平原地区地下水总补给资源量为2.2亿米^3/年，全县平原区总的可开采资源量为1.5亿米^3/年。地下水虽一般矿化度较高，为1~5克/升，但可以采取种植盐生植物如盐角草和耐盐牧草的方式加以利用。若能充分利用地下水，可以有保证地增加水量0.5亿~1.0亿米^3/年。通过以上多途径调配水源，除塔里木河每年向下游调配3亿米^{3}生态用水外，还可增加水量4亿~5.5亿米^3，保证新楼兰工程所需的生态和生产用水。

5）罗布泊充水的可能性与必要性探讨。近百余年来，塔里木河尾闾的湖泊群分布于统称罗布泊湖盆的广大古湖盆之上，包括由西南而东北的三个不同时期存在的大湖：台特马湖、卡拉和顺和最低、也是最终归宿的罗布泊，以及西部入口处沿塔里木河终端的一系列串珠状小湖。由于塔里木河下游与孔雀河等其他河流不断大幅度地摆移改道，以及百余年间的气候变化，尤其是降水的丰盈亏缺，这

些远离人烟的大小湖泊发生着很大变化。湖面剧烈伸缩，时而干涸见底，时而波光粼粼，交替发生，给人以强烈的游移不定的感觉。例如，罗布泊面积最大时曾达 12 000 千米^2，后缩小为 5000 千米^2，1900 年前后曾完全干涸，到 1930 年前后又重新充水，但到 1972 年又全然消失。20 世纪末期由于塔里木河上、中游农业用水大增，塔里木河下游断流，台特马湖亦枯竭见底。

就目前情况看，按该区域气候控制下水面蒸发的平均值 100 万米^3/(千米^2 · 年)，即约 1000 毫米/年，以及借自然河道输水的路途损失(蒸发、渗漏)约占总输水量的 60%~65%估算，若输水河道宽 300 米，总长度 200 千米(北线经孔雀河故道库鲁克河)或 400千米(南线经塔里木河下游)，意味着每年用于维持罗布泊 100 千米^2 湖面、1 米深湖水的水量至少应为 5 亿~7 亿米^3！且不说经济上划算与否，仅就水资源量来说，要恢复罗布泊水乡泽国原貌的可能性不大。然而，近年来新疆气候似有向暖湿转变趋势，塔里木河下游因得到博斯腾湖调给的水而得以重新充水并达到台特马湖。如气候暖湿趋势继续保持，则罗布泊充水亦或有望。

据塔里木河现有水资源和综合治理方案，治理后每年下泄 3 亿米^3 的水量维护下游绿色走廊生态环境，虽然水头可望到达台特马湖，但要维持几十平方千米的湖面或湿地，尚有一定难度。如果在整个区域内多途径调配水源，同时建设防渗漏、防蒸发的输水管网系统，从而增加塔里木河下游供水 3 亿~5.5 亿米^3，则台特马湖维持几十平方千米的湖面或湿地是有可能的。台特马湖是广义罗布泊的一部分，因此台特马湖充水也可以说是部分恢复罗布泊水乡泽国的原貌。这对于塔东南地区的生态恢复和生物多样性重建、绿色走廊的维护、防止两大沙漠合拢、保障 218 国道和 315 国道畅通，以及若羌中心城市和今后青新铁路的建设，都将起到重要作用。

2. 现代化管道输水系统

(1) 塔里木河下游水资源利用存在的问题

塔里木河下游自大西海子水库以下 320 千米河道自 20 世纪 70 年代断流以来已经近 30 年，地下水位持续下降，绿色走廊濒临消亡。从 2000 年 5 月中旬开始至 2002 年 11 月下旬，在水利部与新疆维吾尔自治区人民政府的组织下，塔里木河管理局与有关部门成功组织实施了从博斯腾湖扬水站经孔雀河向塔里木河下游应急输水四次共约 10 亿米^3。据初步统计，目前输水过程中经下渗和蒸发损失的水量为 65%~70%。

(2) 国外干旱区的调水-节水技术

目前一些发达国家或较发达国家在水资源利用方面已取得了许多成功经验。

概括起来，主要是三个方面：一是采取积极的措施，通过区域调水解决地区之间水资源分布不均问题；二是运用和开发各种节水技术，充分实施输水管道化和网络化；三是通过科学管理维护水资源的供需平衡。

美国西部干旱缺水地区，通过引科罗拉多河水，满足加利福尼亚州南部地区的用水需求，并普遍推广节水灌溉，使该地区成为美国水果生产的一大主要基地。目前整个灌溉面积中已有一半采用喷灌、滴灌，另一半多数也采用激光平地后的沟灌、涌流灌、畦灌等节水措施。喷灌、滴灌的比重还在不断增加，并且与农作物施肥技术相结合。

以色列是世界上节水灌溉最发达的国家，农业灌溉已经由明渠输水转变为管道输水，由自流灌溉转变为压力灌溉，由粗放的传统灌溉方式转变为现代化的自动控制灌溉方式，由根据灌溉制度灌溉变为按照作物的需水要求适时、适量灌溉，极大地提高水和养料的吸收率、利用率。以色列现已建成多条输水管道系统以及“全国输水管道”，把北部地区相对丰富的水源引到干旱的南部地区。每年从北部的加利利海抽水 30 亿~50 亿米^3，输送到 130 千米以外的以色列中部，再经过两条大致平行的支管将按照国家饮用水标准处理过的水输送到中部地区和南部的沙漠地带。目前以色列节水灌溉面积已经发展到 25 万公顷(约合 375 万亩)，占耕地总面积的 55%左右。

(3) 现代化管道输水系统的建设

根据塔里木河流域下游水资源现状及其利用情况，借鉴国外管道输水经验，拟建立高标准、高效率与高技术的现代化管道输水网络系统：沿南疆塔里木河下游固定河道、绿色走廊和交通线(218 国道和拟建青新铁路)，建设防渗漏、防蒸发、分等级的输水管道系统，管道沿线设置多级阀门、多支管或支渠，形成一个节水管道网络。塔里木河下游引水管道输水线路的起点设在大西海子水库，每年输水量 3.5 亿米^3，终点为台特马湖。此项管道工程估计年可节水近 1.5 亿~2 亿米^3，解决沿途生态用水和生产生活用水。管道工程由大西海子水库—英苏—阿拉干—考干—罗布庄—台特马湖，其空间配置如图 2 所示。输水管线总长 173 千米，埋管深度 1.5~2 米，沿途依据资源状况和长远发展需求，设置加压泵站、多等级阀门控制和适当的小型调节水库。管道采用 PCCP 管，技术参数要求为：高压输水管道(管道压力 = 300~1200 千帕，直径 = 3~4.5 米)；低压输水管道(管道压力 ≤200 千帕，直径 = 1~1.5 米)。采取灵活精确的水资源时空调配和管理，沿途于 5 个基地设置 5 个总控阀门和不同等级的调配阀门，为“绿色走廊”供水，浇灌两旁的林、园、草、田带，从而恢复天然植被，保障国道畅通，阻隔荒漠侵袭与扩展(图 3)。本项工程预计总投资 40 亿~45 亿元。

建成的现代化管道输水网络系统，将发挥其作为新楼兰工程“绿色走廊”主动脉的功能，从而全面实施时空合理配置的定点、定时、定量、定剂量的自动化

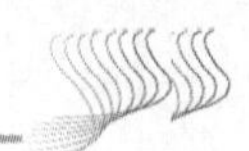

灌溉，实现对水资源的统一调配管理，达到高效节约用水，基本缓解塔里木河下游水资源的供需矛盾，并有助于防止水污染和次生盐渍化。

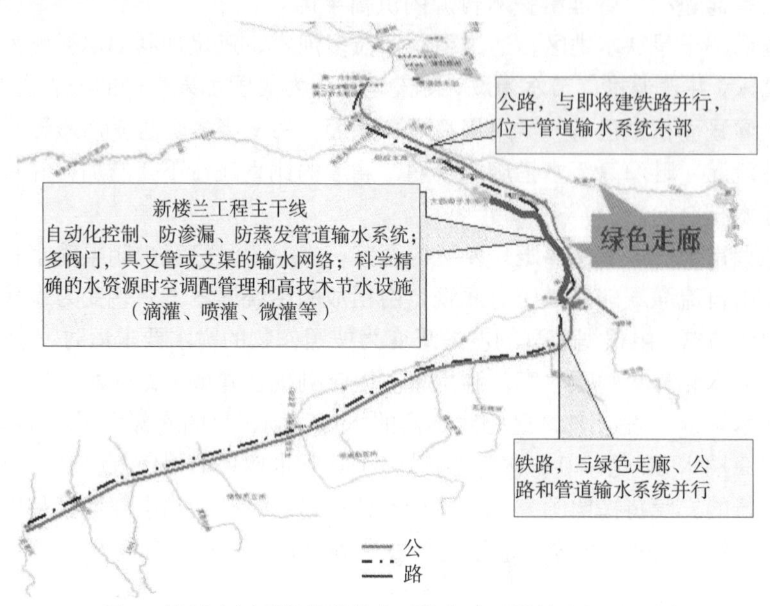

图 2　塔里木河下游管道输水系统与交通设施空间配置图

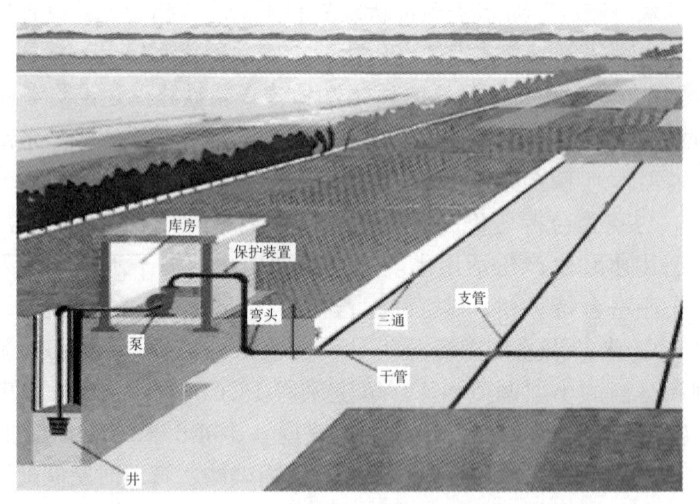

图 3　多阀门防渗漏防蒸发管道输水系统示意图

输水管道的建设是新楼兰工程的关键。无论是地区的生态重建，还是工矿交通与市镇建设，均在很大程度上有赖于稳定、充足的优质水供应来维系与发展。从长远的可持续发展角度来考虑，这一输水管道是必不可少的，而且越早建越好。

以色列的加利利海引水管道已建成近 20 年，发挥了极为重要和显著的成效，带来巨大的收益，其建设成本早已收回，可以借鉴。

（二） 生态建设绿色工程

1. 荒漠化防治与基地建设

(1) 荒漠化危害现状

塔里木河下游由卡拉至台特马湖长约 428 千米，天然植被沿着主河道延伸，总面积约 3750 千米^2。自 20 世纪 70 年代以来，塔里木河下游从大西海子水库以下，累计断流 20 余年，地下水位由 20 世纪 50 年代的 3~5 米降至现在的 10~13 米。天然胡杨林面积由 540 千米^{2}锐减至 164 千米^2，大面积的胡杨林和柽柳灌丛生长势降低甚至枯死，荒漠化土地面积增加了 30.8%。由于荒漠植被盖度下降，生物量很低，多种野生动物的栖息地丧失，生物多样性急剧降低，以天然植被为主体的塔里木河下游生态系统受到严重损害。“绿色走廊”在库姆塔格沙漠和塔克拉玛干沙漠的夹击下，宽度由 20~30 千米减至 7~8 千米，局部地段仅 1~2 千米，致使阿拉干以南的 218 国道遭受严重危害。1982 年阿拉干到罗布庄段流沙危害公路 95 处，1996 年增至 145 处，其中极严重沙害 18 处。

(2) 荒漠天然植被的保护与更新

由于以胡杨林和柽柳灌丛为主体的荒漠河岸植被全面衰败，基本丧失自然更新能力，因此必须采取有效的措施，有选择、有重点地保护和恢复胡杨林等天然植被。应对以下三个重点地段的天然胡杨林进行保护(图 4)：一是纳胜河古河道，东西走向，长 20 千米，宽度平均 2 千米，面积 40 千米^2，位于英苏以北；二是其文阔尔河上游古河道，西北东南走向，长 25 千米，宽度平均 2.5 千米，面积 62.5 千米^2，位于英苏东南地区；三是其文阔尔河下游古河道，南北走向，长 50 千米，宽度平均 2.5 千米，面积 125 千米^2，位于阿拉干以南。合计重点保护胡杨林面积 227.5 千米^2。用水主要靠古河道夏季洪水及设在主输水管道上的生态放水闸口供给，同时分别建立三个天然林保护站，设专门的机构进行管护。

在引进先进的管道输水技术和严格的水资源管理制度的基础上，利用生态闸及节水灌溉技术，集约化地输水拯救天然植被林。输水时机当与胡杨及柽柳种子成熟和萌发期相契合，人工促进荒漠植被的自然繁育，并在适宜地段建立管道输水灌溉支持的成片人工胡杨林和人工草地，作为发展舍饲畜牧业的基地。从而使“绿色走廊”天然与人工植被维持一定的宽度，形成较为稳定的植物群落，防止两大沙漠合拢，保障管道及交通大动脉的长治久安。

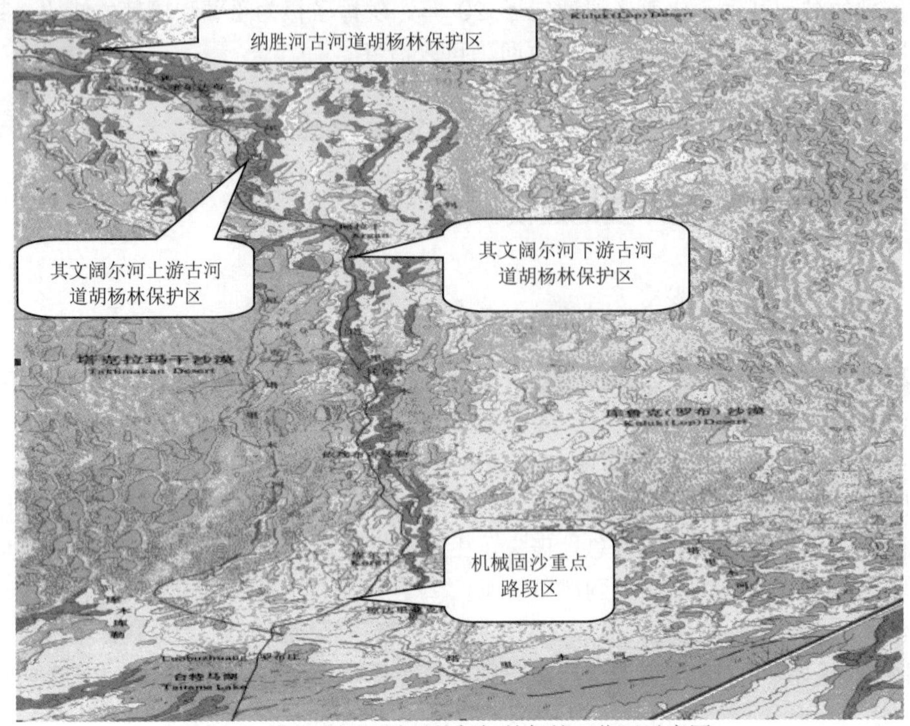

图 4　塔里木河下游天然胡杨林保护区位置示意图

(3) 道路沿线及绿洲防护带的建立

塔里木河下游国道 218 线的阿拉干至库尔干路段，绿色走廊较窄，风沙活动强烈。对局部风沙严重路段采用草方格机械防沙，同时充分发挥并强化胡杨林的防沙作用；库尔干至台特马湖路段，公路偏离河道，沙化风蚀强烈，在近期很难通过植被恢复达到护路目的，应以机械固沙为主。

在绿洲边缘的风沙来源区，根据“因害设防、因地制宜”的原则，对绿洲边缘的天然林草植被划定 1~3 千米的防风固沙带，建立封闭保护区，形成绿洲与沙漠间的第一道屏障。在绿洲与天然植被接触带上，营造乔灌草结合的多树种多功能的防风阻沙林带，林带结构一般选择紧密式结构，配置方法是外缘为灌草带，内缘为多行混交乔林带，带宽一般为 30~50 米，风沙危害严重地区可增宽到 80~100 米。在植物物种选择上应充分考虑其生态效益和潜在的经济效益，例如，红柳，既是优质燃料，又可生产名贵中药肉苁蓉；沙枣是优质饲料，果实还具有特殊营养和药物作用。

(4) 荒漠化治理示范基地建设

在塔里木河下游沿公路及管道大动脉，建立一批不同类型的生态环境治理示范基地和林草良种繁育基地。基地建设与农业产业结构调整、退耕还林还草、特色林果业发展、生态畜牧业以及天然植被封育保护紧密结合。在大西海子水库以下设立5个基地(图5)：一是英苏基地，位于塔里木河下游，距34团35千米，是塔里木河下游生态环境恶化的重点地区，也是新楼兰工程的前沿阵地。二是阿拉干基地，距英苏54千米，是塔里木河和其文阔尔河的汇合处，孔雀河曾经从营盘改道沿艾列克沙河在这里汇合入塔里木河。三是考干基地，距阿拉干55千米，是塔里木河下游的主要沙化区，植被稀少，大都是风蚀地、半固定沙丘和低矮的流动沙丘，河床及沿河两岸沙漠化土地已从最下游河段即台特马湖入湖口向上游方向发展，扩大到英苏一带，218国道的风沙危害路段长180千米，距若羌县仅32千米。四是罗布庄基地，距考干24千米，到处可见流动沙丘入侵218国道，已无人居住。五是台特马湖基地，位于罗布庄以东，是车尔臣河和塔里木河的归宿地，若羌河和瓦什峡河的洪水也可到达。台特马湖面积最大时达到150千米^2，湖水最大容积2亿米^3，1972年完全干涸。因距中心城市若羌较近，在新楼兰工程中，这是需要首先考虑建设的示范基地。这些基地将成为塔里木河下游生态环境综合治理的前沿阵地，也是今后新农牧业绿洲和城镇建设的雏形。

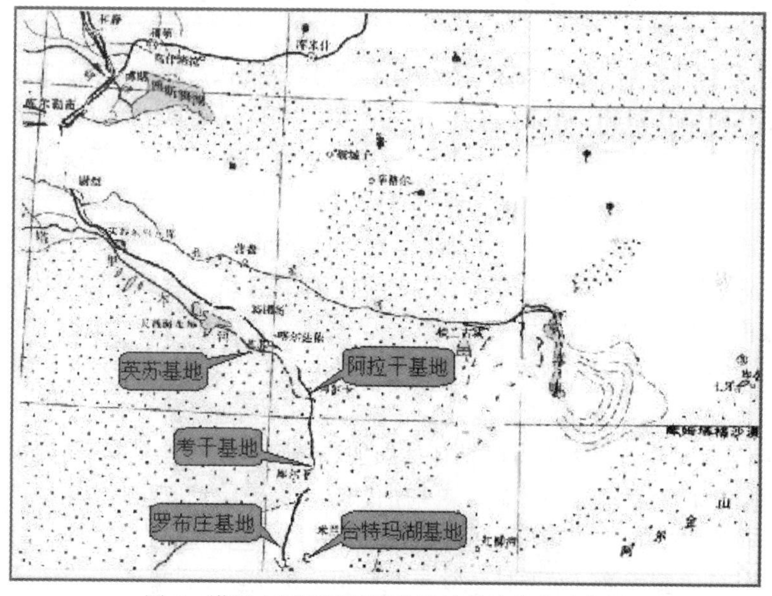

图5　塔里木河下游荒漠化防治基地分布示意图

2. 绿洲农牧业结构调整

1) 塔里木河下游绿洲农牧业存在的主要问题。长期以来，由于人口压力，片面追求粮食产量，盲目毁林(草)开荒扩大耕地面积，绿洲农业产业结构单一，畜

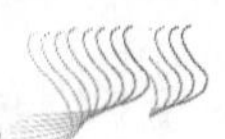

牧业和特色林果业产值占总产值的比重不足30%。畜牧业仍主要沿袭上千年的传统游牧形式，畜种以养羊为主，近年才开始有特色养殖业——马鹿养殖。由于经营方式落后和超载过牧，山区草地和荒漠植被资源破坏极为严重，已威胁到区域系统的生态安全。林果业以农田防护林为主，近年特色果品香梨、大枣有一定种植面积，但林果业与畜牧业始终处于“副业”位置。在种植业中，棉花作为支柱产业，种植面积大，连作时间普遍在10年以上；林果及饲草种植面积不足25%。种植结构单一，造成病虫害频繁发生，绿洲生态系统稳定性差，抵御市场风险能力弱。这一切均严重阻碍着区域的经济与社会可持续发展。

2) 农牧业结构调整的思路。实现大农业的战略转移，大力发展人工饲草基地和特色林果业，为发展现代集约化农区畜牧业，保障区域生态良性循环和经济高效持续发展奠定基础。调整扩大饲草和特色林果业种植面积，建立草、粮、经、瓜果、林五元复合结构。参照国内外成功经验，将塔里木河下游绿洲区粮棉、林(果)、草的用地比例由目前的8∶1.5∶0.5调整到5∶2∶3。通过区域田园林草的科学配置，优化绿洲生态系统，建设优质饲草与畜产品、优质特色果品、优质出口棉生产和产业基地，使之成为“新楼兰工程”经济的主要增长点，促进区域农牧业的可持续发展。

3) 扩大饲草种植，建立饲草生产基地，发展现代化畜牧业。饲、草料生产是畜牧业发展的物质基础，是实现由传统式游牧业向现代式集约畜牧业转变的根本保障。在农区大力发展优质牧草和饲用玉米，建立高产、优质、高效饲草基地和专业化、规模化的生产体系。建立棉-草轮作制度，推行棉花与紫花苜蓿等豆科牧草轮间作制度，以减少病虫害，恢复土壤地力，降低农药化肥施用量，增加牲畜的饲料来源。在绿洲弃耕地和扇缘带，通过种植芨芨草、骆驼刺、草木樨等耐盐植物，改良土壤，发展饲草生产基地，结合利用农作物秸秆，为现代化舍饲畜牧业发展提供充足的饲料。畜牧业产生大量的有机肥，经无公害处理后返回农田，从而形成优化的生态-生产链，促进农田生态系统的良性循环。

4) 稳定粮食生产，大力发展特色林果业和特色经济作物结构调整的思路。适当降低粮食种植面积，通过提高单产增加总产，保障粮食安全。按市场需求调整和优化品种结构，扩大优质专用小麦、玉米品种生产。本区自然资源较为丰富，是驰名中外的香梨之乡，发展特色林果业有极大的优势。香梨作为传统优势产业，应加强生产基地建设，获取规模效益。进一步发展大红枣、甘草、红花、巴旦杏、核桃、葡萄、番茄、西瓜、甜瓜等名、特、优的特色作物。棉花是本区优势支柱产业，应重点在宜棉区发展适应国内外市场需求的特色棉、精品棉。限制风险棉区和低产棉种植，将更多的土地用于发展饲草和特色林果业。在城市郊区和靠塔里木油田居住区，适当增加蔬菜、花卉的生产与种植，满足居民高质量生活需求。

3. 盐生生物产业工程

新疆气候的鲜明特征是缺水、干旱、多风沙，塔里木河下游与罗布泊地区更是干旱核心和水盐聚集中心。

植物资源是人类生存的物质基础。全世界约 5000 种栽培作物中，很少能在矿化度 5 克/升的灌溉水下存活。而本区内，大部分盐渍化表土(0~20 厘米)的含盐量为 1%~3%，地下水矿化度平均 5~10 克/升，如此恶劣的水土条件，难以栽培普通作物产生经济效益。

经此次考察，确认该地区拥有丰富多样的盐生植物资源。该地区盐生植物种类约占我国盐生植物总数的 49%和世界高等盐生植物总数的 8%。由于自然选择的结果，该区集中分布了极端耐盐适盐又耐旱的盐生植物的典型代表，如盐节木(*Halocnemum strobilaceum* (pall.) Bieb)、盐穗木(*Halostachys caspica* (Bieb.)C.A. Mey)、盐爪爪(*Kalidium* spp.)、碱蓬(*Suaeda* spp.)、罗布麻(*Apocynum venetum*)、骆驼刺(*Alhagi maurorum* var. *sparsifolium*)、花花柴(*Karelinia caspica*)、甘草(*Glycyrrhiza* spp.)、柽柳(*Tamarix* spp.)、白刺(*Nitraria* spp.)等。这是我国异常宝贵的种质资源，是不可多得的耐盐、抗旱基因天然种质基因库，并且具有多种经济利用价值。如果利用盐生植物发展相关生物产业工程，将有可能将本地区的资源劣势转化为优势。

尽管在盐生植物资源中，有发展新型作物潜力的种类，但要想成为有世界性竞争力的新型咸水经济作物，除了在高盐度水浇灌下保持高产外，还应适用现行的灌溉和收获制度，保证能够从其产品中赢利。此外，此作物还须满足一般性标准，如化学成分、消化率、适口性、利用方式、出现率和丰富度等，这些目标的实现无疑需要生物工程高技术的投入。

由于世界性的淡水缺乏，联合国教科文组织在 20 世纪 50 年代就提出了耐盐植物的研究开发方向。许多国家都在关注盐生植物的开发利用和尝试利用咸水的农业革命，并在耐盐植物资源调查、驯化、生物工程育种以及产品加工利用等方面进行全面研究。一些国家在技术上已取得了重大进展，例如，美国科学家用了 30 年时间，研究开发出最具潜力成为新型油料作物的海篷子(*Salicornia bigelovii* Torr.)，并已在多个国家进行了实验性种植和开发。

本次考察发现，区内分布着大量植物性状非常接近海篷子的本土盐生植物盐角草(*Salicornia europaea* L.)纯种群。研究表明，盐角草耐受的咸水矿化度可达 70~80 克/升(2 倍于海水盐度)，具备作为油料、蔬菜、秸秆、饲料作物的潜力。其种子产量可达 1~2 吨/公顷(黄豆为 3 吨/公顷)，含油量约 30%，其中不饱和脂肪酸含量占总脂肪酸的 70%~75%，可与橄榄油相媲美；氨基酸含量也很丰富，

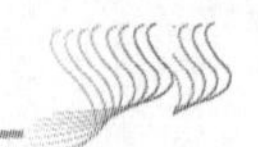

籽粕中蛋白含量达 30%，但含盐量低于 3%；枝叶可作饲料，秸秆可用于制造防白蚁的板材；同时，其肉质化的幼茎是一种优良蔬菜，与之类似的海篷子幼茎蔬菜在欧洲和英国市场上售价高达 15 美元/千克以上。我国目前已开展了盐角草的开发利用研究。我国已具备从盐角草种子中提取食用油的成熟技术；盐角草的人工驯化种植和作为蔬菜的应用已在江苏取得成功；有关盐角草人工栽培驯化的国家技术发明专利正在申报；盐角草幼茎蔬菜的市场开发已经开始，同时运用分子生物学手段获得了多个耐盐基因并在基因库注册；但尚未开展盐角草的系统生物产业工程开发。

考察区内还广泛分布着具有本区代表意义的盐生药用植物罗布麻及其近缘种大叶白麻(*Poacynum hendersonii*)和白麻(*P. pictum*)等。在生物产业链中，越是下游的元素，其附加值越高。药品处于生物产业链十分下游的位置，从药用植物中提取有效药用成分制药，是另一类获取高附加值的盐生植物生物产业工程。

盐生植物有聚盐能力和脱盐的作用，初步计算盐生植物积盐效率是干重的 8%。如果按盐碱地年产 20 吨/公顷干重生物量计算，那么相当于盐碱地年聚盐 1.6 吨/公顷，或说其脱盐能力为每年 1.6 吨/公顷。因此，在盐碱土上种植具有经济价值的盐生植物，不仅不会使生态环境进一步恶化，反而能起到为盐碱地脱盐的作用，为推进该地区农业结构调整、改善生态环境、促进可持续发展和利用、创造新产值提供良好的基础，并为南疆乃至西北的开发带来新的特色和经济增长点。

为了有效地发挥本地区丰富的盐生植物资源优势，我们提出以下具体建议：

第一，建立盐生植物园和活基因库，形成新疆盐生旱生植物就地集中保护基地，为基础理论和应用研究提供资源，地点可设在台特马湖区。

第二，对已有较好技术基础，并可能带来高附加值的盐生经济植物，如盐角草作为高档特种绿色蔬菜与优质油料作物，进行生物产业工程示范。

第三，利用本区盐生植物耐盐兼耐旱的特点，加紧克隆具有我国自主知识产权的抗旱、抗盐基因，用于对当前栽培作物的耐盐和抗旱性状的生物工程技术改造。

21 世纪淡水对于人类的意义，将同 20 世纪石油对于人类的意义一样重要。当我们把目光投向海洋，开辟海水作为农业新水源的同时，也应当注视到内陆的咸水资源。发展盐生植物的生物产业工程，正是利用新水源、发展新产业的关键，也是一项关系人类未来命运的具有深远意义的计划。

（三） 特色旅游与生态旅游

悠久的历史、丰富的古迹、独特的景观、殊异的环境、别具特色的民族文化和风土人情，为发展特色旅游和生态旅游业，使其成为这一地区的支柱产业之一，提供了优越的条件。仅近期就有望较大规模开发的五大旅游资源有：

1）古丝绸之路南路与中路历史文化遗迹游(敦煌—楼兰—米兰—鄯善古城)。

2）“生命禁区”穿越探险游(罗布泊雅丹地貌、沙丘、盐壳；全球第二大流动沙漠——塔克拉玛干沙漠景观及世界上最长的沙漠公路)。

3）古老丰美的荒漠绿洲游(内陆河流宽广的摆动河床、游移的塔里木河，“生死三千年”、壮观与苍凉相交织的胡杨林奇观)。

4）穆斯林民俗文化和村寨风情游（罗布村寨、罗布人与特色瓜果采摘品尝)。

5）中国最大的自然保护区——阿尔金山自然保护区观光游(野骆驼、牦牛、野驴、藏羚羊)以及登山极限运动(东昆仑山险峰—木孜塔格峰)。

（四）生态移民与城镇化建设——新楼兰市

1. 生态移民

1）山区牧民结束贫苦游牧生活，下迁退牧还草。位于南部阿尔金山及昆仑山区北坡高山牧区，生态条件严酷，环境容量不足，牧民生活极为贫苦。又因过度放牧造成植被破坏，山区涵养蓄水和调节能力减弱，水土流失加剧，形成贫穷与环境破坏的恶性循环。通过将南部山区的贫困牧民安置到绿洲城镇附近农区，改放牧为发展农区高效舍饲畜牧业，不仅可减缓山区生态压力，使植被得到休养生息，也会促进牧民生产水平的提高和生活状况的改善。

2）绿洲边缘地区与塔里木河沿岸的退耕恢复生态。绿洲边缘带的生态环境相对脆弱。近年因人口增加，在绿洲边缘及塔里木河两岸出现了无节制的耕垦活动，造成水资源的极大浪费，加剧了土壤盐渍化，从而对绿洲生态环境造成难以逆转的破坏，威胁到绿洲核心区的生态安全。为保证绿洲的正常生产和生活，必须对其与大漠接壤的生态脆弱区以及河流两岸进行有效的保护。因此，将在绿洲边缘区与塔里木河沿岸进行耕垦的贫困农业人口集中到城市或乡镇，发展高效农业与农区畜牧业，是提高其生活质量，减少资源浪费的重要措施。

3）农村产业结构调整，人口向城镇转移。通过农村产业结构的优化调整，将会产生一部分多余的农业人口，这些人可以转移到交通便利的大城镇或其附近，在那里发展农副产品加工、农机修造、良种优畜繁育、农牧科技推广、物资运输供应、兽医等产业和其他服务类第三产业。

2. 城镇化建设——新楼兰市

生态移民的实施，与地区的城市化发展和城镇建设紧密联系。两者相辅相成，

并共同对塔里木河下游及罗布泊地区的社会经济与文化发展、生态环境恢复与保护产生深远影响。

经过长期的自然演化与社会经济发展，塔里木盆地四周形成了围绕塔克拉玛干沙漠的环状绿洲城市链。其中中等规模的城市(人口大于 20 万人)有 4 个：库尔勒、阿克苏、喀什与和田(图 6)，它们之间的距离依次分别为 521 千米、459 千米和 505 千米。然而库尔勒向南再向西经 218—315 国道到和田的路程却远达 1404 千米，若从沙漠公路穿行也要 1087 千米，其间缺少一个中等规模的城市作为必要的连接。因此建议：以现有若羌、且末两县为基础，在塔里木盆地东南角，将若羌县城规划扩建为一个中等规模的新型特色生态旅游中心城市——“楼兰市”。它将作为塔里木盆地东南一个必要的生态-经济连接，从而形成盆地周边的环状绿洲城市链，进一步促进新疆与内地的交流和沟通，成为区域经济发展的一个中心集散地和交通枢纽。与此同时，它还可以发挥集聚边远居民，稳定边疆社会，提高人民文化生活水平，减缓山区和绿洲边缘的生态压力，促进民族团结，利于国家投资和自然资源的统一调配、管理和利用的作用。建设该城市的依据如下。

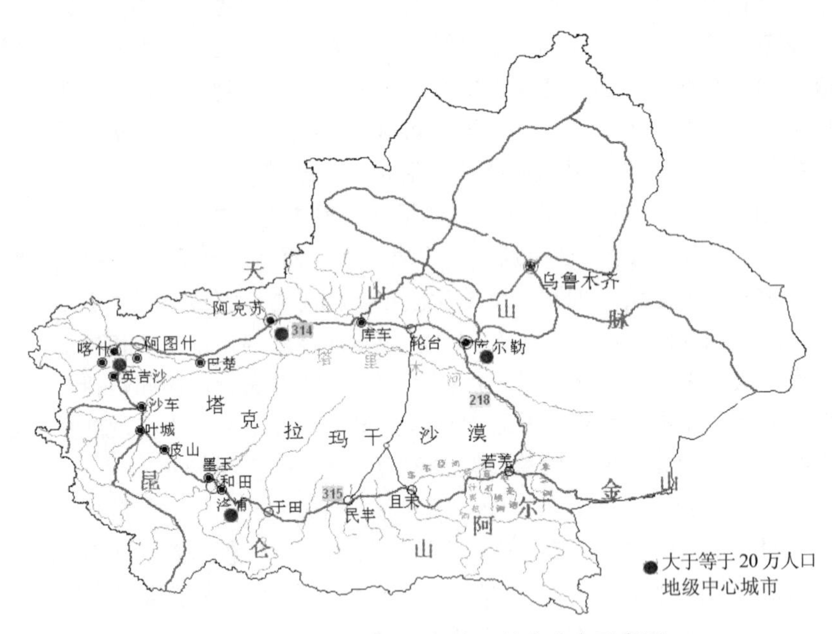

图 6 塔里木盆地周边地级中心城市分布示意图

(1) 必要性

生态上，本地区曾经生态环境良好，孕育出楼兰古文明。目前河流断流，湖泊干涸，风沙四起，绿色走廊濒于断裂，影响当地人民生活与社会经济发展，威胁国道畅通，妨碍西部开发进程，生态环境亟待重建。

经济上，塔里木盆地东南角古为丝绸之路要冲，处在 218 国道与 315 国道的交汇点上，目前是南疆地区连接新疆、青海、甘肃等省(自治区)的重要交通枢纽。独特的自然条件使这一地区具有丰富的矿产和农业光热资源，但目前经济规模很小，发展缓慢，与东部地区差距较大。一个新“楼兰市”的崛起当能对该区经济发展起到龙头作用，促进国家西部开发战略目标在该区的早日实现。政治、军事、社会、文化上，有利于加强内地与边疆的联系，改善周边农、牧民生活，提高教育水平和居民文化素质，增强民族团结，促进民族自治区域发展。

(2) 可能性

水资源保障：若羌和且末两县从东到西有米兰河、若羌河、瓦石峡河、塔什赛依河和车尔臣河等 10 余条河流汇入盆地，水资源较丰富。仅前 4 条河，多年平均水资源量就有 4.97 亿米^3，若羌县可开采地下水 1.5 亿米^3，车尔臣河年水资源量为 7.84 亿米^3。国际公认人均水资源下限 1000 米^3/年，我国人均水资源 2220米^3/年，北京市人均水资源为 300~400 米^3/年。按最保守的方法计算，若羌县城附近 4 条河相加可开采地下水就有 5.5 亿米^3，按人均 2220 米^3/年计算，可养活近 25 万人。车尔臣河的水资源可养活 30 万人，因而水资源完全能够满足。

辽阔的土地：单若羌县土地面积就有 20 万千米^2，相当于江苏、浙江两省之和，为城市建设提供了广袤的土地基础。

政策的支持与保障：国家现阶段大力提倡发展和建设中、小城镇，这一指导方针为农村地区的城市化发展指明了方向，也为这里的城市化提供了良好的氛围。

难得的历史机遇：西部大开发战略的实施，可以为规划和建设该城市提供必要的优惠政策乃至资金方面的支持。

资金筹措：因是在原若羌县城基础上扩建，故除基础设施(如水利工程、国道翻新整修和青新铁路)建设外，不需要其他太多国家投资。建设资金来源可从三个方面筹措：地方政府征收资源开采利用补偿税（钾盐、石棉、石油、天然气等)；特色产业如旅游业及林果业发展的收入；吸引国内外资本投资。

(3) 初步方案

城市名称：楼兰市。

地理位置：现若羌县城及其附近。

该新建城市将辖现有若羌和且末两县疆域，包括楼兰古城、米兰古城、丝绸之路等重要文化遗址以及罗布泊、卡拉和顺、台特马湖、塔里木河下游等生态要地。

产业结构将以特色农业为基础，以文化旅游及相关服务行业等第三产业为龙头，辅以矿业开发、果品加工、特色畜牧养殖、极端环境下的生物资源开发利用等第一、第二产业发展。

城市规模：新楼兰市的人口规模可根据情况而定，近期以 6 万~8 万人为宜

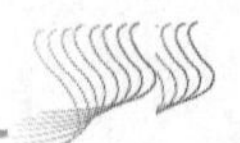

(1993 年国务院批准人口密度小于每平方千米 100 人的地区，设市标准为非农户人口达 6 万即可)，远期可达 10 万~12 万人。

(4) 生态工程建设的支撑体系——工矿企业与交通运输

以上述四个方面为核心内容的新楼兰工程，其建设还有赖于具相当规模的工矿企业与交通运输体系作为支撑，以提供充足的建设资金和便利的交通条件背景。

五、管理及运作体系

鉴于“新楼兰工程”涉及巴州四县一市和兵团农二师六个团场，利益主体多元化，水资源多元化，以水为中心的生态与经济矛盾突出，资源利用过程中市场调节机制尚未建立起来，加之该工程实现跨越式发展的特殊性，为此，需在以下几个方面加强管理或创新。

1) 进行新楼兰工程的规划设计和前期研究：在自治区领导下编制“新楼兰工程”的总体规划方案和分项规划方案，组织实施“新楼兰工程”的前期研究。

2) 建立完善的水资源管理和调配机制：①强化并扩大塔里木河管理局的管理地位：打破水资源发生和利用过程中的多元主体边界，确保该地区各族人民“公共利益”的持续存在和发展。②建立合理的分水方案和调配机制：根据工程建设规划和生态经济发展的需要，编制相对稳定的水量分配方案，由上级和地方政府监督执行或用法律的形式固定下来，确保用水的严格性和公平性。实施严格的取水许可和水质监管制度，将取水许可证发放与水质检验报告挂钩，保证水在利用中平衡、在使用中提高质量。③建立水市场调节和生态补偿机制：用水可逐步引入市场调节机制，通过水资源的有偿使用提高其空间配置的经济高效性，使稀缺资源在保障生存的前提下，向高效产业、高效区域流动，实现管理促进发展的目的，保证高效率的生态用水。

3) 加强法规建设，依法进行管理：制定工程建设和管理的有关规章制度；修订完善《塔里木河流域水资源管理条例》，制定有关配套规章；强化水行政执法工作和水政监察队伍建设。

4) 加强工程的普及、教育、培训，加速人才培养：广泛宣传实施“新楼兰工程”的重要意义及其同塔里木河综合治理的关系；开办各式实验示范培训班，为未来工程顺利开展进行干部储备和经验积累。培育民众的资源观和生态观，提高自然资源的保护与效率意识。积极开展水法律法规与生态法制的宣传教育工作，培育关心自然、爱惜自然和保护自然的良好社会道德风尚。

5) 大力提高工程建设中的科学技术含量：积极引进先进科技成果，加强科学技术研究与推广，力争在生态重建和跨越式发展的各个环节上提高应用技术和管理技术的科技含量，促进科学技术的进步，实现该地区水资源保护与合理利用以及区域资源、经济与社会的可持续协调发展。

(本文选自 2003 年咨询报告)

咨询组成员名单

张新时	中国科学院院士	中国科学院植物研究所/北京师范大学
夏训诚	研究员	中国科学院新疆生态与地理研究所
傅春利	副院长	中国科学院新疆分院
王富葆	教　授	南京大学
慈龙骏	研究员	中国林业科学研究院
潘伯荣	研究员	中国科学院新疆生态与地理研究所
潘晓玲	教　授	新疆大学
李银心	研究员	中国科学院植物研究所
刘宝元	教　授	北京师范大学
康慕谊	教　授	北京师范大学
齐　晔	教　授	北京师范大学
谢正辉	研究员	中国科学院大气物理研究所
李少昆	研究员	中国农业科学院作物科学研究所
陈亚宁	研究员	中国科学院新疆生态与地理研究所
张洪军	博士后	北京师范大学
任　珺	博士后	北京师范大学
卢家兴	记　者	《科学时报》报社
李　锋	编　导	中国中央电视台
葛　松	记　者	中国中央电视台

关于加强公共卫生体系建设及应对突发事件的建议

曾 毅 等

当前，我国和其他国家一样，正面临着来自生物因素、有毒化学物质、核辐射等多形式、多波次突发事件的潜在威胁。一些突发事件引发的灾难可迅速传入境内，或越出国界，殃及全球。本报告在充分调研并掌握了大量资料的基础上，针对暴露出来的问题，从认识、投入、科技、人才、评估、行政和法规等方面入手进行深层次剖析，系统研究和深入探讨了我国公共卫生建设的对策。报告认为，“预防为主”方针的贯彻应落实在具体和行之有效的行动中；应对突发事件的决策应源自科学，应加强科技储备和科普宣传；公共卫生体系建设是一项社会系统工程，需要政府、社会、团体和民众的广泛参与；公共卫生体系建设是一长期、渐进、不断完善和积累的过程，应在长期规划的框架内，有计划分阶段实施。报告重点提出了健全和完善应对体系及其功能、加强科学技术研究和加速人才培养等具体的意见和建议。

突发性公共卫生事件(以下简称突发事件)是不可避免的，在古今中外乃至未来都概莫能外。SARS(严重急性呼吸综合征)的爆发流行，则是无数次生物性灾难中最新的一次。历史上的全球鼠疫、流感大流行曾导致数千万甚至上亿人感染或死亡。有毒化学物质和核辐射这类非生物因素，一旦出现大范围严重污染，同样可使波及区域遭受灭顶之灾。20 世纪 90 年代的印度博帕尔由于毒气严重泄露和前苏联(现乌克兰)切尔诺贝利由于核电站爆炸所引发的超级灾难，就是两起造成生灵涂炭、田园荒芜情景的人间悲剧，至今仍令世人记忆犹新(详见附件 1和附件 2)。如今，此番历史悲剧不一定会重现，但突发事件对人类健康和生命安全构成的威胁，对经济、社会、心理的严重冲击仍不可低估。

我国和一些发达国家一样，正面临着来自生物因素、有毒化学物质、核辐射的多形式和多波次的突发事件的潜在威胁，绝非危言耸听。防控任务十分艰巨复杂。仅疾病而言就承受双重负担，虽然一些传染病已被控制或消除，但在过去 30 年中，世界上发现的 40 多种新的病原微生物(大多是病毒)都是对人类潜在的威胁。

一些新发生的传染病、如 SARS、艾滋病、军团病等，已在我国出现，国外新出现的埃博拉病毒感染、疯牛病(人为克–雅氏病)、西尼罗病毒感染等，对我国造成的威胁亦不容忽视。特别是在广大边远、农村地区，一些原已被控制的传染病，如结核、麻疹、鼠疫、性病等又死灰复燃。同时，随着社会经济发展，肿瘤、心脑血管病等慢性非传染性疾病的发病率和死亡率也在不断上升。

此外，由于化学物质大量生产和广泛使用，环境中化学性污染日趋严重。建立在人口稠密地区的核电站，其安全并非万无一失。战争、自然灾害、恐怖活动，以及因人为的疏忽而引发的突发事件接连不断，各国政府和人民措手不及，防不胜防。

在我国众多的城市中，随着经济发展、人口高度聚集、人员交往频繁、易感人群增多，发生突发事件的突然性增大，危害性增强，成为突发事件的高危地区。同时一部分农村仍然比较贫困，农民没有基本医疗保障，缺乏基本的疾病防治知识和手段，是一未设防的地区，一旦爆发疫情，极有可能酿成一场大灾难。

突发事件诡异莫测。人类能够做到的最有效的办法，就是在灾难来临之前，构筑一道坚固的公共卫生防御屏障，建立起健全、快速的应急反应体系，预防和减少疾病的发生和流行。一旦出现危机，就能迅速做出反应，使损失降到最低。即使遇到病因不明的重大疫情，一时又缺乏高技术支撑手段，仍可按照流行病学原理，确定并隔离传染源，切断传播途径。依托这一体系，就能有效控制传染病流行，尽快起到稳定社会的作用。

健全、优质、高效的公共卫生体系是应对突发事件的基础。公共卫生的建设是一项社会系统工程，需要政府、社会、团体和民众广泛参与，共同努力。同时，当应对体系一旦获得高科技的支撑，并由高素质人才驾驭，其防控灾难或危机处理的能力则如虎添翼。

发达国家为更好的应对突发事件，在策略和措施方面不断进行调整和完善。在策略上，将社会安全(包含人的健康和生命安全)纳入与国防安全、经济安全等量齐观的现代大安全观之列，在政府官员和公众中培育忧患意识，立足预防的思想；在措施上，十分重视公共卫生的建设，坚持以公共卫生应对体系(以下简称应对体系)为主轴，历经数年、甚至几十年，逐步建立起从决策指挥机构、信息传递和预警体系、医疗救护体系、药品器械和物资储备体系以及法律法规和标准体系，乃至危机后的保险事宜等的整套应急机构，而且每经历一次危机，及时总结经验教训，调整和完善防范能力。具有常备不懈、应急高效、善用民众力量的特点。其中美国的经验最具有代表性。美国在“9·11”事件和炭疽杆菌恐怖活动之后，立即又加强了病毒体系和能力的建设，在防治 SARS 方面取得了举世公认的成绩，其经验值得借鉴(详见附件 3)。

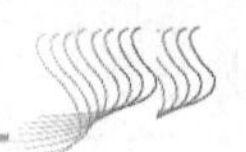

一、问题与教训

2002 年 11 月中旬至 2003 年 6 月，尚未被人类所认知的 SARS 的爆发流行，给我国带来了突如其来的灾难，期间暴露出了我国在应对突发事件方面机制不健全、能力不足以及策略失误等问题。

（一） 机制不健全

突发事件所造成的直接后果主要体现在对公众健康的影响上。卫生行政主管部门应承担预防与救治责任。但同时公共卫生事件不只是公共卫生问题，也是综合性社会问题，需要各个部门各尽其职，协同势力。

长期以来，“大卫生”观念只是停留在口头上。我国的公共卫生工作实际上几乎仅由卫生行政主管部门一家承包，政府的作用、各部门的职能以及如何协调并不清楚，甚至处于无序状态。我国医疗预防体系中医防分家、条块分割、部门封锁，使得医疗预防资源、信息不能整合。以北京市为例，在北京市的各区驻有许多中央或市一级的医疗机构，并不由所在区管辖，平时的疫情或突发事件的信息，不能及时反馈到区里，区里也无法利用其资源。

我国原有的医疗卫生保健网络遍布全国，直至农村，在卫生监督、疾病防治、免疫接种中发挥了巨大的作用，为实现“大灾之后无大疫”作出了重要贡献。我国曾被国际上视为在公共卫生方面最成功的国家之一。然而，在实行市场经济的过程中，我国的疾病预防和控制服务的公益特性却逐渐削弱，政府市场化和“营利性”的政策导向更使国家的疾病预防体系软弱无力，农村疾病预防体系的“网底”近乎崩溃。这不能不说是个沉痛的教训。

（二） 从封锁信息到反应过度

由权威的卫生机构及时发布准确、明晰的相关信息，对于指导公众应对疫情、稳定人心至关重要。长期以来，我国视疫情为机密，不允许对外公布。即使允许对外公布的疫情也是经过“技术”处理后的数字(通过行政干预，使公布的数字较真实情况大大缩水)。因此，基层医疗卫生部门不能及时获得准确信息，遇有疫情不知如何处理，应急处理机制和措施不能及时启动，延误了时机。北京市的 SARS 爆发流行可以充分说明这一点。北京市这次 SARS 爆发、流行的最大问题就是在流行开始时，有关部门根据上级指示，对公众封锁消息，隐瞒疫情，致使医务人员不能得到及时、准确的相关知识，不能及时进行有效的防护，与病人接触的人也不能及时隔离、检疫。公众得不到相关信息，造成人心不稳，得到的教训十分深刻。

突发性疫情发生时，阻止疫情蔓延最有效的方法就是对被感染者的隔离以及对可能感染人群的监控和医学观察，而采取这些措施时，往往会在一定程度上造成社会的恐慌，并使社会对一部分成员产生不必要的恐惧甚至歧视。在这种情况下，公众应有知情权，需要有关当局出面，通过立法、行政命令、媒介宣传等方式约束和教育公众，减少这种现象的发生。当 SARS 流行蔓延时，卫生行政部门又反应过度，以致采取“不管是否需要，到处进行预防性消毒”这类过分的措施。另外，出现疫情时，卫生机构还应注意向社会公众提供通俗易懂、有权威性的信息与建议，使老百姓能够很容易知道当前疾病流行的诊断和治疗、传染的控制、检疫、病情通报、患者的运送、旅行等相关的信息；当某一疫情发展到比较严重时，可以宣布某一地区为疫区，依法进行管理。

（三）对“预防为主”方针认识不足

“预防为主”是我国从多年工作中总结出来的成功经验，也是我国卫生工作的基本原则。但实际工作中，却是名存实不至的。集中表现在对预防的经费投入、人员培训，以及技术、房屋、设备、装备等关注不够。“预防为主”说起来重要，做起来次要，忙起来不要。突发性事件在很多情况下具有不可预见性，但又不是完全不可预防的。如果全社会的公共卫生意识能得到极大的提高，将公共卫生当成自己的自觉行动，始终如一地遵循“预防为主”、常备不懈的方针，一旦发生突发事件，也能迅速启动应急处理机制，使疫情得到及时控制。苏联的莫斯科 1960 年天花爆发即是一例。苏联早在 1936 年就终止了天花的传播，但在世界上还未消灭天花的情况下，忽视了种牛痘的工作，公众对天花的免疫力降低。因此，当苏联一画家 1960 年从印度访问归来，将天花重新输入莫斯科，引起天花爆发、流行。但由于莫斯科当局迅速启动全民应急接种牛痘，很快控制了疫情的蔓延(详见附件 1)。这是一起深受专家们称道的、控制疫病爆发流行的杰出范例。

（四）预警、预报能力薄弱

早在 1980 年我国即开始实施以被动监测为主的基本疾病监测，如传染病监测、部分医院门诊的流感哨点监测、部分重点人群的艾滋病哨点监测，但缺少主动检测和突发事件后的跟踪监测，因此，也就无法对各类可能发生的突发事件情况进行分析、预测，并有针对性地制定应急处理预案，采取相应的预防措施，防范突发事件的发生。为防范可能发生的突发事件，西方发达国家进行日常性的监

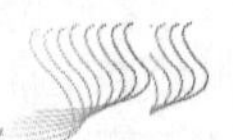

测，甚至在商场及超市内都建立了“症状监测”，以利于及时发现事件产生的苗头及其发展趋势，为及时采取行动赢得时机。当突发事件发生时能及时启动预案，实施应对措施，减少突发事件造成的危害，并对突发事件进行跟踪监测，掌握其变化情况，对可能出现的问题和趋势及时发布预警。因此，监测与预警关系到突发事件应急处理的成败。

（五）应急准备不充分

突发事件应急预案是经过一定程序制定的处置突发事件的事先方案(预案)，是建立统一、高效、权威的突发事件应急处理体系的基础。由于认识上的差距，加上投入的不足，我国以往对突发事件的应急处理仅限于纸上的预案，缺乏思想上、技术上、物质上的准备，以及储备物资的妥善管理，也未经演练式的检验。因此，一旦发生突发事件，就措手不及。例如，北京市一些医院在发生 SARS 的院内感染时，连急需的手套、口罩、防护服都供应不上，也采购不到，致使医务人员得不到充分的保护，造成院内感染的蔓延。

（六）卫生资源贫乏、公共卫生投入不足

我国的卫生资源缺乏由来已久，据卫生部“中国卫生统计提要”公布的数字表明，1990~1998 年我国医疗卫生费用占 GDP 的 4.8%，而美国医疗卫生费用占 GDP 的 13.9%。据 WHO 2000 年的报告，我国政府的人均卫生投入在全球 191 个国家中，名列倒数第四位，仅高于罗马尼亚、埃及、尼日利亚，2001 年上升至第 131 位。1991~1998 年我国卫生经费占中央财政支出的 2.1%，而美国占 20.5%，法国占 21.7%，这还未考虑我国与发达国家之间的 GDP 基数的差异。2000 年我国政府预算卫生支出中，公共卫生服务经费不足 500 亿元，按 13 亿人口计算，平均每人每年仅约 38 元，其中政府投入只占约 15%，其他为社会支出和居民个人支出。1995年，全国疾病预防控制机构的支出中，财政拨款占75.2%，2002年下降到 41.7%。投入不足还表现在公共卫生投入结构的不合理。严格讲，公共卫生应该吃“国家饭”，但政府财政保证不了卫生防疫系统(负责主要的公共卫生工作)的“吃饭”问题。在发达地区，国家的拨款只够发放防疫部门离退休人员的工资。在贫困地区，公务员的工资都不能按时发放，可以想象防疫部门的工资会处于何种境地。因此，卫生防疫部门只能自筹资金，依靠有偿服务创收来弥补经费的不足，导致工作重点转向创收服务，从而影响了卫生防疫系统处理重大疫情和突发事件时的应变能力。

（七）缺少训练有素的公共卫生专业技术队伍和科技储备

由于公共卫生工作不受重视、人员待遇低、人才流失严重，现在岗的公共卫生人员，特别是基层的疾病预防控制中心的人员数量少、素质偏低。我国公共卫生研究力量分散，发挥专家作用不够。一些医务人员的传染病防治知识缺乏，感染防护意识不强，甚至不能有效地保护自己，缺乏应对突发应急事件的准备。这次 SARS 流行中，许多综合医院非传染科的医护人员调去 SARS 病房或发热门诊工作，他们连如何正确穿、脱隔离服都不知道，造成自身及他人的感染。

据卫生部“中国卫生统计提要”公布数字，2001 年全国有卫生技术人员约 450 万人。其中防疫技术人员仅 22 万多人，占 4.9%。多数防疫技术人员的知识老化，得不到更新，特别是在边远、贫困地区。虽然全国各地不断举办各级、各类学习班，但由于受训人员基础差，培训效果欠佳。

由于国家投入少，防疫部门设备普遍陈旧，疫情控制手段落后且运行困难等问题，技术和设备均不能满足现代传染病防治的需要。

（八）传染病防治工作被忽视

在文明发展史中，人类同病原微生物的斗争从未停止过，今后也不会停止。经过几十年的努力，我国传染病防治工作取得了举世瞩目的成绩，无论城市或农村，传染病已经排在前十位死因之外。但是传染病仍在局部、小规模的流行，特别在边远、贫困地区，从来就没有终止过。而且，曾经消灭或控制的传染病又卷土重来，还不断出现新的传染病。加上生物技术、基因工程、动物饲养业发展可能带来的负面影响，抗菌药物的滥用导致病原产生耐药性，给传染病的防治工作又带来一系列的挑战。虽然心脑血管疾病、糖尿病、恶性肿瘤等慢性病成为当前我国人群的主要死因，但不可忽略的是我国正面临传染病与慢性病的双重负担。在大城市，由于传染病的减少，医务人员对传染病、感染的概念和认识淡漠，加上耐药菌增加，因此，稍不注意，极易造成院内感染发生。SARS 流行再次告诉我们，传染病并没有被控制，新的传染病随时都可能袭击人类，只有保持高度的警惕，才能有效应对。

综合医院，特别是医学院校的附属医院，由于技术、人才和设备等优势，吸引大量各地患者就医。这些医院处在与传染病斗争的最前沿。因此，也就成为输入传染病的门户，对阻断传染病流行具有关键作用。传染病患者发病后往往首先到综合医院就诊，急性传染病具有发病急、病情进展迅速等特点，这就要求接诊医生不仅能够在第一时间做出诊断，而且能够提供切实有效的治疗，方能降低病

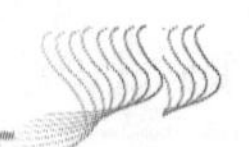

死率和减少续发病例。如未能及时诊断，就失去了控制传染源的最佳时机。在传染病防治中，医护人员的自我保护意识对保持战斗力、减少传播具有重要作用。如果医护人员缺乏传染病防治意识，缺乏传染病消毒、隔离知识，在应对突发性传染病流行时就会力不从心，医院甚至会成为传染病传播的疫源地，造成医护人员、病人之间的交叉感染。

（九）传染病流行初期形势判断错误

流行初期卫生行政部门和专业技术机构对形势判断错误，失去了控制传染病流行的最佳时机

控制传染病的蔓延如同救火，需要正确判断“火”情，采用正确的“灭火”措施。行动越快则代价越低，受到的损失也越小。尽管对SARS这样的新出现的传染病人们认识不够，但是应该说我国对传染病爆发、流行的控制是有丰富经验的，关键是一个“早”字。2003年1月下旬至2月中旬，卫生部和国家疾病预防控制中心曾三次到广东省调查，对SARS疫情似乎很重视。但是，由于没有从流行病学的基本原理考虑问题，没能充分发挥各方面专家的作用，缺乏科学的态度和实事求是的精神，业务指导乏力，形成“外松内也松”的局面，以至于没有及时采取有效措施，失去了控制传染病流行的最佳时机。设想如果当时业务技术人员能够提出正确的分析意见和应对方案，行政官员能够做出正确的决策，以后的情况就可能完全不同了。专业技术工作的失误影响了正确决策，而少数人的判断错误和失职可能造成巨大的损失，这一教训应该吸取。

任何突发事件对人类都是一次沉重的打击，但也给人类留下了宝贵的经验和教训，让人们去反思，启发人类科学地规范自己的行为、探索奥秘、攻克难题、创造美好的明天。如今的一些经验教训也许是当年的克隆，说明人类反思和改正得不够，还需继续努力。也有一些至今在我国尚未发生过的灾难，其经验和教训亦需牢记和借鉴，做到防患于未然。

二、健全和完善应对体系及其功能

（一）应对体系建设的指导思想

突发事件是一种小几率、高危害事件，既有传播的全球性又有事件的地方化的特点；既有事件发生的不可确定性又有事件先兆的可监测性的特点；既有对生命健康直接危害又有对人群心理震荡和对社会负面冲击的特点。因此，应对体系建设的重点应该放在以下六个方面。

1) 中国应对体系的建设必须符合本国国情，使其成为实现我国经济和社会同步发展的一个重要部分。该体系的建立应保证我们能够充分地调动、利用和整合各种社会资源来沉着应对突发事件。提高全民的公共卫生意识和健康危机意识，做到战时和平时相结合，常备不懈。突发事件全球化的特点，决定了体系的建立既要立足国内，又要放眼世界，注意借鉴国外公共卫生应对体系的理论和实践。

2) 应对体系的首要目标是预防突发事件的发生，将99.99%的潜在突发事件消灭在萌芽之中。当突发事件出现时，应对体系应具有足够的应对能力，迅速控制局面，将负面影响减少到最低限度。

3) 应对体系建设成功与否取决于我们能否建立一支精干的公共卫生专业队伍，能否动员全社会的力量[各省(自治区、直辖市)采用属地化管理]来支持和维护体系，能否体现高科技信息化，能否具有自我评价不断完善的可持续性功能。

4) 应对体系能否做到敏感有效，信息是关键。突发事件的早期发现、早期控制、应急和善后工作都离不开信息的指引。要强调平时注重信息网络的建设和完善，在信息交流、分析、反馈和共享上下工夫；要做到警钟长鸣和心中有数，就必须要有及时的传染病报告及灵敏与多症状监测、预警系统；要做到防治的有机结合，临床和预防信息沟通、交流系统是不可缺少的。在具有鲜明信息特征的今天，只有手中有信息才能做到心中不慌，沉着应战。临床和预防医学专家信息库和生物、化学、核方面的信息库将为应对突发事件提供强大的信息武器保证。同时通过一定的机制，把各类监测数据整合成有用信息，捕捉突发事件发生的苗头，做到有备不患。

5) 应对体系的建设和完善是一个长期的系统工程，不可能一蹴而就。应该依靠科学，以人为本，在系统评价现有公共卫生系统的基础上根据公共卫生应对需要来建设。要强调应对体系的可持续性和自我完善功能。在资源分配上，应对体系的建设、维护和完善应具有同等重要的地位。

6) 应对体系建设的重点是预防和应对。预防第一，做好充分准备应对突发事件。这个体系应该包括：训练有素的公共卫生队伍，十分有效的项目和政策评价机制，强大的流行病调查和卫生事件监测能力，应对突发公共卫生事件的能力，快速有效的公共卫生实验室和安全可靠的公共卫生信息系统。

（二）应对体系的组成

我国应对体系由六个子系统组成，各子系统具有独特的应对功能，相辅相成，缺一不可。由以下六个子系统有机整合而形成的应对体系旨在达到应对突发事件的最优效益。

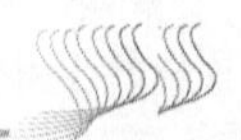

1）突发事件应急指挥中心，即处理突发事件的最高权威和指挥决策机构，包括领导决策系统、指挥协调系统、监控督查系统、执行运作系统。

2）公共卫生信息系统，即应对突发事件信息的关键机构，包括传染病报告和监测系统，症状监测预警系统，临床和预防信息沟通、交流系统，临床和预防医学专家信息库，生物、化学、核威胁信息库。

3）疾病预防控制系统，即应对体系中起基础性作用的控防机构，包括疾病预防控制组织、现场流行病学队伍、现场实验室快速诊断系统、预防医学人才培训基地、卫生监督执法队伍、危机沟通和公共关系专业队伍、健康教育专业队伍。

4）医疗救治网，是应对突发事件的主力机构，包括医院外医疗急救中心、医疗救治网络(传染病和非传染病)、中毒救治中心。

5）医药器械设备应急用品储备系统，为应对体系提供了雄厚的物质基础，可免除后顾之忧。

6）突发事件危机监测和评价系统：为监测危机处理过程中出现的各种问题，及时提供反馈，保证了体系的高效率。同时，也对危机处理的策略和措施进行客观的评价，为体系的完善和可持续性做好机制方面的准备。

（三）应对体系建设的策略

1）意识观念更新。公共卫生应该是一项长期的任务。提高公共卫生意识，提高应急意识，做到战时与平时相结合，常备不懈。

2）健全法律法规。在建立应对体系的同时，逐步完善相关法律、法规的建设，用以协调在应急状态下各部门间、机构间、个人间的关系。

3）体系的应对分级。突发事件有性质、范围、危害程度的不同，应制定出分级标准，针对不同级别的事件，采取不同的应对策略与措施。

4）系统的可操作性研究。从远处着眼、近处着手，立足于现有体系的提高与完善，重点是系统的可操作性，通过不断试运行与演习，对其进行检验。

5）大众教育。实施各种防控措施的基础，是公共卫生事件最终能否有效预防与控制的关键。包括中小学生的公共卫生应急教育与社区居民应急知识，技能培训等。还应通过与媒体密切沟通和互动，向公众普及科学知识。

6）建立独立评估体系。客观、公正、科学的外部评估是建设高质量应对体系的保证，可以根本纠正“运动员”、“裁判员”、“教练员”于一身的弊病。

三、加强科学技术研究

有效应对突发事件必须建立在依靠科学技术、全面加强公共卫生工作的基础上，科学技术研究工作的水平与效率直接关系到应对突发事件工作的成效。

（一） 公共卫生科学技术研究的主要问题

当前我国公共卫生科学技术研究中，既存在卫生资源贫乏、投入不足、投入结构不合理等问题，又存在有限资源未得到充分有效的利用和科研力量分散等问题；训练有素的专业技术人才和科技储备数量明显不足。此外，由于基础医学研究薄弱，公共卫生科技研究的导向不能随潜在危害抢先一步做出调整，制约或延缓了应对突发事件时科技能力的发挥。

（二） 卫生科技工作的指导方针和原则

树立公共卫生战略储备意识，加大科技投入；注意有所为，有所不为，总体跟进，重点突破；预防为主，防治结合，中西医结合；城乡结合，面向农村，面向中西部地区；卫生科技与经济、社会发展紧密结合；技术引进与自主创新相结合；正确处理基础研究、应用研究和开发研究三者的关系；强化科技成果转化和适宜技术推广；扩大对外开放，增进科技交流与合作。

（三） 主要研究内容

1. 突发事件发生规律的研究

尽管发生突然，难以预测，但是与其他事物一样，突发事件有其一定的发生规律，因此要防患于未然，必须加强其发生规律的基础研究。

重大传染病指有可能造成爆发流行，给人民健康和社会经济造成严重危害的传染病，包括：一些法定急性传染病，如鼠疫、霍乱、流行性出血热、流行性感冒、登革热等；新发传染病，如艾滋病、克-雅氏病、SARS、肠出血性大肠杆菌O157：H7 感染等；重要寄生虫病的急性感染和原因不明的急性传染病。

研究内容包括病原体的特性、致病力、变异规律、传播途径、流行因素、传染源、人群易感性和免疫等。

1）我国一些重点地区虫媒病毒的研究(特别是中西部地区)。

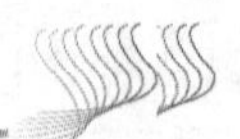

2) 我国重要医学媒介生物的研究。

3) 食源性疾病、水源性疾病和食物中毒的研究。

4) 职业中毒、突发性环境污染和化学物中毒的研究。

5) 突发性灾害(水灾、地震、核事故等)引发公共卫生危害的研究。

2. 突发事件监测和预警的研究

监测和预警的研究，目的在于见微而知著，对突发事件早期发现，早期确定，以便早期处理，防止事态扩大，把事件控制在萌芽之中。

1) 重大传染病监测的研究，包括疫情报告、疾病监测、症状监测(如发热、腹泻等)、外环境监测(如重要水体、传播媒介、宿主动物等)。

2) 传染病的预测、预警与早期诊断、快速诊断的新技术、新方法的研究，包括病原微生物的分子分析、分型研究，特别是非培养性病原菌的检测方法、未知病原体快速筛查综合技术平台、新发传染病流行预警指标的研究等。

3) 我国化学品使用现状调查、危害与潜在危害的评估。

4) 国际有害化学品危害跟踪技术和方法的研究。

5) 职业危害监测和食物化学污染物监测技术的研究。

6) 常见毒物现场快速测定方法的研究。

7) 可作为生物战剂的微生物和化学物的快速检出和特征识别方法的研究。

8) 突发性环境污染事故、核污染事故预警体系和监测方法的研究。

3. 突发事件预防与控制的战略、策略和技术措施的研究

突发事件应对战略与措施是否及时、得当，直接决定着应对的成败和造成损失的大小，因此必须加强研究应对的战略、措施、技术和方法。

1) 各类突发事件分级标准和处理预案的研究。

2) 重大传染病预防和控制措施的研究，包括经常性预防措施的研究、疫情控制措施的研究等。

3) 重大传染病治疗技术与方法的研究。

4) 重大传染病预防和治疗性疫苗的研究。

5) 重大传染病防治药物的研究。

6) 免疫预防控制疾病(天花、麻疹、脊髓灰白质炎等)潜在威胁应对措施的研究。

7) 核电站事故的防范、控制及应急体系与预案的研究。

8) 重点毒物中毒应急处理方案和方法的研究。

9) 毒物扩散的现场控制和无害化消解技术与方法的研究。

10) 重点毒物的特效解毒药物和救治方法的研究。
11) 防护装备和消毒试剂的研制。
12) 医院内感染的预防技术与方法的研究。

4. 突发事件方面的软课题研究

为保证公共卫生建设的成功与不断完善,保证国家投入和各项措施真正落实,真正取得实效，必须开展有关软课题的研究与评估，必须努力做到独立、客观、公正、科学。

1) 国内外一些重要的突发事件应对的经验与教训。
2) 突发事件应对机制的研究。
3) 公共卫生资源合理配置的研究。
4) 突发事件应对体系评估标准的研究。
5) 突发事件应对策略的卫生经济学研究。
6) 应对突发事件的相关法律、法规和政策的研究。
7) 突发疫情危害的评估。
8) 毒物危害的评估。
9) 各项应对措施的效果评估以及成本–效益的分析。
10) 有害化学物的评估方法。
11) 突发事件对经济影响的评估。
12) 重大工程对环境影响的医学评估。
13) 有关科普与健康教育的研究。

5. 构建有关科技的基础工作平台

1) 突发事件信息网络的建立与健全，包括健康电子信息网络，也可尽量利用地理信息系统、遥感、全球定位系统等信息技术网络。

2) 构建危害认定实验室网络，对国家和地方的现有相关实验室(包括公共卫生、生物医学、物理学、化学、环境科学等)，进行适当调整和加强，以形成各有分工、优势互补、可以紧急启用应对突发事件的实验室网络。

3) 构建相关的数据库和标本库，包括疫情统计、中毒统计、有关学科专家的数据库等。对于如医学菌种库、毒种库、血清库、媒介生物标本库、基因库等数据库和标本库，要求能资源共享和方便使用。

四、加速人才培养

公共卫生人才是建立和运行应对体系的关键，大到法律、法规、政策、措施的制定，小到具体的预防控制措施的执行，都需要公共卫生人才。数量合理、训练有素的公共卫生专业人员，是制定有效预防控制对策的基础，也是执行措施的保证。

（一）人才培养中的主要问题

1. 专业技术人员数量不足、质量不高、结构及分布不合理

以上海市为例，市级疾控中心的高、中和初级职称虽然分别达到18.5%、36.1%和45.4%，但高级职称人员年龄总体偏大；中级职称人员学历总体偏低；后勤人员比例偏高。区级疾控中心的高、中和初级职称分别为6.1%、30.0%和60.8%，高级职称所占比例明显低于10%~15%的国家要求；而初级职称所占比例又明显高于35%~45%的国家要求。

再以北京市为例，现有458个医疗机构，8.3万名医护人员，疾病预防和控制机构仅有21个，卫生防疫人员1800人，医疗机构的数量是预防机构的22倍，医护人员的数量是卫生防疫人员的46倍，北京市居民拥有医护人员的比例是0.63%，而拥有卫生防疫人员的数量仅为0.014%。城八区公共卫生专业技术人员中具有大专以上学历的只占15%~25%；远郊区、县只占15%左右。人口在百万以上的朝阳区和海淀区的疾病预防控制中心的有关传染病控制科室的专业技术人员均不足10人。在北京市防控SARS工作中组建的2500名流行病学调查队伍中，真正具有传染病防治和流行病调查技能和经验的专业技术人员不足20%，而且学历、职称偏低，水平不足。在市和区、县卫生行政部门中从事公共卫生管理的人员不足10%，部分区县卫生局仅有一两名负责疾病控制工作的管理人员。

2. 人力资源没有得到充分合理利用

与疾病预防控制相关的专业人员不仅仅局限于疾病预防控制中心，还广泛分布于大专院校、科研院所、军队、行业及其他企事业单位，包括基础医学、流行病、传染病、卫生统计、消毒、医院内感染、卫生防护及各类相关的政治、经济、管理、法律、伦理、心理、社会学等各类专家。他们在疾病预防、控制、科研活动及各类相关功能的发挥中起到重要的作用。但从本次SARS流行过程中公共卫生人力资源的动员、组织与功能发挥来看，没有达到最佳的组合，也没有充分发

挥其作用。

3. 专业人才培养存在弊端

主要表现在生源起点和学生质量相对较低，招生规模偏小；公共卫生教育与临床医学分离，人文社科知识缺乏；教学内容陈旧，知识老化，教学手段落后，造成培养出来的学生缺乏处理大规模传染病流行的基本知识和能力，不能满足应对突发、复杂公共卫生事件以及国际接轨的需要。

由上可见，公共卫生人力开发需在现有卫生人力的充分利用上，对各类专业人员的知识、技能的提高和态度的改进及专业人才培养三个方面，由卫生、人事、劳动、教育、财政等相关政府部门密切配合，共同完成。同时积极引进国外有关人才培养和管理的理论和实践，加快与国际接轨的步伐。

（二）主要措施

1) 建立专家数据库及不同层级和地区的专业人才库，再通过合理的组合形成各类专家组，在相应人才管理体制调配下，方便专家及时就位，参加本地区公共卫生活动，履行职责；借助培训、操练、演习与会议，使专家明白自己的职责要求，适应和胜任本职工作。

2) 充分合理利用现有人力资源，制定出严格的岗位职责要求和准入标准，只有合格的专业人员才能在相应的工作岗位上工作。对在职人员进行培训，更新知识、提高技能；对未达到专业技术岗位要求的人员，可分流或再培训；对位居重要岗位的部门负责人(即各类重要公共卫生活动的组织者)，要特别强调团队协作精神和谦虚谨慎的作风，同时必须进行岗前培训和业务考核，合格后，方可聘用。

3) 推进人力资源开发，将人力规划、人力培训和人力的使用与管理视为一体，根据机构功能的需要确定卫生人力(数量、质量、专业结构等)的发展目标，制定本地区公共卫生人力发展的长期规划与年度培训计划，通过历年的实施和调整，最终使机构的人力数量、质量和结构分布达到合理。人力资源开发的重点应是造就一批既精通业务，又擅长管理的复合型人才和学科带头人。

4) 加强专业机构的建设，改善专业人员的生活待遇和工作条件，并给予培训和深造的机会。落实人才使用和管理的激励机制，使不需要的人出得去，需要的人留得住、引得进。明确专业机构的法定管理地位和职责，避免和政府相关部门的职责交叉及人为干扰，提高执法力度和工作效率。

5) 加强培训基地和公共卫生学校建设，增加经费投入，提高师资水平，改革教学内容，改进教学手段，使培训和教学的内容符合公共卫生实际工作的需要。

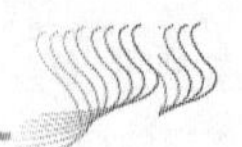

五、重要认识与当务之急

我国政府和公众面对突如其来的SARS疫情，以高昂代价换来了宝贵经验教训，也引发了一系列的深刻思考。要使这些经验教训真正转化为应对突发事件的智慧和动力，关键是首先对那些曾经为党和政府所坚持，实践认为行之有效的方针、政策和观念，全党全民要视为法宝，真心实意、不遗余力、不折不扣地贯彻执行，落实始终。

为防控未来的突发事件，公共卫生体系建设已列入政府议事日程。公共卫生体系建设是一项长期、渐进、不断完善和积累的过程。即使在美国，经过几十年的努力，尚无终结之说。相反，在“9·11”和炭疽杆菌恐怖事件之后，仍在加强和完善。

因此，我国公共卫生建设任重道远，应在一个不断修改的长期规划的框架内，依据国情、任务、财力和当前紧迫需要，区别轻重缓急，有计划地分阶段实施。

（一）重要认识

1) 应对各种形式的突发事件是一永恒的主题，是确保国家安全和社会稳定的大计，政府和公众都要有长远的忧患意识，保持高度警戒，切忌侥幸心理。

2) 贯彻“预防为主”的方针是应对突发事件的最有效、最经济的根本之道，预防远胜过治理，预防最能体现一本万利。“预防为主”应成为政府和公众的座右铭，实实在在的行动。“预防为主”不应当成为人们的口头禅，更不应当成为官员显示政绩和保住乌纱帽的护身符。

3) 应对突发事件的决策应源自科学，出自民主；团结各方面人才，善于听取不同意见；源于实践，并经实践所检验。

4) 公众既是突发事件中受保护的主体，又是防控危机和灾难的主力军。对公众开展科普教育，可起到四两拨千斤之功效。科普应当作头等大事，坚持不懈抓下去，绝不是可有可无、可抓可放、可长可短的。

5) 公共卫生战线应坚持德才兼备及人才使用和管理的激励机制，好的机制可以弥补个人水平的不足；要造就一大批既精通业务，又擅长管理的复合型人才和学科带头人。对身居领导岗位的同志更要体现贤则留，庸则去，不能因为安抚一人，而贻误大事，影响大局。公共卫生与应急处理需要实践和经验的积累，绝对不能认为“一走上领导岗位似乎就成了什么都懂的专家了”。

6) 提倡道实情，讲真话，在疫情报告和信息传递上更应如此，坚决杜绝说假话。科学的东西来不得半点虚假，否则，必定是搬起石头砸自己的脚，贻害国家。

（二）当务之急

1) 突发事件应急指挥中心和智囊团的组建和启动。

2) 专家数据库和不同层级人才库的建立和运转。

3) 突发事件实行属地管理和分级负责相关文件和措施的落实及演练。

4)《突发公共卫生事件应急条例》实施细则及各类应对体系预案的制定。

5) 疫情信息收集和传递网络的建设和运转。

6) 公众科普教育，专业机构和社区人员相关知识和技能的培训，各级行政主管领导的业务培训和考核。

7) 应对突发事件科技规划的制定和急需项目(如 SARS 的监测和预警)的落实。优先考虑与战略发展和规划等有关的课题研究。

8) 相关物资、设备、用品的储备。

9) 建立独立评估机制，对国家投入、机构设置、仪器设备购置、应急预案及相关指导文件等，进行独立、公正、客观地评估等。

突发事件已成为人类社会发展进程中挥之不去的阴影，应对突发事件是事关国家安全和社会稳定的头等大事。构筑起健全、高效、强有力的公共卫生体系这一坚固的防御屏障，是应对突发事件根本之道。公共卫生建设是一项长远艰巨的任务，同时又需要从现在起，对随时发生的突发事件具备迅雷不及掩耳的抗击能力。当前，我们必须从目前和长远两个方面考虑问题，并力争取得成功。一方面，要认真总结经验教训，坚定信心，立足于防，积极筹划，精心制定以健全应对体系、发展科技和加速人才培养为主要内容的长远规划，脚踏实地、一步一步地去实施。另一方面，还要高度警惕和密切关注当前 SARS 可能的侵扰，采取切实、果断、有效措施，确保能进行快速有力的反击。

附件 1　历史上重大公共卫生突发事件

生物因子、化学毒物和放射性对人类健康安全造成威胁的事件层出不穷，古今中外，乃至未来概莫能外。这里仅列举了具有代表性的一部分事件，目的在于唤起人们的忧患意识，确立人类与疾病作斗争是一永恒的思想，提高警惕，未雨绸缪，预防为主。我国是发展中的大国，又处于社会经济结构的调整期，面临危机和险境绝不比其他国家小，更不可掉以轻心。

1) 6 世纪，鼠疫首先在地中海地区爆发，后蔓延至许多国家，持续了 50 年，死亡人口达 1 亿人。

2) 14 世纪，鼠疫在欧洲再次流行，后又延及亚非，持续了 15 年，死亡约 4000

万人。

3) 18 世纪末至 19 世纪，鼠疫第三次大流行，殃及 32 个国家，1920 年仅在我国东北，三个月中死亡 8 万多人。至今，鼠疫仍分布在我国从东北到西南的 10 个省。

4) 16 世纪、17 世纪，天花在世界各地流行，到 20 世纪消灭天花为止，共死亡 3 亿多人。1763 年北京天花大流行，儿童死亡数以万计。中国顺治皇帝、日本天皇和缅甸皇帝均亦未幸免。

5) 1853 年，英国三个城市死于霍乱人数高达 10 675 人；1854 年，伦敦的一条街两周内死亡 500 多人。

6) 1918~1919 年，流感在全世界流行，患者达 5 亿人，死亡 2000 万人，中国亦被累及。

7) 1957 年，流感始于我国贵州省，继之在全国流行，并波及全球。

8) 1968 年，流感在香港流行，持续了 50 多天，使约 50 人发病后波及 55 个国家。1968 年以来，美国每年平均约有 2 万人死于流感。我国曾因流感造成交通中断、工厂停工、学校停课，医院患者骤增。

9) 1997 年，香港发生禽流感流行，虽只有 18 个病例，但却因此宰杀了 100 多万只鸡。

10) 2001 年，禽流感在香港再次流行，又宰杀几万只鸡。

11) 1956~1972 年，我国出现三次“乙型脑炎”大流行，后两次发病人数分别高达 15 万人和 17 万人。

12) 1981 年，出现艾滋病，仅近 10 年来，全世界艾滋病发病和艾滋病病毒(HIV)感染的人数为 4000 万人，死亡 250 万人。在我国感染者已达 100 万人。

13) 1986 年起，疯牛病在英国爆发流行，后蔓延到欧洲其他国家乃至亚洲的日本，人体一旦感染，死亡率几乎为100%。英国因宰杀“疯牛”和贸易受损累计损失达 300 多亿美元。

14) 1988 年春，上海发生甲型肝炎爆发流行，31 万余人罹患，31 人直接死于该病。

15) 1996 年，由大肠杆菌 O157：H7 引发的食物中毒肆虐日本，万人被感染，4000 余人发病，12 人死亡。后在欧洲诸国、美国和我国多次发生流行，仅 1999 年夏季，在我国局部地区感染人数超过 2 万人。

16) 1960~2000 年，全世界已发生过的有据可查的生物恐怖袭击有 120 多起。

17) 自 1957 年起，先后在英国、美国和苏联发生三起核电站放射性物质泄漏事故。其中最严重的为苏联的切尔诺贝利核电站一反应堆起火爆炸，厂房被毁，31 人当场死亡，有 8000 人死于核辐射，150 万人生活在放射物质影响的地区，10 多万人被迫搬迁。放射性物质污染了欧洲的大片地区，使污染地区的癌症发病率增加。事故的发生使苏联损失 160 亿卢布，粮食减产 2000 万吨。50 年内，核电站周围千万公顷沃土将一片荒芜。

18）1984 年，印度博帕尔市一化工厂 45 吨异氰酸甲酯泄漏后形成的毒气团掠过 25 平方英里[①]的市区，导致 20 万居民中毒，2 万多人当即死亡，5 万人失明，多位孕妇流产或死产，数千头牲畜被毒死。

19）1991 年 9 月，在江西省贵溪县沙溪镇，因意外事故，2.4 吨液态甲胺在 10 多分钟内从槽车内全部泄漏殆尽，当场 8 人死亡，总死亡 39 人，650 多人中毒，受毒气影响人数计达 995 人，受害面积 22.96 万千米^2，经济损失 200 多万元。

附件 2　超级灾难的惊世录

本文列举了发生在苏联切尔诺贝利核泄漏和印度博帕尔的毒气泄漏两起超级灾难和在莫斯科险些发生的准超级灾难，以及发生在我国的两起重大公共卫生突发事件的经过、起因和启示。涉及核、化学物质和生物因子三类有害因素，颇具有代表性，并引出了一个极严峻的现实和话题，核和有毒化学物的严重泄漏对受灾地区的生灵和资源简直是毁灭性的打击。中国会不会出现？明智的对策是：忧患、警惕、预防、应对。

（一）切尔诺贝利核电站大爆炸引起的核泄漏

1. 事件经过梗概

苏联的切尔诺贝利核电站位于前乌克兰首府基辅市北郊 130 千米处，它生产的电力是大多数东欧国家的重要电力供应来源。然而，由于设备陈旧，其反应堆几乎没有什么有效安全防护设施。1986 年 4 月 26 日凌晨 1 时，由于工作人员违章操作，第四号发电机组的反应堆失控并发生爆炸。2000℃的高温和高达 1 万伦琴/小时的放射剂量吞噬了现场的一切，继而在风的作用下放射性泄漏影响到整个北欧地区。

国际原子能机构称，这是迄今世界上最严重的一次核事故。事发后，核电站周围的十几万居民全部撤离。

事故的发生使苏联损失 160 亿卢布，粮食产量减少 2000 万吨。50 年内，核电站周围千万顷沃土一片荒芜。更严重的还是对人体的危害，苏联明斯克肿瘤医院院长阿列吉尼科娃 1990 年说，白俄罗斯有 150 万人生活在受放射性物质影响

① 1 英里=1.609 千米

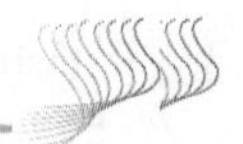

的地区。1992 年 6 月基辅公布的数字承认，已有数千名乌克兰人死于核辐射。国际原子能机构专家称，要消除事故造成的污染，至少需 100 年。

2. 启示

核技术无疑是人类应用科学技术的巨大进步，但它也是一把双刃剑，在带来巨大财富的同时，其危险性也超乎寻常。如果说，在民用方面，灾难还是可以避免的话，当核技术被用作为武器时，人类就已走到悬崖。1945~1977 年，美国曾进行了 600 次核试验，近 50 万名军人受到辐射，许多地方生态平衡遭到毁灭性的破坏。

作为不可逆转的灾难，核污染关乎人类的命运。因此，如何安全使用核技术，是摆在人类面前的一个至关重要的问题。而想以核武器称霸的国家，它最终毁灭的不仅是对手，还有他们自己。

（二） 印度博帕尔毒气严重泄漏事件

1. 事件经过梗概

1984 年 12 月 3 日，美国联合碳化公司在印度博帕尔市的农药厂因管理混乱，操作不当，致使地下储罐内剧毒的甲基异氰酸酯因压力升高而爆炸外泄。45 吨毒气形成一股浓密的烟雾，以每小时 5000 米的速度袭击了博帕尔市区。该事件导致 2 万多人死亡， 20 多万人受害，(其中 5 万人失明)，多位孕妇流产或产下死婴，受害面积 40 千米^2，数千头牲畜被毒死。这是一起震惊世界的毒气泄露公害事件。

毒气雾首先飘过两个小镇，使正在睡梦中的数百人死亡。随后，毒气迅速扑向博帕尔市的火车站，站台有许多在寒冷中缩成一团的乞丐，十几人相继毙命，其余 200 余人奄奄一息。毒气通过庙宇、商店、街道和湖泊，笼罩了方圆 40 千米^2 的市区，并且继续悄然无声地扩散。当时空气相当清凉，几乎没风，使毒气雾能以较大的浓度继续缓缓扩散。

事件发生后，有的人以为是原子弹爆炸，有的以为是地震，还有人以为是世界末日来临。当毒气泄露的消息传开以后，成千上万人或乘车、或步行、或骑脚踏车飞速逃离了他们的家园，许多人被毒气熏瞎了眼睛，他们慢慢地探索前行，一路上跌跌撞撞，希望能逃出污染区。许多人横尸路旁，形成了一座座尸堆，满街遍布死狗、死畜，发出阵阵恶臭，印度政府不得不派军队用起重机将这些畜尸运走。

在事件发生后的几个小时内，博帕尔市警察局关闭了这家工厂，并逮捕了该厂经理穆卡和 4 名工作人员，罪名是“过失杀人”。

1989 年 2 月 14 日，这家美国公司表示同意印度最高法院对博帕尔惨案作出的判决，赔偿 4.7 亿美元。世界舆论纷纷指责美国联合碳化物公司不重视工厂的环境安全和保护措施。印度政府调查团在后来的调查中，发现总部设在美国的该公司在安全防护措施方面确有偷工减料的事实。

美国联合碳化物公司设在印度的工厂与设在美国本土西弗吉尼亚的工厂在生产设计上是一样的,然而在环境安全防护措施方面却采取了两种不同的水平的“双重标准”。博帕尔农药厂只有一般的装置，而设在美国本土工厂除一般装置外，还装有电脑报警系统。该公司的安全负责人承认:“美国工厂的安全是通过计算机自动监视的，而印度工厂是手动的，而且事故发生当时，未安排受过训练的操作工人。”另外，博帕尔农药厂建在了人口稠密的地区，而美国本土那个同类的工厂却建在了远离人口稠密的地区。一般认为，该公司只是向印度出口了制造设备，而未出口安全系统。这一事件证明，发达国家转移到发展中国家的企业不仅利用当地廉价劳动力，还不惜以削减安全环保设施来降低成本。

博帕尔惨剧教育了世界人民，跨国公司往往把更富危险性的工厂开办在发展中国家，以逃避其在国内必须遵守的严厉限制，现在这已成为带有明显倾向性的问题。因此，在建设有毒有害污染物的工厂时，必须有可靠的污染防护设施。

2. 启示

博帕尔事故是一个典型的危机事件，它为世界各国敲响了警钟。因为在许多国家，特别是发展中国家，很多具有污染性或危险性的工厂并没有严格按照环境保护安全规程生产，而政府的监管也未落到实处。这样的企业有的成为危害公众卫生安全的慢性毒药库，有的则是一颗定时炸弹。不论哪一种，它们所带来的危害都是难以估计的。

（三） 1959 年末至 1960 年莫斯科天花爆发流行

1. 流行过程梗概

苏联早在 1936 年即宣布消灭了天花，然而时隔 23 年之后，竟因一出访者在正值天花流行的印度逗留两周后，于 1959 年 12 月 23 日乘机返回莫斯科的当日发病，引发了该市的天花爆发流行。

天花最短潜伏期为 6 天，按此推算，出访者在印度受到感染确定无疑，显然是一输入性病例。患者儿时曾接种过牛痘，1959 年初又再次接种，但未见皮肤出

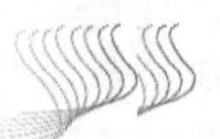

现种痘后的典型反映。患者染病表明第一次接种的免疫力已经消退，第二次接种的免疫力不佳。因患者的临床症状不典型，加之医务人员对天花诊治业务的生疏，最终因误诊亡。随后出现了与患者接触过的医务人员及其家属为主的第二代病例，循此途径，继之又出现第三、四代病例，自出现首发病例后的 43 天中，莫斯科市共发生 46 例天花，其中 3 例死亡，形成一局限性天花爆发流行。

所幸的是莫斯科相关部门在天花爆发的初期，迅速启动全民应急接种牛痘，使疫情得到有效控制，未酿成大规模爆发流行。

2. 启示

随着经济全球化，人员交流的频繁和迅捷，偌大的世界似如一地球村。任何一种传染病，以天花为例，只要在世界上任何一个地方还存在，对全世界都是一隐患，随时都有爆发的可能。

因此，各国政府和公众不仅对现有传染病务必保持高度警惕，而且对已控制的，甚至只在地球边远地区存在的传染病绝不能掉以轻心，而且还应在人力、物力、技术上作好周全的应对准备。

（四）上海甲型病毒性肝炎爆发

1. 事件经过梗概

自 1988 年 1 月 19 日起，上海市民中突然发生不明原因的发热、呕吐、厌食、乏力和黄疸等症状的病例，数日内呈成倍增长，截至当年 5 月 13 日，共发生 310 746 例病例，31 例直接死于该病。该次甲型病毒性肝炎爆发流行的特点是：来势凶猛，发病急，患者症状明显，以青壮年为主。根据流行病学调查分析，专家们明确了本次甲型病毒性肝炎爆发是因生产地的毛蚶受到甲型肝炎病毒严重污染，而上海市民又缺乏对甲型肝炎病毒的免疫屏障，有生食毛蚶的习惯，最终酿成甲型病毒性肝炎的爆发流行。

在确定了病因后，市政府提出针对性防治措施，包括禁捕、购、销毛蚶，教育市民不生食毛蚶，防止水源污染和食品污染等，使疫情在三个月内迅速得到控制。

2. 原因剖析

这次上海甲型病毒性肝炎爆发流行的主要原因是，市民食用了来自江苏省启东县被污染的、带有甲型肝炎病毒的不洁毛蚶，以及某些市民缺乏良好的饮食卫生习惯。

这次甲肝爆发流行的教训是很深刻的。长期来，由于人们对毛蚶是否可能会被肝炎病毒污染认识不足，因此对毛蚶的经销和安全食用未引起足够重视。同时有关部门对毛蚶等生食水产品是否被病毒污染，缺乏快速有效的检测手段。食品卫生工作管理不严，表现为食品卫生监督、管理跟不上经济体制改革、市场开放搞活的需要，法规不健全、不完善，监督人员法制观念淡薄，业务素质不高，规章执行不坚决，把关不严格。

3. 启示

上海的甲型病毒性肝炎爆发虽然很快得到平息，但给我们的教训是深刻的。如果整个社会不高度重视公共卫生工作及相关的法制建设,就会重蹈“前车之辙”。

我们必须确立“大卫生”的观念，树立全方位“预防为主”的思想，重视卫生工作，使“预防为主”的方针真正成为全社会公众共同的战略思想。

有关职能部门更应认真吸取教训，举一反三，采取一系列有力措施：第一，加大市容卫生综合治理力度；第二，加强卫生基础设施建设；第三，加强食品卫生监督、管理；第四，健全食品卫生法规和规章；第五，深入开展卫生防病工作的宣传教育。

（五） 江西省贵溪县沙溪镇化学毒品泄漏事故

1. 事故经过梗概

1991年9月3日凌晨2时30分，一辆装载2.4吨液态甲胺的槽罐车从上海启运，经过20多小时行驶，在抵达江西省贵溪县沙溪镇人口稠密地段时，因汽车槽罐的进气口阀门擦到路边的树桠，挥发性极强的液态甲胺迅即从阀门管断裂处泄喷而出。顷刻间，白色烟雾和暗红色火焰直冲夜空，2.4吨液态甲胺在槽车内3~4个大气压下，仅10多分钟就全部泄漏殆尽。有毒的白色烟雾紧贴地面的大气层，以5~6米的高度在1~2级风速下扩散。事故发生后，司机与押运员边跑边大声呼唤居民逃命。然而，大多数人根本搞不清楚如何逃生，许多人因错向下风方向撤离而中毒，其中有8人当即死亡。而少数稍懂化学知识的居民，用湿毛巾捂住口鼻逃离，虽皮肤有些灼伤，但却保住了性命。事故发生后不到1小时，130名危重伤员就被送进了镇医院。由于镇医院超负荷接受了大量中毒者，药品、器械、床位均严重缺乏，技术力量不足，更为严重的是因不知是何种毒物中毒，一些患者因未得到及时、有效的医治而死亡。几小时

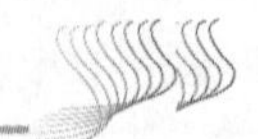

后，地、县主要领导赶到现场，指挥部署抢救工作。矿山救护队、部队防化战士、公安干警奋勇冲入事故现场，挨家挨户寻找中毒群众，严格监控受污染的水源和食品。

4 日 19 时，一架军用飞机载着上海市医疗救治专家赶到上饶地区，对伤员进行救治。这起特大化学事故共造成 39 人死亡，650 多人中毒，受毒气影响的人员共计 995 人。受害面积 22.96 万米^2，经济损失达 200 多万元。

2. 原因剖析

造成这起事故的直接原因是槽罐车运送人员严重违反了化学毒品运输规章制度，违章离开固定行驶路线和停车点，擅自将装有有毒化学品的车辆驶入居民区。特别不能容忍的是事故发生后既不去堵源，防止事故扩展，也不主动向当地政府报告并说明是什么毒物，而是弃车逃命。

致人死伤的甲胺属低毒类化学物质，其之所以造成如此严重的后果与当天的气象条件密切相关。发生事故时的气温为 27 摄氏度，气压较低，空气垂直稳定度呈逆温状态，空气较潮湿，风速极小。在这样的气象条件下，泄漏后，有毒气体难发生对流、而是贴近地面经久不散。因此，在染毒中心区内甲胺浓度极高，加上大部分居民穿着极为单薄，家家户户都开启着门窗，因此致成不少群众皮肤灼伤。

居民不懂化学损伤救治知识是导致死亡人数增多和伤害加剧的另一重要原因。许多人在事故发生时不懂如何逃生，逃离污染区后，也未及时清洗，中毒伤员几乎 100%都有皮肤损伤。

3. 启示

1) 加强对槽罐车司机和有关人员的教育，一定要严格遵守化学危险物品外运管理规章制度。

2) 在加强重点毒物管理的同时，不能忽略对低毒类化学物品的管理。

3) 进一步普及化学损伤救治知识，事故发生初期，居民能否开展自救互救，对整个事故发展的进程和人员的伤害程度有着极其重要的影响。

附件 3　国外应对突发事件的经验和措施

当今世界上一些发达国家和地区的政府和公众深怀忧患意识，立足预防，即使出现危机，力争将其消灭在萌芽状态。为此，从建立决策指挥机构，健全法律法规，制定危机处理预案，建立信息传递和预警体系，到增加药品器械和物资储备，乃至保险公司参与危机的善后处理等一系列方面，都做好充分准备。并每经历一次危机，及时总结经验教训。

特别是美国历经几十年的努力，经验最为丰富完整。在公共卫生安全方面，具有“善敲警钟，高效应急，善用民间力量”的特点。即使如此，美国在经历了“9·11”和炭疽杆菌恐怖事件后，应对突发事件的能力依然得到了强化，他们的经验值得借鉴。

（一）英　国

英国十分重视国家的紧急反应能力，力求在自然灾害或人为灾难一旦发生时，即能够有效应对。

英国政府对灾难(危机)实行分级管理。灾难发生后，首先由所在地政府负主要责任，当超过其负荷时，通常可从邻近地区就近调度支援。对特定类型事件(如核事故)或其影响超过地方范围的重大事件(如恐怖袭击)，由中央政府负主要责任。中央政府根据灾难性质，确定某一个部门为灾难的领导部门，如遇到传染病、环境污染和重大交通事故，分别由卫生部、环境保护局和交通部承担。英国政府十分重视向公众提供及时、准确的信息，既可安抚公众情绪，积极正面引导，又可避免误解、恐慌，造成混乱。英国的危机管理包括风险评估、灾难预防、应对准备、执行应急措施、进行灾后恢复五个部分。

（二）俄罗斯

俄罗斯设有处理危机的高层决策机构，相关法律法规齐备，早立预案，及时准确传递信息，各部门紧密配合，遇紧急情况由保险公司向国民提供保险服务。

（三）欧　盟

在“疯牛病”危机以后，欧盟建立了快速报警系统，增加了对欧盟委员会处理食品安全危机的授权，制定相关法律法规，坚持危机管理机构与危机评估机构分离的原则。作为危机管理部门的欧盟委员会，必须以独立的专家的评估和建议作为依据，综合经济、社会、传统等各种因素作出决策。

在处理危机的整个决策过程与执行过程中，都十分注意公开和透明，满足公众的知情权是消除公众恐慌和增强公众信心的最有效办法。

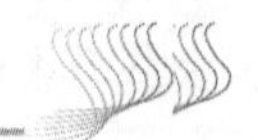

（四）美　国

1）美国将公共卫生安全和国防安全、金融安全、信息安全并列为国家安全。自认为不足以应对自然或人为原因造成的传染病爆发，这就为公众敲响了警钟。“9·11”事件和炭疽杆菌恐怖威胁后，投入力量，加固、加密了公共卫生防御网。

2）美国公共卫生危机应对体系以美国疾病预防控制中心(CDC)为核心。CDC始建于1946年，如今分支机构遍布全美各地，形成拥有8500名工作人员的预防和控制各种疾病的网络。它与各级政府卫生部门紧密配合，各个地方的卫生当局每天都要向CDC报告各种不同疾病的病例数目。CDC会连续追踪新发病例，以使民众能及时知道疾病的传播态势。除了对各种传统疾病的控制与预防外，还不断监测和统计新的病毒在社会群体中的出现，并进行及时预警和防控。力求只通过一两个病例，而不是等到病例扩散，即能察觉和预防疫情。美国从联邦到州、市各级政府都有突发事件应对机制，一旦出现危机，根据事态发展程度启动应对机制，及时采取必要措施，将损失降到最低点。

3）美国建立了一整套应对突发公共卫生事件的系统：①全国公共卫生应急信息系统(含疾病监测、报告、预警系统和大都市症状监测系统)；②全国公共卫生实验室快速诊断应急网络系统；③现场流行病学调查控制机动队伍和网络系统；④全国大都市医学应急网络系统；⑤全国医药器械、应急物品救援快速反应系统。

4）美国在公共卫生应急系统注意抓好三个重要环节：①预防为主。99.9%的突发事件应消灭在萌芽之中，同时要有足够的能力迅速应对由生物、核、化学引发的重大公共卫生事件。②强化人才队伍建设，拥有一支人数充足、素质高、专业齐全、装备精良、体制健全的队伍。召之能来，来之能战，战之能胜。③应对系统要体现高科技信息化，具有可持续性和自我评价不断完善的功能。

5）透过SARS疫情，美国防疫工作的周到、严密、细致可见一斑。2003年3月15日，美国即向各地医院和临床人员发出SARS预警，并向州卫生官员通报SARS情况，着手调查可能接触SARS患者后经过美国的旅游人员的患病情况，为到东南亚旅游人员或从疫情国返回的乘客发放SARS预警卡，同时为地方卫生局、医疗机构、临床人员准备监视和确认潜在SARS病人的指南。特别是美国随即向WHO派出8名科学家(后来增加到30多人)，这些科研人员除分析标本、寻找病因外，还在CDC网站上公布以上措施及相关信息。

美国应对SARS的经验是：及时授权，很少行政干预。4月4日，美国总统布什专门签署行政命令，赋予公共卫生机构对SARS和相关疾病隔离、检疫的权力。为了使信息透明，他们的网站经常更新，而且每天都向媒体通报情况。

在科研策略上，美国采取的是流行病学现场研究和实验室病因及药物研究齐头并进的办法。3 月底，美国已掌握所有曾在香港京华旅馆住过并回到美国的 100 多人的名单和地址。几个调查组还分别追踪了 2 月 18～22 日曾在香港京华旅馆住过并回国的人员，向每个人详细询问流行病接触史，取血样并追踪观察。所有调查研究都制定有标准程序，利用网络交流，并随时根据反馈作出调整。美国从 2 月就开始了病原学研究，14 天就绘出了新型冠状病毒的基因组序列图，目前正在筛选测试 2000 多种抗 SARS 病毒的药物。

（本文选自 2003 年咨询报告）

咨询组成员名单

曾　毅	中国科学院院士	中国预防医学科学院病毒学研究所
强伯勤	中国科学院院士	中国医学科学院基础医学研究所
陈可冀	中国科学院院士	中国中医科学院西苑医院
韩济生	中国科学院院士	北京大学医学部
陈慰峰	中国科学院院士	北京大学医学部
陆士新	中国科学院院士	中国医学科学院肿瘤医院
侯云德	中国工程院院士	中国疾病预防控制中心
王克安	研究员	新探健康发展研究中心
吴宜群	研究员	新探健康发展研究中心
陈春明	研究员	中国疾病预防控制中心
戴志澄	研究员	中国性病艾滋病防治协会
庞应发	研究员	新探健康发展研究中心
邱仁宗	教　授	中国社会科学院哲学研究所
胡鞍钢	研究员	中国科学院/清华大学
黄建始	研究员	中国医学科学院/中国协和医科大学
曾　光	研究员	中国疾病预防控制中心
童道玉	研究员	原国家自然科学基金委生命科学部
王亚东	研究员	北京首都医科大学
杨功焕	研究员	中国医学科学院基础医学研究所
乌正赉	研究员	中国医学科学院基础医学研究所
王贵强	研究员	北京大学第一医院
陈学敏	研究员	武汉同济医科大学
施侣元	研究员	武汉同济医科大学

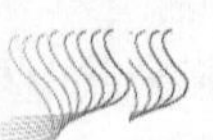

郇堂春	研究员	武汉同济医科大学
俞顺章	研究员	原上海医科大学
张胜年	主任医师	上海市疾病预防控制中心
刘泽军	主任医师	上海市疾病预防控制中心
陈育德	研究员	北京大学
肖梓仁	研究员	原卫生部科技司
马晓彤	研究员	北京中医药大学

关于推进西南岩溶地区石漠化综合治理的若干建议

袁道先 等

西南岩溶地区拥有世界上最大的连片裸露岩溶，生态环境脆弱，主要表现为：石漠化非常严重；水源流失、掩埋、耕地瘠薄且少而分散，土地生产效率极低；旱涝灾害频繁等。

报告建议，设立西南岩溶地区石漠化治理国家专项，组织多学科、多部门协同攻关，增加科技投入，因地制宜地进行石漠化治理；调整农业产业结构，改变种粮为主的传统观念，根据岩溶生态环境多样性的特征，大力发展适合当地岩土地球化学环境的多年生经济作物并产业化，促进经济可持续发展；建立“科技先行，百姓参与，政府支持，公司介入，市场化管理”的新型生态环境建设运作模式，为岩溶石山生态重建创造条件等。合理地开发利用水土资源是岩溶石山地区生态重建的根本所在。

西南岩溶地区主要分布在以贵州为中心的云南、四川、广西、湖南、湖北、广东和重庆等省（自治区、直辖市），面积约 62 万千米^2，是世界上最大的一片裸露型岩溶区。这里位于长江、珠江分水岭地区，集“老、少、边、山、穷”于一体。该地区“土在楼上，水在楼下”(土地在各级高原面上，水在地下河及峡谷中)的水土资源不配套的基本格局，以及可溶岩造壤能力低、地下岩溶发育造成水源漏失等原因，导致生态脆弱，贫困人口面大，成为实施党中央国务院多项战略决策的重点和难点所在。在人口和土地资源的压力下，这里水土流失十分严重。例如，贵州省年流失表土近亿吨，其中 5800 万吨泥沙通过河流外泄。因此，这一地区成为长江、珠江防洪体系中生态建设的重点地区之一。水土流失加上可溶岩造壤能力低，已使石漠化状况不断恶化。据遥感资料，在 20 世纪末，岩石裸露率大于 30%的石漠化地区有 10.04 万千米^2，而岩石裸露率大于 50%的石漠化地区达 7.55 万千米^2。大片地区无水、无土，以致失去了人类生存的基本条件，成为实施西部开发战略和“十六大”提出的全面建设小康社会的难点所在。对于居住在该地区的几千万

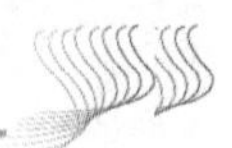

人口来说，正在实施的几十万人的“生态移民”工程只能是“杯水车薪”。因此，党中央国务院在“十五”计划中，把“推进黔、滇、桂岩溶地区石漠化综合治理”列为国家目标是完全正确的。

一、已有成绩和经验

几十年来，党和国家对我国南方岩溶石山贫困地区人民一直十分关怀，国家和部委领导人曾亲自到这些地区视察，了解民情，作出相应的扶贫安排。从农田水利、人畜饮水、交通、教育、医疗、发展乡镇企业，到发放救济粮、款，均有过很大的投入，在一定程度上缓解了该地区人民生活的困难。

同时，还从这里的资源环境特点出发，因地制宜地治理岩溶石漠化，开发其特有的资源，以便从根本上帮助当地人民摆脱贫困。为摸清资源环境条件，原地矿部已完成了这些地区的矿产资源普查，在20世纪80年代又完成了水文地质普查(1∶200 000)；在“五五”、“六五”期间，国家科学技术委员会立项，投入1500万元组织地矿部、中国科学院、水电部、煤炭部、国家教育委员会等部门所属单位，进行全国性的岩溶攻关，选择广西都安地苏地下河、贵州普定和独山地下河系、湖南洛塔、山西娘子关四个典型地区作试点，取得了丰富的岩溶石山改造经验。

20世纪90年代后，在国家科技攻关、扶贫开发、长江中上游水土保持工程、长江防护林带工程、世界粮食计划(WFP)3146和3356等工程的支持下，我国在西南地区开展了多个岩溶石漠化治理、科技扶贫的试点工作，取得了一定成效。例如，贵州普定马官镇，通过开发治理地下河搞好农田基本建设，实现粮食稳产高产和解决人畜饮水；普定蒙铺河、贵州毕节何官屯、纳雍以支塘开展小流域的山、水、田、土、路、林、电综合治理，把粮食、生态、经济林结合起来，取得了很好的成效；贵州关岭大搞农业科技培训，发展早熟蔬菜，建立蔬菜市场，帮助当地群众脱贫；云南西畴县从计划生育、发展教育做起，1993年全县人口自然增长率为7.05%，适龄儿童入学率98%，同时抓好炸石造山、山坡改梯地和中低产田改造，利用当地矿产资源发展乡镇企业；九三学社在云南广南县珠林镇进行科技扶贫，从恢复生态、农业种植科技、储粮防鼠、建沼气池、人畜饮水及希望工程入手，已取得初步成果。这些都为南方石漠化治理、科技扶贫探索了有效的途径。

自中央提出“推进黔、滇、桂岩溶地区石漠化综合治理”的两年来，各地贯彻“退耕还林(草)、封山绿化、以粮代赈、个体承包”的政策措施，建立石漠化治理示范点，大修水柜以解决人畜饮水问题，打开了西南石漠化治理的新局面。

几十年的南方岩溶地区石漠化的治理，总结出了实践经验，主要有：①必须因地制宜。在南方62万千米^{2}岩溶区，黔南、桂西厚层碳酸盐岩区，黔东北、重庆、湘鄂西碳酸盐岩与非可溶岩间夹区，湘中、桂粤北、桂中覆盖型岩溶区，川南埋藏型岩溶区以及滇东断陷盆地岩溶区的情况均有所不同。在这五大类型内还有许多不同情况，需要根据各地不同特点，采取不同的治理途径。②必须进行综合开发治理，即首先抓住开发治理岩溶水，保障人民生活的基本条件，同时必须根据当地自然条件特点，合理安排种植，并根据各地资源情况因地制宜地发展乡镇企业。尤其是要抓住岩溶石山区的生态农业建设，才能从根本上持久地解决脱贫问题。例如，广西忻城石叠村、马山县古零镇弄拉屯、罗城县肯王屯都通过发展山林而实现脱贫。贵州普定试验站，也已开始在后寨地下河上游地区石山上植树造林。广西马山弄拉屯，面积 1.7 千米^2，为由 25 座石峰构成的典型峰丛石山区，人口 120 人，耕地仅 50 余亩，人均不足半亩。多年来，他们靠封山育林，并发展水果和药材，不但使山上的小泉水在最干旱年份不断流，保证了人畜饮水，而且提前实现了小康。③必须依靠科技。无论是恢复石漠化地区的植被，实现生态效益和经济效益的结合，还是解决人畜饮水困难，都有许多与生物学、地质学、水文学、经济学、环境医学等相关的问题。在石漠化综合治理中，要充分运用已有的研究成果。南方石漠化地区的自然条件十分复杂，尚有许多问题有待研究解决。

二、存在的问题

当前南方岩溶地区的石漠化治理虽然取得了一定成绩，但还存在一些问题。

1）石漠化趋势依然非常严重。石漠化是一种岩石裸露的土地退化过程。滇、黔、桂三个省(自治区)是西南岩溶区石漠化的重点区，石漠化面积约 6.79 万千米^2，占三个省(自治区)总面积的 18.1%，并且石漠化仍在进一步加剧。在黔南、桂西 1.6 万千米^{2}的范围内，岩石裸露率大于 70%的严重石漠化区域的面积，近 10 年来以每年 91.4 千米^{2}的速度增加。

2）水源漏失、深埋，耕地瘠薄且少而分散，土地生产效率低。“地下水滚滚流，地表水贵如油”，地表植被由于缺水成活率低，人畜饮水困难。岩溶地区土层一般只有 20～30 厘米厚，且连续性差，多分布于石缝或岩溶裂隙中。滇、黔、桂三省(自治区)岩溶县(岩溶面积大于 30%的县)人均耕地只有 0.9 亩，坡耕地占 70%，其中坡度在 25 度以上的坡耕地约占 20%，50%以上的耕地面积为中低产田。常常是“一碗泥巴一碗饭”，亩产约 151 千克，大大低于全国平均水平。树木胸径的年生长速度约 4 毫米，大大低于类似环境的非岩溶区，生态效率极低。

3）旱涝灾害频繁。岩溶平原和盆地是岩溶区主要的耕地。在降水偏少年份或旱季，耕地无水灌溉，形成大面积旱片。例如，桂中旱片，耕地面积 83 万亩，全部为中低产田。类似的旱片在云南的蒙自、湘中等地也有分布。在降水偏多年

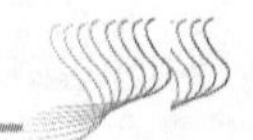

份或雨季，岩溶洼地、岩溶盆地常常因发生洪涝灾害而受淹，少则几天，多则几个月，最长的达一年多，造成巨大的损失。长江和珠江近年来频繁发生的旱涝灾害与西南岩溶石漠化区严重的水土流失也有密切关系。

4) 贫困形势仍然严峻。在西南岩溶石漠化区的 300 个县中，共有贫困县 153 个。全国碳酸盐岩区的贫困人口，也主要集中在西南岩溶山区。西南岩溶山区农民人均纯收入远低于非岩溶区农民的人均水平。例如，广西岩溶石漠化区 20 多个县 1998 年人均财政收入仅为 165 元，只有广西同期平均值 399 元的 40%。“八七”扶贫攻坚计划以后，西南岩溶石漠化区还有约 1000 万人在温饱线以下，800 万人的饮水问题没有解决。而且，在已经脱贫的人口中，返贫现象很突出。其主要原因是自然环境恶劣，石漠化不但没有得到遏制，而且还呈加剧的趋势，使赖以生产、生活的水土资源和人地关系等处于恶性循环之中。

5) 科技含量总体偏低，缺乏因地制宜措施，部门之间缺乏协调。例如，广西推广一种可在石山上生长的可作饲料(树叶含蛋白质较高)的任豆树，但据此次在都安三只羊乡所见，1996 年所种的 40 万株树苗，现在稀稀拉拉，成活率仅 20%；原来种的 6 万株竹，现在一株未存。不少水柜修建的位置和规模未与当地水文地质条件结合，不能发挥应有效益。退耕还林由林业部门负责，兴修水柜由水利部门或扶贫部门负责，生态效应和水文效应不能互相协同促进。这些现象在西南其他岩溶区仍然比较普遍。

三、建　　议

为了更好地运用几十年来的成功经验，解决当前存在的问题，有效推进西南岩溶地区石漠化综合治理，提出以下建议。

（一）成立跨区域跨部门的石漠化综合治理领导小组

目前，在不同省(自治区、直辖市)、县的农业、林业、水利、国土、科技等部门开展的石漠化治理工作，缺乏协调、配合，措施较单一，资金分散。应该成立跨省(自治区、直辖市)和部门的领导小组在国家层面上进行统一部署和协调，理顺体制，克服因部门分割、多头管理和地区分割带来的弊端；加强省(自治区、直辖市)之间的联系，建立一种新型的体制，集中使用资金，做到资金投放一个点，就要搞好一个点。

（二）设立西南岩溶区国家石漠化综合治理专项

西南岩溶地区石漠化综合治理是一项长期任务，目前实施的8年退耕还林补贴政策是不够的，需作长期打算。为协调和组织各部门、多学科的协同攻关，建议设立专项。专项的主要工作内容包括以下几个方面。

1. 编制全国石漠化综合治理规划

从国家的高度推进黔、滇、桂岩溶地区石漠化综合治理，坚持从实际出发，科学、合理地编制全国性的石漠化综合治理规划，指导各地的石漠化治理工作。确定各个阶段的明确目标，做到长期、中期、短期相结合。制定操作性强的可行方案，分期分批，提出具体措施。短期目标应以解决缺水固土和生活能源问题，以改善生存环境和降低对生态环境的破坏为目的，以保护为主兼顾富民增收；中期目标以恢复和重建生态环境与富民增收并重为目的；长期目标是实现西南岩溶区可持续发展和山川秀美的总体目标。

2. 完成石漠化治理所需的基础性、公益性调查工作

20世纪70年代末开展的1：200 000地质、水文地质普查工作，为石漠化治理提供了许多有益的数据。石漠化综合治理所需的基础性、公益性材料包括土壤、水文、岩石、植被等内容在内的岩溶环境数据及适生物种库与苗圃，因此应加强新时期的地质工作，挽救、筛选、培育适合于岩溶环境生长的物种，实现石漠化治理所需的基础性、公益性资料共享，避免重复浪费。

3. 组织多部门联合攻关

石漠化的结果是植被无法生长，其原因是缺水少土和人类不合理利用水土资源。因此，应联合国土资源、水利、林业、环保、科技等各部门及研究机构与大专院校等进行攻关。

（三）因地制宜地进行石漠化综合治理

“因地制宜”治理石漠化既要做好区域大尺度、不同地方中尺度甚至微环境小尺度上的石漠化治理，还要从根本上解决不同尺度的治理经验与措施的普及和

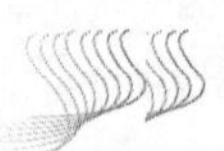

推广问题。

1. 分区规划，多学科、多部门、多措施地集中治理

西南地区碳酸盐岩岩溶环境大体可划分为以新华夏系一级隆起带为主的裸露型岩溶区、以湘桂沉降带为主的覆盖型岩溶区、以川南重庆沉降带为主的埋藏型岩溶区以及滇东断陷盆地和山地岩溶区，应区别对待，分区治理。裸露区应以保土保水为主，覆盖区与埋藏区则应更多地关注水的问题和土地资源合理利用。在同一个地区，岩溶生态环境复杂、小型、分散，“十里不同天，百里不同俗，十米不同土”，一地的经验或一种模式不能放之四海皆准，因地制宜才能解决实际问题，做到真正可持续发展。同时，缺水、少土、植被覆盖率低是岩溶区的基本特点，开展生态环境建设从政府职能看，涉及科技、国土资源、水利、农业、林业、畜牧业、教育、扶贫、计委、计生委等部门；在学科上需要岩溶学、林学、农学、水文学、管理学、区域经济学等多学科的支撑；在技术上应把工程措施、生物措施、社会措施等融合起来，既保护又开发；空间上以流域为单位，甚至要跨流域，因此必须实行综合治理。

2. 以点带面，点面结合，进行示范和推广

根据西南岩溶地区生态环境特点，进一步完善已成功的示范点，包括：自然恢复的示范点如弄拉屯，产业带动恢复的示范点如云南石林景区，开发地下河水电站带动生态恢复的示范点如广西隆林卡拉地下河等。此外，还要在不同岩溶地区选择更多的典型示范点。首先把握好重点示范点的代表性，把工作做深做透，使其具有真正的典型性；再在一般示范点铺开，体现出广泛性；最后综合集成，推广到类似岩溶地区。点上的工作坚持以保水保土不造成新一轮生态破坏为生态建设的前提，以解决最基本的人畜饮水问题和生活能源问题为契机，实施生态环境建设与富民增收并举，真正实现生态良性循环。

（四） 调整农业产业结构

岩溶地区土壤瘠薄、持水性差，生物生产力低，加之人口日益增加，人均占有粮食量低，从而加剧了土地的反复利用和不断的毁林毁草开荒，形成土壤肥力日渐低下、石漠化愈加严重的恶性循环。弄拉屯通过调整产业结构，实现了从种粮为主粮不够，到少种粮食不愁吃、有钱花的转变，而且保护了土壤，恢复了生态环境。所以，改变种粮为主的传统观念，抓住岩溶生态环境多样性的特征，选

准适合各地岩土地球化学环境的多年生经济作物，开发出具有地方特色的产品，通过产业化提高其附加值，带动劳动力的转移，是实现可持续发展的重要途径。实现这一转移的基础工作，是查清各地经济作物的适土性，为此建议加强农业地质工作。

（五）实行新的生态环境建设运作模式

促进岩溶区生态环境建设和可持续发展，要改变传统的思路，实行“科技先行，百姓参与，政府支持，公司介入，市场化管理”的新型运作模式。

岩溶环境的复杂性，决定了生态环境建设时应该科技先行，增加科技投入和科技含量，弄清岩溶大环境和小环境的特征、演变规律，筛选出石生、旱生、喜钙镁的速生树种、经济林树种、水源林树种，通过基因技术培育出高产优质的经济作物、粮食作物、饲料作物。为此，建议尽快在西南岩溶区全面开展新一轮国土资源地质调查项目，为因地制宜实施岩溶石山治理提供石漠化、水资源和地质生态等基础性、公益性的科学数据，供政府各部门使用，为政府决策服务。

在此基础上，选择适合当地生态环境的项目，并开发出既先进又实用的配套技术。在政府的领导与支持下，在科技人员的指导下，把群众组织发动起来，主动参与，积极实施育林、育草工程，自觉保护石山环境和土壤，实现生态重建与恢复。引进公司，解决农产品销路和加工问题，将产品转化为经济效益；同时，为当地培养自己的科技和市场经济人才，保证可持续发展。建议在搞好示范和总结的基础上，加强科技部“喀斯特(岩溶)峰丛洼地生态重建技术与示范”项目的支持力度和广度。

（六）多方面为岩溶石山生态重建创造条件

1) 树立信心，自力更生，转变观念。岩溶石山区是可以脱贫致富的。例如，处于典型峰丛洼地石山区的弄拉屯，经过30年的封山育林，林被覆盖率达70%，岩溶表层泉水长流不断，人均年收入逾3000元。但有些地方老百姓的等、靠、要思想严重，虽然政府投入很大，却未能改变石山区贫困面貌，如都安三只羊地区。因此，选示范点时应优先考虑群众对治理石山信心足、艰苦奋斗作风好、自力更生观念强的地方。

2) 加强宣传教育，控制人口增长，减轻生态环境压力。人是导致生态环境破坏和石漠化的重要因素。岩溶地区单位耕地面积人口密度高，耕地生产力极低，无法满足生活和生产所需的物质、能量供给，在没有资金和科技投入的情况下，只有靠扩充耕地面积来维持生存，结果陷入“越垦越穷，越穷越垦”的恶性循环

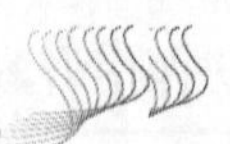

中。所以生态环境建设的一个重要方面是“预防”，防止人类不合理的利用甚至破坏环境,有效地控制人口增长，提高人口素质，从根源上减缓生态环境的压力。

3) 引进人才、资金和技术，给予优惠政策，共建岩溶生态环境。在国家、各级政府和石山区群众财力、物力有限的条件下，广开资金、人才和技术(如利用菌根技术重建岩溶种子植物)渠道，并给予最大的支持和最好的配合。在坚持保护、恢复生态的前提下，稳定农业政策 50 年不变，鼓励致富，保护合法所得等。

4) 抓住西部大开发机遇，缩小城乡差距，疏通西南出海通道。西部地区与发达地区的最大差别不仅是人均 GDP，而且是城乡差别。西部地区尤其是西南岩溶地区的农村，生境恶劣，天灾不断，承灾抗灾能力弱，拥有中国最多的弱势人口。在西南地区实施西部大开发战略，要认真考虑缩小岩溶地区城乡差距，改善交通、通信等基础设施，使外来资金进得来、山里产品出得去，但短期内应谨慎投资建设中远程高速公路，以免造成高投资、低回报的局面。南昆铁路是西南岩溶地区连接滇、黔、桂的一条重要交通干线，但目前还没有发挥出它应有的作用，建议采取适当措施，使其成为名副其实的西南出海大通道。

（本文选自 2003 年咨询报告）

咨询组成员名单

袁道先	中国科学院院士	中国地质科学院岩溶地质研究所
陈梦熊	中国科学院院士	国土资源部
汪集旸	中国科学院院士	中国科学院地质与地球物理研究所
刘广润	中国工程院院士	湖北省国土资源厅
卢耀如	中国工程院院士	中国地质科学院水文地质研究所
宋林华	研究员	中国科学院地理科学与资源研究所
宋世雄	研究员	贵州科学院山地资源研究所
宋宏儒	博　士	国土资源部遥感中心
况明生	教　授	西南师范大学
丁贵杰	教　授	贵州大学
钱小鄂	教授级高级工程师	广西地质矿产勘探开发局
李兴中	教授级高级工程师	贵州省国土资源厅
耿　弘	教授级高级工程师	云南省国土资源厅
沈照理	教　授	中国地质大学(北京)
潘根兴	教　授	南京农业大学

王　宇	教授级高级工程师	云南省地调院
王增银	教　授	中国地质大学(武汉)
曾华烟	教　授	广西水文地质大队
陆大道	研究员	中国科学院地理科学与资源研究所
张　帆	研究员	云南省地理研究所
戴思锐	教　授	西南农业大学
余龙江	教　授	华中科技大学
梁建平	高级工程师	广西壮族自治区林业科学研究院
陈　强	研究员	云南林业科学院
杨祝良	研究员	中国科学院昆明植物研究所
蒋忠诚	研究员	中国地质科学院

海南热带陆地海洋生物资源保护和利用

蒋有绪 等

海南是我国唯一的全热带陆海域省份，气候条件优越，生物资源丰富，具有雄厚的以热带生物资源促进经济发展的物质基础和巨大的开发利用潜力。

报告分析了海南热带陆海生物资源的现状以及存在的问题，充分肯定了海南省作为我国的热带陆海大省，在生物资源的保护和利用方面，为国家和地方的经济建设、国土保护、国家安全以及全国人民生活水平的提高做出过重要贡献。从全国范围来看，海南省的科技力量相对薄弱，生命科学领域的专门人才严重缺乏，经济发展水平较低。报告建议，为加强海南省的可持续发展能力，促进海南省的经济发展和社会进步，国家应尽快设立和启动“海南热带陆海生物资源保护和利用科技创新工程”计划。

海南省是我国发展热带生物产业和研究热带生物资源的重要区域，也是引进国外热带生物物种和品种资源非常成功的区域，因而具有雄厚的以热带生物资源促进经济发展的物质基础和巨大的开发利用潜力。如何在热带生物资源合理保护和可持续利用的基础上将海南的生物资源优势转化为经济优势，尽早改变海南省“(生物)资源强省、经济弱省”的局面，是海南省经济发展和社会进步的重要前提和必由之路，也是海南省全面建设小康社会的重要保证。从国家考虑，在当前国际上把未来同人类生活和健康有密切关系的新药、新生物制品、新食品和新材料的开发寄希望于热带生物资源的今天，我们必须把热带生物资源的开发利用放在国家和海南科技及产业发展的重要战略高度来考虑。

一、海南热带生物资源的现状

1. 海南热带生物资源极为丰富，本底情况仍不够清楚

海南省自然条件优越，热带生物资源十分丰富，开发潜力巨大；新中国成立以来，热带经济林木、农作物、特种经济作物、药材和水果的种植开发，都有极

大发展，为经济建设作出了重要贡献，但规模和力度还不够。生物资源本底不清是影响海南省生物资源的保护和开发利用以及建设生态省、发展经济和改善环境的主要障碍。海南的生物资源调查基本上是在20世纪50年代作为广东省的辖区时进行的，其后，海南省除进行过农业种质资源考察外，就再未做过较为详尽和全面的生物资源调查工作。在植物资源方面，例如，对高等植物的估计，就有3600多种至4600多种的不同说法，但目前尚无准确可信的数据。根据20世纪50年代广东省(含海南)调查高等植物为5000多种，以及现今调查结果(不含海南)为7000多种的变化情况来估计，高等植物在海南即使是4600多种的说法，也是一个不准确的数字。在药用植物的种类方面，有500多种至3000余种的说法，但真正可列出名单的只有300多种。对于微生物，估计已知真菌只占真菌总种数的7%，已知细菌只占细菌总种数的5%，已知微生物充其量也不会到微生物总物种数量的10%。对于一些有经济价值、可利用的大型真菌的情况，目前更知之甚少。海南陆生脊椎动物也仅是在20世纪五六十年代作过普查，除了华南濒危动物研究所等单位对极个别的物种进行过较为深入的研究外，绝大多数野生动物的资源量及其生态习性仍然鲜为人知。至于海洋生物资源的本底更是不清，我国海洋生物种类已报道2万余种，其中70%分布在南海，目前已知较多的是有限的鱼、虾、蟹、贝、头足类和藻类，对海洋微生物种类的了解，可谓基本空白。

另外，对于一些已知物种，近几十年来，由于其资源数量、分布范围和分布状况等方面发生了很大变化，如何进行保护、管理和合理利用等也是亟待解决的问题。此外，一批珍贵的野生种质资源，如野生稻、野生荔枝的分布区正在萎缩，生境片断化；热带海洋特有的珊瑚礁生态系统已遭受极大破坏。海南热带生物资源本底不清的状况在科学技术十分发达的今天，绝不能再继续下去了。可以预料，如果对海南生物资源再进行一次全面清查中，肯定会有许多新物种和新记录的发现，并将推动生物系统学和生物区系学的发展。而其中发现的某一个物种、某一种生物化学物质或某一个基因都可能具有不可估量的价值。

据以往资料，海南生物资源丰富程度已极为可观。已知维管植物共3681种，分属288科、1337属，蕨类植物466种，分属55科、136属，其中505种为海南特有。乔灌木中800余种的经济价值较高，有果树资源142种；此外，还有芳香植物70多种，观赏花卉和园林绿化树木200多种，纤维植物100多种，牧草饲料植物200多种，竹类50余种。海南省的天然种质资源也非常丰富，全国发现的三种野生稻[普通野稻(*Oryza rufipogon*)、疣粒野稻(*O. meyeriana*)和药用野稻(*O. officinalis*)]在海南都有分布；果树类有野生荔枝(*Litchi chinensis* var. *euspontanea*)、龙眼(*Dimocarpus longan*)、海南韶子(*Nephelium topengii*)、番石榴(*Psidium guajava*)、山橘(*Fortunella hindsii*)、山竹子(*Garcinia* spp.)、青杨梅(*Myrica adenophora*)、橄榄(*Canarium album*)、乌榄(*C. pimela*)、野芭蕉(*Musa*

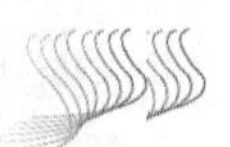

balbisiana)和野苦瓜(*Cardiospermum halicacabum*)等。海南的野生动物种类和数量是我国单位面积上最多的地区之一，目前已发现鸟类 355 种、两栖类 39 种、爬行类 116 种、兽类 112 种，其中 100 余种和亚种为海南所特有，有 102 种为国家保护的珍稀濒危种。海南岛西临北部湾，南侧和东侧是大陆架海域，西沙、中沙、南沙等南海诸岛则散布于南海中部和南部，渔业资源十分丰富，生物多样性高，种类繁多。已知的分布在大陆架海域的鱼类有 1064 种，虾蟹类 1000 余种，贝类近 1000 种，头足类 58 种，大型藻类 210 种；分布于大陆架的鱼类已知有 200 多种，虾蟹类约 100 种，头足类 21 种，除食用外，还可作工业和医药原料，很值得重视。但由于研究深度不够，许多重要海洋生物种类尚未被认识，急需关注和查明，并进行开发利用。

2. 海南陆地海洋生物资源开发潜力仍然巨大，前景不可估量

世界各国对热带生物资源的保护和利用的研究极为重视，因其具有重要的环境保护价值、经济价值、科研价值和休闲旅游价值，对全球的经济和社会发展以及人类未来的生活有着不可估量的重要意义。许多发达的非热带国家(如美国、日本和欧洲等国)都在热带地区设有研究所，大力度地研究和开发热带生物资源，把人类未来新的物质生产来源和健康保障寄希望于热带生物资源上。

海南作为我国的热带陆地海洋大省，也是我国引进世界热带经济作物的基地，其热带生物资源引进、种植和利用曾为国家和地方的经济建设、国土保护、国家安全以及全国人民生活水平的提高作出过重要贡献。

1) 海南是我国热带种植业的重要基地。海南省农作物在单位面积和单位时间能提供很高的生物量。热带作物终年可以生长，水稻等喜温作物在灌溉有保证条件下可一年三熟，甘蔗秋植可正常越冬，甘蔗的杂交育种基地只能在海南南部才能建立。海南省已成为我国冬季的瓜果菜篮子和重要的育种基地，热带水果达 53 种，同类水果成熟期比大陆早 1~2 个月，西瓜、香蕉、番木瓜、人参果和菠萝等可全年供应。同时，海南引种的热带经济作物和药材，如橡胶(*Hevea brasiliensis*)、咖啡(*Coffea* spp.)、胡椒(*Piper nigrum*)、槟榔(*Areca catechu*)、腰果(*Anacardium occidentale*)、杧果(*Mangifera indica*)、红毛丹(*Nephelium lappaceum*)和肉豆蔻(*Myristica fragrans*)等都很成功。对作为战略物资的橡胶来说，海南已是我国最重要的生产基地。海南的橡胶种植面积已达 600 万亩，有 80 万人口从事橡胶产业，年产干胶 32 万吨。引种的杧果优良品种，已经开始供应全国各地。海南的热带作物和特殊种植作物，如南药等，还有很大的发展潜力和发展空间；海南优质香蕉和杧果的国内市场并未充分开拓，进口产品仍占据较大份额；海南是荔枝的原产地，不仅有野生的种质资源，栽培的种质资源也很多，还有无核、大果型(鹅蛋

荔枝)和矮生型等多个优良品种，都未充分利用，类似的例子尚有很多。海南的造纸用材林基地，利用海南热带气候资源，速生快长，四年成材，已开始间伐提供原料，替代了原来以采伐天然热带木材为原料的做法。

2) 海南鱼、虾、贝、藻的近海养殖在我国占有一定地位。海南省海域辽阔，鱼、虾、蟹、贝和藻种类和资源丰富。通过近期的大力发展，养殖业和近海捕捞已形成相当的生产力，在我国南海水产产量中占有一定位置。远洋捕捞业已有一定基础，海南省发展远洋捕捞及特优水产品养殖前景仍然十分广阔，发展潜力巨大。

3) 海南可提供生产丰富的南药和黎药资源。海南药用植物中最具特色的应为南药、特有药用植物和有待开发的黎药。属于珍稀的野生药用植物有海南大风子(*Hydnocarpus hainanensis*)、海南粗榧(*Cephalotaxus hainanensis*)、降香黄檀(*Dalbergia odorifera*)、见血封喉(*Antiaris toxicaria*)和海南龙血树(*Dracaena cambodiana*)等15种，成功引种的南药有白豆蔻(*Amomum kravanh*)、丁香(*Syringa* spp.)、肉豆蔻、锡兰肉桂(*Cinnamomum zeylanicum*)、胖大海(*Scaphium luchnophorum*)等约50种，重要的中药材资源有白木香(*Rosa banksiae* var. *normalis*)、降香、安息香(*Styrax japonicus*)、广藿香(*Pogostemon cablin*)和槟榔等14种，大面积种植的地道药材有槟榔、益智(*Alpinia osyphylla*)、胡椒、砂仁(*Amomum villosum*)、巴戟(*Morinda officinalis*)和长春花(*Catharanthus roseus*)等8种。另外，还有最近新发现抗骨质疏松的海南青牛胆(*Tinospora sinensis*)，抗白血病的黎药，以及种类繁多的药用真菌，如海南生长的多种灵芝(*Ganoderma* spp.)等。

4) 海南作为国内外热带旅游胜地的格局已初步形成。海南热带生物资源形成了大批有特色的热带旅游景观资源，如海岸带景观和热带雨林景观等。环岛沿海不同类型滨海风光景点、东海岸线的红树林和珊瑚礁景观，均具有较高的观赏、科普教育和休闲价值；海南有海拔1000米以上的山峰80多座，最著名的有乐东县尖峰岭、昌江县霸王岭、陵水县吊罗山和琼中县五指山等4个热带原始森林区。海南已建立若干野生动物自然保护区和驯养场，如昌江县霸王岭黑冠长臂猿保护区、东方县大田海南坡鹿保护区、万宁市大洲岛(金丝燕)保护区和陵水县南湾半岛猕猴保护区等，其开放区已成为旅游热点。海南是我国唯一的黎族聚居区，颇具特色的民族文化和风情，以及其他热带作物及田园风光，都极大地丰富了海南的旅游景观。

5) 海南生物资源高新技术的开发已经起步。海南省是我国生物基因资源的大宝库，热带陆地生物及海洋动植物丰富多彩，一些生物技术的开发和产业化已开始展现出诱人的前景。例如，培育了一种氯原酸含量高达11%的咖啡品种，而一般咖啡中氯原酸的含量仅为6%。氯原酸是一种良好的天然抗氧化剂，对保护人体细胞，抗衰老和抗癌具有明显的作用。在另一种咖啡中克隆到活性很高的半乳糖苷酶基因，经转入菌种发酵表达后可能用于人血型的体外改造。海南特有的海南粗榧含有价值极高的治癌特效物质成分——三尖杉酯碱，目前正在研究通过组

织培养大量繁殖和人工合成或通过基因转移技术进行探索开发的可能性。橡胶树的乳管是优良的天然生物反应器，目前正研究利用转基因技术使它在生产乳胶的同时生产更有经济价值的生物药用产品。红树林是热带海洋滨海水生的一个独特的树木群落，迄今，海南沿海有红树植物 16 科，20 属，约 31 种。从 1992 年始，以红树植物为供体，开展耐盐作物的分子育种研究，先后将耐盐目的基因导入西红柿、茄子、辣椒和水稻，已获得耐盐能力明显增强的后代，在海滩上试种，利用海水直接浇灌，转化株能够开花、结果，已繁殖到第四代，红树林耐盐基因的克隆正在进行中。这些高新技术在热带生物资源的开发利用方面，比之其他地区有着不可比拟的优势和潜在价值。

二、存在问题

(1) 海南的自然环境保护和珍稀野生动物保护工作总体状况不容乐观

热带雨林虽已得到保护，但破坏事件还屡有发生；珍稀野生动物保护工作虽有一定进步，但总体状况不容乐观；因旅游业等经济活动的加剧，生物资源保护面临新的挑战；自然环境保护和生物多样性保护需要更为积极的生态恢复系统，提高保护和恢复的成效性及整体性。

海南是中国最大的热带林区。过去，海南热带天然林年消失速度远高于世界热带林的年消失率(0.61%)。从 1956 年的 86.33 万公顷减少到 1980 年的 33.13 万公顷，平均每年减少 2.128 万公顷，年递减率为 2%。20 世纪 80 年代后期，由于政府部门的重视，全国最早在海南省实施天然林保护，天然林开始向好的方向发展。截至 1992 年，全岛天然林面积增加到 38.3 万公顷，到 1999 年，天然林面积增加到 51.56 万公顷。但是，因经济利益驱动，规模性的毁林种果、毁林采矿采石、毁林养虾还屡禁不止。同时，由于长期破坏的结果，海南岛森林质量明显下降。海南岛热带天然林是支撑海南岛生态环境不可替代的基础，保护、恢复热带天然林应是海南省经济和社会可持续发展的战略重点，需要大力加强当前国家的天然林保护工程和自然保护区建设工程，以科技为支撑，充分运用恢复生态学原理和技术，加速自然演替过程和人工促进恢复过程。

目前，海南一些特有野生动物资源的现状仍令人担忧。黑冠长臂猿(*Hylobates concolor hainanus*)曾经在海南吊罗山、五指山、尖峰岭等各大林区广泛分布，曾多达 2000 只以上，目前虽经努力保护，仍仅以 20 多只的小种群局限生活在霸王岭保护区，实际上已“濒临灭绝”。海南坡鹿(*Cervus eldii hainanus*)曾经从 20 世纪 50 年代的 500 多头降至 80 年代中期的 26 头，经过大力保护，目前已恢复到数百头以上，但存在着严重的因围栏圈养所造成的环境容纳量和人工化问题以及种群异质性退化问题。云豹(*Neofelis nebulosa*)和黑熊(*Selenarctos thibetanus*)

是海南为数不多的大型兽类，目前已再难发现其踪迹。在海南，世界濒危鸟种海南佺(*Gorsachius magnificus*)、黑脸琵鹭(*Platalea minor*)以及海南特有种海南山鹧鸪(*Arborophila ardens*)等的处境依然令人担忧。三线闭壳龟(金钱龟)(*Cuora hainanensis*)和穿山甲(*Manis* spp.)等几乎已无野生种群。(树)麻雀(*Passer montanus*)作为与人类关系最密切的鸟种，也被认为是重要的环境指示物种，在海南的多年调查中，始终不见其踪迹。类似的情况也出现在喜鹊(*Pice pica*)中。爪洼金丝燕(*Collocalia* spp.)在中国仅发现于海南万宁的大洲岛上，因产可食燕窝而作为传统采挖对象，由于存在着掠夺性的利用，至 2002 年仅采到两窝，这对一个种群来说是具有灾难性的。

海南热带旅游业发展迅速，已给生物多样性保护带来了新的严重问题。南山佛教文化旅游区的开发建设已经使我国三个野生稻种在海南同时存在的集中分布点消失，同时也使其他野生动植物遭受到不可估量的损失；不少旅游区的垃圾成害，这不仅有碍卫生观瞻，而且还通过污染环境，影响到野生动植物的生存，特别是在海岸带的旅游区会带来更严重的后果，进入海水的垃圾会直接被海洋生物所误食致病致死；海滨的宾馆饭店的生活污水排入海中也会直接污染到海洋生物的生存环境。亚龙湾珊瑚礁自然保护区和海底世界游览区是目前海南保存较好的珊瑚礁生态系统，虽有较好的环境保护措施，但珊瑚的色彩多样性和鲜艳度较差，不能不说是生态环境退化和游船排气污染水体所致。

总之，海南的自然环境保护和珍稀野生濒危动植物的保护工作，虽有一定进步，但忽略了其最基本的途径在于自然生态系统的恢复。只有热带自然生态系统有了大范围的恢复，才能使生物多样性有所保障，动植物因生境的恢复才能得以生存繁衍，并达到各种种群整体的、平衡的恢复和增长。对植被演替和生物种群适应机理的基础性研究是提高海南热带自然保护成效的关键。海南的自然环境保护和生物多样性保护绝不应当只局限在过去有限的自然保护区和有限的若干物种上，也不应该局限于一般性的消极保护，如实施天然林保护工程的一般性管护，而应当是以建设“生态省”为契机，依托国家实施的有关林业生态建设工程，依靠政策、依靠科技，使自然保护和生物多样性保护以更加积极的、更大范围的目标和措施推进。可以结合农业、林业和水产业的发展以及山区、农区和滨海区的建设，建立生态系统恢复示范区和农业、林业、水产业可持续经营示范区等方式，示范推广进行。

(2) 红树林和珊瑚礁等热带特有的海岸、海洋生态系统破坏严重，破坏趋势未减

海南岛红树林面积过去 50 年发生了巨大变化，由 1953 年的 10 308 公顷减少为 2000 年的 4776.27 公顷，减少了 53.7%；由于围垦红树林造塘养殖海产品的趋势增加，1993~2000 年，红树林面积就减少了 9.2%，分布区也逐渐缩小。红树林已从海口、乐东和昌江等多个地方消失。目前，万宁和琼海等地的红树林

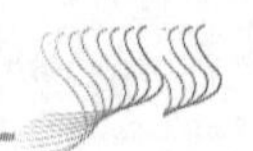

还在减少，并有消亡的可能。对于东寨港和清澜港红树林自然保护区的旅游活动，缺少合理化和规范化经营管理，增加了破坏；缺少人工促进更新和恢复的措施以及必要的科技投入。在促进恢复工程中，必须纠正现有引进国外速生红树种的做法，这将造成外来生物入侵排斥当地种的恶果。

长期以来，海南的珊瑚礁因烧石灰、制作工艺品、盖房和铺路等遭到不断挖炸。目前近岸珊瑚礁仅剩 2.2 万余公顷，岸礁长度 480 余千米，比 1960 年减少了 50%以上。珊瑚礁被大量破坏，已经造成了严重的生态后果。文昌市帮塘湾一带造成几千米长的海岸被侵蚀，3000 多株椰子树被海水冲倒，海岸线后退了近 200 米。清澜港造成水土流失严重，主航道淤积了大量泥沙，使原设计能停泊 5000 吨的码头成了只能停泊千吨以下船只的小港，通航能力严重下降。三亚市东、西瑁洲岛珊瑚礁经野蛮的挖炸后，海浪冲塌岛岸，海水入侵近 200 米，地下水变咸，村民吃水出现了困难。炸礁对整个珊瑚礁生态系统破坏更大，炸礁后水质污染，生态环境恶化，影响了珊瑚虫的繁殖，依靠珊瑚虫而生存的生物也随之减少。被炸后的礁盘，其生态系统难以恢复。国际上科学家已警告，全球气候变暖的加速，通过对敏感的珊瑚礁生态系统的危害，将给近海环境和生物多样性带来灾难性的变化。因此，应当加强因全球变化、海水变暖对珊瑚礁生态系统影响的研究，特别是影响珊瑚虫生命活动的基础理论研究和应用研究。

(3) 近海养殖导致环境污染加剧，近海捕捞过度，远洋捕捞能力不足

海水养殖业的结构和海洋捕捞布局有待科学调整。近年来海南省的海水养殖技术不断进步，如种苗生产，已经取得了多种海洋生物种苗的成功繁殖，人工饵料也已推广使用。海南省在海水养殖方面具有良好的基础，发展会很快。但是生产发展使得大部分养殖存在许多环境问题，导致生态环境恶化和近海生态系统的退化。养殖废水(营养物)排放、大量残饵和养殖动物的排泄物以及养殖生物的死亡都污染了水体和沿岸环境；无度使用药物污染了近海环境，影响了近岸海洋生物生存；近海养殖为了追求高产，部分生物因子被强化，造成物种循环部分路线受阻或被切断，改变了生态系统的结构，使近海生态系统的稳定性受到影响。

这次陵水海水养殖的考察中，咨询组发现这一带养殖区的海水污染情况有所好转，这是否是由于近期大规模发展海藻(麒麟菜)养殖，促进了近海因鱼、虾、贝养殖所造成的富营养成分的吸收和利用，而使海水营养状况取得平衡所致，尚需进一步的科学试验予以验证。但是，这一情况使我们设想，有可能可以通过合理的海水养殖业的结构调整，来减少或平衡单纯鱼类或其他水产动物养殖所造成的污染，使近海生物养殖产业进入良性循环。此外，轮换养殖海区、规定环境养殖容量等都是有用的措施，但需要建立在科学的研究和规划的基础上。

从 20 世纪 90 年代初开始，南海区渔船基本上实现了机械化，吨位增加、功率匹配增大，但过度捕捞破坏了资源，渔业单位产量和总产量下降，增船不增产，

渔获物优质种类数量减少，小型化十分突出，幼鱼的比例增高，既降低了渔获质量，又进一步破坏了资源。目前，根据中国和越南的相关协议，我国部分渔船要撤出北部湾，近海捕捞前景严峻，只有中沙和南沙渔场具有开发潜力。今后发展外海捕捞业的关键，是要提高外海捕捞业的能力建设，增加资金投入。此外，还存在缺少对外海渔业特点，包括热带多种渔业特点、重要种资源分布、数量变动规律、各渔场环境资源特点及动态的全面了解与认识的问题，迫切需要认真研究，方能科学地实施海洋捕捞业的可持续发展。

(4) 热带生物资源保护和开发的科技力量相对薄弱，科技投入严重不足

从全国范围来看，海南省的科技力量还相对薄弱。一是科技队伍较弱，生命科学领域的专门人才(特别是高级专业人才)严重缺乏。二是相关的理论研究和技术研究的单位太少，相关的人才培养机构少而且级别不高。目前，海南省只有中国热带农业科学院、华南热带农业大学、海南大学、海南师范学院、海南医学院、海南省农业科学院、海南省林业科学研究所和海南省水产研究所等少数几个单位能在农、林、医、渔等领域开展有限的理论和技术研究，一些国家级的研究机构，例如，中国科学院、中国农业科学院、中国林业科学研究院等在海南均无专门的分支研究机构(只有若干实验站)。海南省生命科学相关的高级人才培养机制薄弱，仅华南热带农业大学与中国热带农业科学院的作物遗传育种和栽培耕作学有博士学位授予权，生命科学领域的硕士点不足 10 个，海南大学农学院无生物学领域的硕士学位点，特别是海南师范学院和海南医学院目前还没有硕士学位授予资格，这种情况同海南省是热带生物资源大省的地位是极不相称的。培养机构的数量和级别限制了人才培养的数量和质量，而人才的匮乏又直接导致相应领域研究和开发的滞后，最后影响到海南热带生物资源的开发利用及地方经济的健康发展。三是科研经费严重不足。由于缺少国家级的科研院所，本地科研单位和高等院校也较少，科技人才相对匮乏，海南省能在国家相关部委争取到的科研经费极少，在全国则处于落后水平。海南地方经济发展相对较慢，财政收入有限，地方投入到科研的资金也相当有限。海南省科技厅每年对全省投入的自然科学基金的经费约为 50 万元，只相当于经济较发达省份一个中等基金项目的经费。海南省的自然科学基金每项仅有几千元到一两万元，根本无法进行深入的科学研究。因此，必须尽快提升海南省科研人才的数量和质量，使之有足够的科技力量和经费来开展热带生物资源的保护与利用的重要项目，以促进海南科教兴省和经济实力的提高。有必要在国家的支持和关怀下，一方面借助国家级科技力量通力协作；另一方面国家对海南的科技投入要有所倾斜，以改变当前局面，这是本次咨询项目在考察后向国家提出建议的出发点。

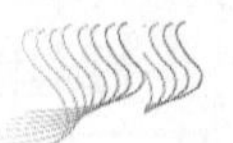

三、对策和建议

鉴于海南省热带陆地海洋生物资源的现状以及存在的问题，为加强海南省的可持续发展能力，提高海南省热带陆地海洋生物资源的保护和开发利用，切实保护好我国的这块热带“宝地”，促进海南省的经济建设和社会进步，将海南省建设成我国第一个生态省，全面加强自然环境和生物多样性保护，加强自然保护区建设，合理开展热带生态旅游，把海南建设成为全国的天然热带花园、天然热带森林公园和世界旅游胜地等，建议国家尽快设立和启动“海南热带陆地海洋生物资源保护和利用科技创新工程”计划。

“海南热带陆地海洋生物资源保护和利用科技创新工程”计划，一方面要注重热带生物资源保护和利用的基础理论研究，同时也应为地方的经济建设和社会发展服务，力争研制并开发出具有自主知识产权、能形成产业并带动地方经济增长的高新技术项目，建立符合海南实际、具有地方特色、能充分利用海南热带生物资源并切实可行的经济社会发展模式，具有影响的示范基地和一定规模的示范区，通过市场经济机制，发展有特色的热带种植业、养殖业和高附加值的深加工业等热带生物产业体系。这是由基础理论(如生物区系、生物地理、生物系统分类、生物群落和生态系统等)到应用科学技术(如涉及医药、食品、保健、轻工原料等领域的生物化学、生物制药、生态工程、养殖及栽培科学、生物工程特别是基因工程的应用)都极富有原始创新特色的一项科技发展举措，将对海南省以至全国的发展产生重大影响。我们相信，在这个充满创新的热带陆地海洋生物资源保护和利用的舞台上，只要有若干新物种、新生物化学物质、新活性物质和新基因的发现和应用，就将会对人类作出重要的贡献。

这个计划的主要任务包括以下几个方面。

（一）基础研究和基础性工作

1. 生物多样性和生物资源本底调查

鉴于海南进行的较大规模的生物资源调查基本上是在海南建省以前进行的，本底还不完全清楚，加之近 30 年来海南的经济社会发展对热带生物资源的利用和破坏又有了新的变化，应在前期资源调查的基础上，对海南省现有的热带陆地海洋生物资源，包括植物资源、陆生动物资源、农业生物资源、微生物资源、海洋生物资源、药用生物资源以及新兴的生物基因资源进行一次深入和全面的调查，并对生物资源的利用情况和环境改变情况进行回顾性评价，彻底摸清海南目前生物资源的种类、数量、分布以及利用现状和前景，编写和修订《海南植被》、《海南植物志》、《海南动物志》、《海洋经济动物志》、《海南药用植物志》和《黎药志》等生物资源志书，为海南省今后科学保护和利用热带陆地海洋生物资源、发展经济提供全面、科学的依据。

2. 做好海南以生物地理本底和规律为基础的热带陆地海洋领域生物资源保护和可持续发展(即热带绿色和蓝色农业可持续发展)的科学规划

海南拥有较大的热带陆域和海域，有必要做好经济可持续发展的区域性规划，也就是要做好以生物地理本底和规律为基础的热带陆地海洋域生物资源保护和可持续发展(即热带绿色和蓝色农业可持续发展)的区域规划。从保护生物资源来讲，要包括加强陆地和海岸自然保护区的建设，把现有的、已经形成的“生物岛屿”分布状的自然保护区尽可能连成大片的和建立有生态走廊的自然保护体系，加强管理和保育工作，以便充分保护和发展、利用海南原生物种和品种资源以及自然景观资源；另外，也要规划海南自己丰富的生物种和必要引进的外来物种及品种，科学规划其发展的基地，注意控制引进的物种和品种对原生的生物群落所造成的影响。这样的规划对联系、协调全国的大农业区域性规划也是重要的。

3. 建立有特色的热带种质资源库

1) 对生物种质资源的多样性进行调查和编目。结合生物资源本底调查，对野生种质资源的分布和濒危状况进行了解，选择保护重点，收集抢救现有的优质、珍稀、濒危物种及品种、品系和野生种。

2) 在种质资源保护过程中强调热带特色。海南生物资源的优势在于热带和海洋，所以，在热带种质资源库建设中，要充分收集和保存有海南特色的热带植物、热带动物、热带海洋生物、热带瓜果蔬菜、热带作物、著名南药、陆地海洋微生物等的种质资源和热带特有海洋生态系统(珊瑚礁和红树林生态系统)的种质资源保护研究，注重相关的近海生态环境与重要海洋生物资源的种群动态、生产过程和可持续利用的研究。目前海南已有一定的基础，如已有热带植物园、树木园、热带药用植物园和热带种质资源圃等，应在此基础上扩大和完善。此外，在种质资源的保存和保护过程中应注意迁地保护和就地保护相结合，自然保护区、植物园、种质资源圃和种子库相结合，以及个体保存和基因保存相结合的办法，因地因种区别对待；加大热带生物种质资源基础和应用研究的广度和深度。

3) 建立种质资源信息网络系统和监测系统。

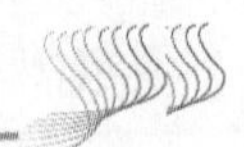

4. 加大野生动植物资源的研究和保护力度，建立监测数据库

1) 加强对海南野生动植物的科学研究。对野生动植物的保护和利用是以科学研究为基础的。目前海南有关野生动植物方面的研究资料奇缺，特别是野生、珍稀、濒危动物的研究存在许多空白，这为海南野生动物的保护和利用带来了极大困难，应加强海南野生动物科学研究的投入，并有针对性地加强基础研究。

2) 建立热带、珍稀、濒危野生动植物监测数据库。收集过去的研究文献，对欠缺的必要资料进行补充调查，建立海南热带野生动植物监测数据库，利用卫星航片判读、地理信息系统(GIS)和多媒体展示系统等高新技术对野生动植物的生境变化、种群分布、数量波动以及生活史等方面进行监测，为野生动植物的保护和可持续利用提供科学指导。

5. 加强现代中药创新平台的建设

使目前的海南省热带药用植物研究与开发重点实验室早日开发出以海南药用资源为原料，具有自主知识产权的现代中药，从而增加其产品的附加值，使资源优势转化为商品优势。

（二） 应用基础研究

1. 热带基因资源的挖掘和利用研究

基因资源是育种、生物技术和农业生产发展的坚实基础，未来农业的发展在很大程度上取决于掌握和研究基因资源的深度和广度。举世闻名的第一次“绿色革命”，就是由小麦和水稻的半矮秆基因资源的发现和利用引起的。而目前世界许多国家主要农作物育成品种的产量水平徘徊不前，主要原因之一是育种材料的基因资源基础狭窄，具有突破意义的基因资源的发掘和利用尚没有取得重大进展。因此，近年来世界各国都越来越认识到基因资源对农业发展的重要意义，不仅重视作物品种资源的搜集保存，并加强了现代生物技术，如高通量表达序列检查(EST)和基因芯片、大信息处理等的应用。基因资源快速有效的开发利用，成为 20 世纪 90 年代世界生物技术竞争的关键。海南拥有丰富的热带生物基因资源，目前已经在水稻的细胞质雄性不育基因、橡胶的产胶基因、海南粗榧的三尖杉酯碱的生产基因以及红树林的抗盐基因等方面的研究有了初步的进展，在将来的发展过程中还需加大资金投入和技术投入，向关键项目集中攻关，对热带生物基因资源进行深入的挖掘和开发研究。可优先考虑的有：抗盐耐盐基因、抗癌、抗菌、抗病毒、农业杀虫、防病、环保(用生物消除污染)基因的应用；热带海洋微生物特别是一些特殊微生物(如 *Marinospors* spp.)模式筛选；香蕉成熟基因的克隆利用；橡胶树产胶的基因作为转基因启动因子用于导入紫杉醇产生基因的应用等。

2. 热带农业、林业、渔业和医药等领域的高新技术研究

农业、林业、渔业和医药等领域的高新技术研究和高新技术成果转化是事关海南省经济发展的大事，要彻底扭转海南热带生物物质生产以原料产品和初级加工产品为主的局面。要依靠高新技术，包括以农业生物品种的遗传改良技术、组织培养和基因工程技术、农业和医药生物制剂技术以及微生物制剂技术为主要内容的农业、医药生物工程技术，以新型农业节水材料技术、生物可降解农膜、设施农业相关技术为主要内容的现代农业新材料和设施工程技术在热带农业、林业、渔业和医药等领域的应用。具体来说包括以下几个方面：

1) 热带优良动植物品种(优良作物、优良林木、优良畜禽、优良水产品种等)的培育和改良；

2) 农用生物制剂的研发和应用，从大量可利用的热带生物资源中开发研制生物农药、生物肥料、动物疫苗和动植物生长调节剂等制剂和产品；

3) 热带蓝色农业(海洋养殖业)的开发以及新技术应用，海水养殖业名、优、特新品种培育技术、养殖环境改良技术以及科学养殖模式的开发和应用；

4) 热带典型药用植物活性筛查与药效物质基础研究，如 100 余种抗癌植物的研究；

5) 热带农业、林业、渔业和医药等领域的高新技术成果转化；

6) 新型能源生物的发掘及开发技术的研究。

3. 生态保育规划与技术

在生物资源普查、摸清本底的基础上，加强以下几方面工作。

1) 海南省生态保育规划和技术研究；

2) 相关法律、法规的制定、健全和完善；

3) 自然保护区的建立，特别是对目前已经建立的自然保护区根据具体情况进行扩建或相邻相近的保护区进行合并，加强生态走廊建设，提高自然保护区的面积和保护功能；

4) 加强专业人才培养，吸收国际、国内生态保育的先进经验，提高生态保育

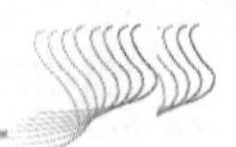

水平。

（三） 示范基地建设

示范基地的建设可对地方经济建设和社会发展起到显著的示范和辐射作用，既有利于海南生物资源的保护和合理利用，又可以解决农业科技成果的转化与推广、应用的问题。同时，示范基地的建设还有利于农业资源的高效利用和生态环境建设，实现农业的可持续发展。不同层次的示范基地还可以在不同层面上培养优秀的专业技术人才和管理人才，有利于增强海南经济发展的后劲。

1. 建立海南热带生物资源特色产业示范基地

国家中药材(GAP)基地：依据国家现代中药产业发展政策，结合退耕还林和三农问题及海南生态省建设等因素，充分利用海南独特的地缘优势，建立国家现代中药科技产业、中药材(南药)示范种植基地。

热带近海生物养殖基地：养殖生产与研究相结合，建设一种经济效益高、养殖结构优化、环境污染小、示范作用强的新型养殖基地。

热带水果花卉基地：热带水果和花卉是海南的特色，海南椰子系列产品就是一个成功的例子，应在总结椰子模式的基础上选择热带特色的花卉和水果建立示范基地。

热带特色蔬菜基地：基地的建设应该以反季节蔬菜、野菜和特色瓜果为基础，基地的建设过程中应更好地采取有效措施来实现产品的品牌效应和规模效应。

生物高新科技基地：基地的建设主要用于生物高科技产品的研发、推广和示范。

2. 建立生态保育和恢复的示范基地

选择典型的热带雨林生态系统、珍稀濒危动物保护区以及典型的海洋和海岸生态系统如红树林等，进行生态保育和恢复的示范区建设，努力恢复原生物种组成的生物群落；大力发展河口海岸及海岛的红树林群落、珊瑚礁及建立人工鱼礁，使海洋鱼类得到保护和发展，建成我国热带海洋生物研究和繁育基地。

（四） 相关政策的研究和制定

主要研究和制定针对海南热带生物资源的保护和可持续利用，以及生物产品贸易的法律、法规、政策、标准和社会经济发展的行动指南。

鉴于海南省目前的经济发展水平较低，财政收入情况较为紧张，科技力量相对薄弱的实际情况，建议该工程项目的组织运作方式为国家财政专项拨款，国家发展和改革委员会与科学技术部立项，由中国科学院和海南省政府共同承担和组织实施。目前，中国科学院，特别是广州分院，拥有一批熟悉海南生物领域的高级科技人才，海南省内也有一些长期从事热带农业的高级专家和一批中青年生物学、农学、林学、水产和医药学领域的科技骨干力量，两者是十分理想的人才优势互补。当然，项目也可包含必要的农、林、渔等部门的国家科研力量的支持和合作。当前，党的“十六大”提出了全面建设小康社会的奋斗目标，并把“可持续发展能力不断增强，生态环境得到改善，资源利用效率显著提高，促进人与自然的和谐，推动整个社会走上生产发展、生活富裕、生态良好的文明发展道路”确定为21世纪、新阶段全面建设小康社会的四大目标之一，明确提出了要大力实施科教兴国战略和可持续发展战略，“走出一条科技含量高、经济效益好、资源消耗低、环境污染少、人力资源优势得到充分发挥的新型工业化路子”的要求。这一创新工程正是全面贯彻中央号召的精神，旨在科教兴省，利用海南热带陆地海洋生物资源优势，改变海南经济发展滞后的现状。

（本文选自2003年咨询报告）

咨询组成员名单

蒋有绪	中国科学院院士	中国林业科学研究院
卢永根	中国科学院院士	华南农业大学
刘瑞玉	中国科学院院士	中国科学院海洋生物研究所
庞雄飞	中国科学院院士	华南农业大学
冯宗炜	中国工程院院士	中国科学院生态环境研究中心
郭　俊	研究员	中国科学院广州分院
黄良民	研究员	中国科学院南海海洋研究所
郭明昉	研究员	广东省昆虫研究所
彭少麟	研究员	中国科学院华南植物研究所
郑学勤	教　授	中国热带农业科学院
刘康德	研究员	海南省科技厅
黄　勃	教　授	海南大学
杨小波	教　授	海南大学

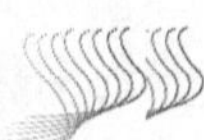

黄俊生	教　授	中国热带农业科学院
肖日新	研究员	海南省农业科学院
刘明生	教　授	海南医学院
线薇薇	副研究员	中国科学院海洋生物研究所
冯九焕	副教授	华南农业大学
陶建平	副研究员	中国林业科学研究院
梁　伟	副教授	海南师范学院
刘峰松	副研究员	中国科学院生物学部办公室
孙卫国	业务主管	中国科学院生物学部办公室

改进和提高我国基础研究

甘子钊 等

自然科学基础研究包括自然科学学科本身的基础研究(纯基础研究)和应用科学技术基础研究(应用基础研究)，两者既有区别，又有联系。随着现代科学与技术越来越深入的发展，两者的界限变得越来越模糊和不确定。一方面，现代应用科学技术的进展越来越离不开系统深入的基础性的研究，另一方面，现代自然科学的基础研究又越来越需要重大技术的支持。因此，在承认纯基础研究和应用基础研究两者之间区别的同时，应该特别强调两者在根本上的一致性和相互紧密的联系，强调两者的相互支持和相互推动。自然科学基础研究既是作为第一生产力的整个科学技术的知识基础，又是人类文化的重要组成部分，也是教育事业的一个重要支柱。

我国党和政府历来十分重视和关心自然科学的基础研究，中央领导同志对基础研究的重要意义以及在我国科学技术发展中的地位和作用都曾做了精辟的论述。近年来，我国自然科学的基础研究得到了很大加强，国家先后设立了以加强基础研究为目标的“攀登计划”和国家基础研究重大项目计划(“973”计划)，加强了对国家自然科学基金的投入，在国家创新体系建设和国家教育振兴计划中加强了对基础学科建设的支持，在推出的各种培养和引进人才的计划中，基础学科人才也占有相当比例。应该说，从资金和人力、物力的投入强度以及中央领导的重视程度上都是空前的。我国的自然科学基础研究取得了重大进步，学科建设有重大发展，获得了一系列重要研究成果，在国际上的影响也有所增强，一批较高水平的中青年研究骨干正在成长。

但是，从我国社会主义经济建设、文化建设、国家安全和可持续发展的要求，以及世界范围科学技术的迅速发展和我国面临的严峻国际形势来看，我国自然科学基础研究的现状仍严重落后于形势的需要，存在着一些制约基础科学发展亟待解决的问题，必须引起我们的足够重视。为此，中国科学院数学、物理学部组织部分院士和专家成立了咨询组，对我国自然科学基础研究的现况进行了调研，并针对存在的问题，就如何进一步改进和提高我国自然科学基础研究进行了多次研

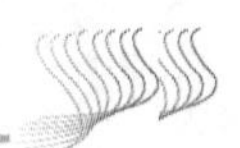

讨，在此基础上，又征求了众多专家的意见，并反复修改，最终完成了本咨询报告，供有关部门和领导参考。

一、全面认识基础研究的意义和作用

一般而言，自然科学基础研究包括自然科学学科本身的基础研究(纯基础研究)和应用科学技术基础研究(应用基础研究)两个部分。前者是以认识自然现象、探索自然规律、增加人类知识为目的的科学研究。主要由人类的求知欲望、人类对自然界的好奇心、学科本身或相关学科发展的需求所推动，评价的标准主要是其成果在人类知识体系中的地位和作用。后者是围绕重大应用目标或某种应用技术而进行的基础性科学研究。主要由为实现应用目标和发展应用技术提供必要的知识基础所推动，评价的标准主要是其在实现应用目标和发展应用技术上的作用。两者有所区别，应用基础研究是建立在纯基础研究的基础上的。但是，随着现代科学与技术越来越深入的发展，两者间的界限变得越来越模糊不确定。纯基础研究的成果在一定时间内发展成重大应用技术的例子已不胜枚举，以至于当代人多数都会同意这样的观点：尽管纯基础研究是一种不以具体功利为目标的活动，但是从人类社会发展的全局和历史来看，它却是人类取得了最大功利效益的一类活动。一方面，现代应用科学技术的进展越来越离不开系统、深入的基础性的研究；另一方面，现代自然科学的基础研究又越来越需要重大技术的支持。而且，从对具体的应用目标或发展某种应用技术所做的基础性研究导致发现重大基础理论问题，甚至导致纯基础研究的重大突破的例子也是不少的，甚至可以说是越来越多了。因此，我们在承认纯基础研究和应用基础研究两者之间区别的同时，应该特别强调两者在根本上的一致性和相互紧密的联系，强调两者的相互支持和相互推动。

自然科学基础研究的这两个部分都是作为第一生产力的整个科学技术的知识基础，是科技进步和技术创新的根本源泉，是国家经济发展、社会进步、国家安全和科学技术可持续发展的一个重要因素，是国家综合国力的一个不可缺少的部分。尤其是对我国这样一个处在剧烈的国际竞争和挑战环境中的社会主义大国，更是如此。

自然科学基础研究，特别是纯基础研究又是人类文化的重要组成部分。自然科学基础研究的重大进展，常常成为人类社会思想文化发展的重大推动力量；自然科学的基础知识是形成人类的世界观、人生观、价值观的一个不可缺少的基础性部分；在经历了与以“法轮功”为代表的伪科学、反科学邪教组织和思潮的重大斗争后，我们对此的认识更加深刻了；基础研究也是教育事业的一个重要支柱，各先进国家的教育史都表明，没有基础研究的开展，没有既是教学基地又是基础研究基地的研究型大学，高素质人才，特别是创新性人才的培养与成长是不可能的。由于现代自然科学传入我国较晚，现代科学精神和自然科学基础研究的传统在我国也比较薄弱，深入传播现代科学精神仍是我国面临的一项重大任务。自然科学的基础研究最深刻地反映了现代科学精神，在传播和发扬现代科学精神上也应该起到重要作用。

对于自然科学基础研究的意义和作用的认识，已经越来越成为各方专家和学者的共识。然而，在具体计划的安排和执行上，在对科技政策的阐述和宣传上，以及对科技知识与成果的传播和普及上，目前都还存在着某些偏颇和问题，其表现在以下几方面：

1) 对基础研究的投入，特别是对学科本身的基础研究(纯基础研究)的投入仍比较低。在整个科技投入中，基础研究的比重过低。尽管最近几年基础研究的投入已有较大增加，但在总的 R&D 经费中的比重仍只占 5%左右，与发达国家(一般10%左右)相比，还有很大差距。如果考虑其中属于学科本身的基础研究(纯基础研究)部分的比重，那就更低了。因此，在当前形势下，必须进一步提高对基础研究的认识，特别是基础研究对推动我国发展的重要性和迫切性的认识；要逐步适当地加大对基础研究的投入，特别是对纯基础研究的投入不能过低；既要保持基础研究在整个 R&D 中的适当比例，也要保证在应用基础研究和纯基础研究之间的适当比例，以保证我国科学技术能够健康和可持续地发展。

2) 对基础研究中两个相互联系的部分，在观念认识上和政策执行上也常常有片面性。纯基础研究和应用基础研究都是自然科学基础研究的组成部分。目前情况下，强调围绕国家发展的战略需求，重视重大应用基础研究，这是符合我国发展现状的决策。但是，也应适当强调围绕学科发展需要的重大基础研究和有自己原创性的基础研究。必须充分认识到基础研究中这两部分在本质上的一致性，基础研究的课题，既有从学科自身发展提出的基础问题，也有从国家战略需求中提出的重大问题，不应当过于强调两者的差别，更不应当把两者对立起来，也不应当过于短视。事实上，我们在确定项目和做出研究工作安排时常常容易过于强调应用目标，过于强调甚至不恰当地夸大项目可能的经济效益，甚至把应用基础研究变成是搞产品、追指标，忘了“基础”两字；可是在舆论上、评价上，在具体的工作中，又常常容易把纯基础研究的观念用于所有项目，片面追求文章数目、得奖等级、国际“水平”等。总之，要尽量避免对基础研究认识上的片面性，实事求是地对待不同类型的基础研究。

3) 对自然科学基础研究在人类社会文化、思想、教育发展上的意义和作用认识不足也是一种片面性。只强调自然科学生产力的一面，而忽视其在历史上和现实生活中对社会文化、思想、教育的影响，也是一种有害的片面性。科技教育和科普宣传中只强调获取实用知识，而忽视科学精神的培养；对伪科学、反科学的思潮斗争不力，甚至听之任之；科学界对科技教育的研究比较薄弱，基础研究和

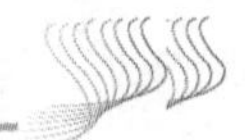

大学教育的结合还不够紧密等，都是这种片面性的反映，应该引起足够的关注。

二、正确认识基础研究的特点

基础研究是一个艰苦的积累知识和探求自然规律的过程，常常需要许多年甚至是好几代人的努力，经过多次的失败和反复，才可能取得实质性的进步。现代的基础研究，除了研究工作者个人的努力外，一般来说还需要较多的设备投入，需要较大的团队和多方面的合作与交流。但取得成功的决定性因素是高素质的人才，深厚的科学传统，优良的学术氛围以及持之以恒的长期努力。古今中外，概莫能外。由于基础研究的探索性，因此具有相当程度的不确定性，总是有相当的风险。在一段时间内能否取得成果？取得什么样的成果？常常难以做出准确的预测。而且，基础研究的课题选择、研究途径、获得成果的估价等，也常常会有一定程度的非共识性，往往难以靠一定的组织程序，通过某种方式的研讨就能短期内得出明确的结论。正是由于基础研究的探索性、长期性、一定程度的不确定性和非共识性，因此，应当鼓励在基础研究工作中发扬长期坚持，不断深化和发展的学风，努力营造和谐宽松、深入研讨的学术环境，切忌浮夸、浮躁急于求成的作风。

但是，在一段时间内，我国的部分科技领导部门、社会舆论和科技队伍内部，普遍地存在着一种“急于求成”的心态以及由此产生的诸多行政措施和媒体炒作。最近，我国舆论界热衷于讨论：中国为什么没有诺贝尔奖？什么时候会有诺贝尔奖？什么领域会得诺贝尔奖？等等。一定程度上也是这种心态的反映。往往项目立项不到一两年，不少成员可能连相关的基础知识和基本文献都还来不及阅读，便要应付检查。有多少创新？有多少世界水平的成果？写了多少高水平文章？引用多少？培养出多少杰出人才？年度总结，阶段检查，中期评估，专题调查，填写各种表格，撰写各种报告，对付层层召开的会议。取得了一点成果，就要反复论述有什么创新？统计文章收录多少？发表文章的刊物影响因子多少？唯恐说少了，导致把大量精力都放在成果的“包装”上。

这种急于求成的心态和浮躁的作风是非常有害的。第一，在它的影响下，制定研究计划和选择研究课题时，出现了“赶浪潮、抓热点、贴标签”的有害倾向，一些难度高、工作量大、不容易“闪光”的问题，一些有风险、有争议、原创性强的项目，人们常常不愿意承担，或者难以得到支持。大家一窝蜂似的涌向那些时髦的、知名度高的、能较快见效的题目。这种倾向对我国科学技术的长远发展十分有害。第二，它妨碍了科学研究工作的深入。现在，用于系统、全面地掌握前人成果，认真反复地做实验、测数据、搞观察的时间少了；刻苦钻研、精益求精、力求有所创见的人少了；人们都忙于找快出成果的捷径，钻能多出文章的“空子”，大量精力都放在包装成果、参加活动、上下沟通方面上。如果不纠正目前流行的这种心态和作风，不采取相应的措施，要取得较好的成果，培养出优秀的人才，是困难的。第三，更为严重的是，这类倾向在科技队伍中助长了一种不求甚解、自吹自擂、浮夸急躁的学风。现在实际上是要求科技人员努力包装、拔高自己，单位常常还专门组织力量帮他们包装，有些人甚至发展到弄虚作假、拼凑抄袭的地步。这种不良风气现在已经蔓延到大学生甚至青少年中了，其影响会是很长远的。因此，我们应该及时纠正急于求成的心态和浮躁作风。

三、必须改进基础研究的评估工作

正确有效地开展科研评估工作，是提高基础研究的科研水平、促进和创造科学研究的良好环境和氛围、推动科研条件的改善、实现科研资源优化配置的一种十分重要的手段。最近几年，在各级科研领导机关的努力下，评估工作有了较大发展。引入和推行了国际流行的量化指标，注意使用国内外公开发表的评价资料，重视了同行专家的作用，强调评估工作的制度化和规范化，强调公平、公正、竞争的原则，建立了评估组织和机构。在制定科研计划、确定科研课题以及课题的实施、成果鉴定、人员录用和提升、科技奖励等方面都重视了科研评估的作用，改变了过去单凭领导意志、行政命令的情况，成绩是主要的，进步也是明显的。但是，随着我国科技工作的进步，市场经济体制的逐步建立，在科研评估方面也出现了一些问题。应该认真总结经验，借鉴国际经验，进一步改进我国基础研究的评估工作。

科研评估的对象是什么？应该针对不同层次的对象有不同的要求和做法，这是科研评估时首先要探讨的问题。在发达国家中，由政府组织的科研评估工作大多是以国家或地区层次上的科研管理部门和大的科研机构为对象的。这类评估工作，作为科技决策的重要辅助手段，主要内容是估计整体的科研实力、评估大型科研计划和宏观政策、措施等，目的是优化科技资源的有效配置、改善投资使用水平、提高研究工作的效率并及时调整政策。对我国而言，诸如国家的 R&D(研发)经费与其他方面相对的比例，在 R&D 经费中基础研究的比例，纯基础研究和应用基础研究相对的比重，重大科研计划选择的项目，不同类型项目投入的相对力度，长远目标和急需解决的问题的联系和平衡，重大科学工程的立项等。这些都可以归结为评估对象的第一个层次。应该承认，我国在这个层次上的评估工作还很薄弱，经验也比较缺乏。第二个层次是对具体的科研项目或者专业研究组织的评估。这是加强科技工作的管理和协调的一个手段，用以提高科研工作的水准，调整研究工作的部署，提出必要的措施，防止可能的失误。第三个层次是对具体的科研成果和科研人员的评估。这既是一种学术研讨，也是科技管理工作中的一

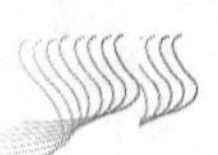

种辅助手段，其学术性和专业性更强。在发达国家中，第二、第三层次的评估，常常是由学术机构、科研机关或者是受委托的专业评估机构来进行的。在这三个层次中，目前出现议论比较多、意见比较大的常常是在后面两个层次的评估工作中，这可能与我国正处在体制的转型时期，各方面制度还不规范，科研行政部门对这些层次的评估干预太多，人事工作、科研拨款、对单位的评价等常常与科研评估结合得太紧有关。

关于评估的定量指标。20 世纪 60 年代以来，由于计算技术和通信技术的发展，信息处理和分析技术的发展，科学研究本身规律的定量和半定量研究也有较大发展。像 SCI(科学引文索引)、EI(工程引文索引)和 IF(科学刊物的影响因子)等就是其中的几个指标(这些可以称为科技文献计量学的指标)。毫无疑问，对第一层次的评估工作，为了给国家的科技决策提供帮助，采用定性和定量相结合的办法，对一些宏观的、带有总体性的问题，利用可靠的数据，采取合理的定量分析方法进行表达和说明是必要的，SCI、EI 作为一种定量指标使用也是合理的。但是，这显然不是唯一的，甚至也可以说不是最重要的指标。应该承认，我国对进行第一层次的评估工作中应该使用的基础数据的采集和积累还都做得很不够。但是，近年来，在第二层次，特别是在第三层次的评估工作中，却非常强调使用 SCI、EI 甚至 IF 这些指标，用以代替具体的学术评价，甚至有时定量计较到可笑的地步。把本来应该是宏观的、统计的、科技文献计量学的数据用到对个体的评价上，而且非常“定量”地起了作用，这是极不恰当的，在国际上和历史上都是极为罕见的，如不及时纠正，加上前面提到的浮躁心态，将会造成严重的不良影响。

科学研究评估的最根本的标准是科学实践。基础研究，由于它本身的规律，带有长期性、探索性、一定时期和一定程度的不确定性与非共识性，评估工作就更加困难和更需要慎重。从历史和现实的经验(包括国际上的经验)看，在对基础研究的评价中，最常用的、最为多数人肯定的仍是同行评议的方法，是依靠“科学共同体”的评判。像 SCI、EI 这些文献计量学的方法，只能是一个比较次要的，用以作为说明问题的例证手段。对具体的科研课题、成果和研究者个人的科技评估，首先是一种学术研讨，是促进研究工作提高水平，活跃学术气氛的一种活动，当然也是帮助领导部门了解情况、进行管理的一种方式。但是如果过分强调其行政功能，用来代替领导责任，再加上过分强调使用 SCI、EI 甚至 IF 这些指标，称之为科学化的“定量管理”，以为这便是公平公正，那么后果一定是不会好的。

目前，科技评估次数过于频繁、周期过短、指标过于烦琐、填写的表格太多也都是科技人员很有意见的问题。有人尖锐地指出：“我们现在是特大项目不讨论，大项目小讨论，小项目大讨论。”这句话确实反映了某些情况。

总之，对不同层次或范围的科技评估，应该起什么作用？能够起什么作用？要有正确的认识，明确目的要求，采取合适的方法和聘请合适的评议者，也就是要解决评谁、评什么、怎么评、谁来评的问题。应该认真总结，借鉴国外经验，结合我国实际，使科技评估工作逐步规范化，真正成为推动我国基础研究的一种有效手段。

四、改善科技管理工作

应该看到，科研工作的管理过于行政化，以及由此产生的对科研实体和科研人员过多的非业务负担，因此，努力减少科研实体和科研人员过多的非业务性负担，也是当前应该注意的一个问题。

改革科研体制、转换运行机制、推动观念更新，对我国整个科学技术工作都有伟大而深远的意义。通过深入改革来推动我国科学技术事业发展方针的实施，并应继续坚决贯彻下去，而且要不断创新和发展。但是，科学研究本身，本质上是属于个体或某个群体的创造性活动，具体研究课题的成功同体制、机制、指导思想、观念上的改革并不是完全等同和一一对应的，对于以探索未知自然规律为目标的基础研究就更是如此。具体科研课题的成功首先和主要的还是取决于从事研究工作的个人和团队的努力与创造精神，不能简单地把研究工作的成败都归结到体制、机制、模式、观念等方面上。特别是在 20 多年来我国已经进行了成功的科技体制改革的条件下，当前，更应同时强调各科研实体和科研工作者的实干精神和创造精神。我国从事基础研究的科学工作者也应该深入反思自身研究工作上的缺点和失误，总结经验，振奋精神，努力工作。

一方面，当前我国科技管理上的一个问题是过于行政化，很多应该是由基层研究实体做的事情，或者是应该由“科学共同体”即同行专家做的事情，却都集中到领导机关和行政管理干部手上；科技领导机关和科技管理部门的主要精力常常不是放在制定政策、进行规划、宏观管理和协调服务上，而是放在确定具体课题、进行课题管理、财务管理、行政事务以及组织各种活动上。对具体科研工作的管理层次越来越多，越来越烦琐。另一方面，业务人员的非业务负担过重，特别是一批较年轻的学术带头人的负担更重。科研实体的主要领导者本来应该主要是从事学术领导、思考单位的学术方向和解决研究工作上带有方向性的问题。但是，现在不少领导的主要精力却都放在应付上面、应付下面、忙于事务性工作和参加各种活动上，没有或很少有时间来学习和从事第一线的研究工作。由于出台的各种改革措施过于频繁，在等级、待遇、课题、经费等方面的变动和竞争都日趋激烈，第一线的科研人员也常常感到不够安定，不能安下心来工作。基础研究是要有传统和积累的，要鼓励老、中、青相结合，要加强科研队伍内部的团结和相互配合，不要一会儿支持老的，一会儿支持年轻的，防止发生各类片面性问题。

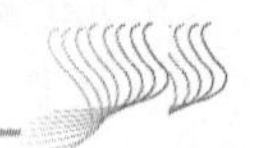

五、几点具体建议

上述了我国目前基础研究工作中存在的一些问题，反映了部分科研人员的一些意见和看法，希望引起各级科技领导和管理部门以及科技工作者的重视。当前，我国正在积极抓紧制定国家中长期科技发展规划，对基础研究应该有一个全面的认识并给以足够的重视，以便研究探讨和改进工作，推动我国基础研究的不断发展。下面提出几点具体建议：

1）从我国科学技术面临的激烈挑战和保证长远的可持续发展出发，组织力量，研究在我国目前条件下学科本身的基础研究和面向重大应用的应用基础研究应该大体上保持的比例，深入分析国家重大战略需求和基础学科重大发展之间的本质关系，适当增大学科本身的基础研究(纯基础研究)的投入。

2）重视科学规划的顶层设计，组织力量，认真研究，尽量做到把重大战略需求、重大应用基础研究与重大基础研究、基础学科建设和基础研究基地的建设有机地结合起来，使我国的基础研究尽可能做到有自己的特点，既能对世界科学的进步作出重大贡献，又能为我国经济建设和国防建设的持续发展提供强大的支持。

3）在继续宣传自然科学基础研究是作为第一生产力的科学技术的知识基础的同时，也要适当强调基础科学是作为人类文化的重要组成部分和教育事业的重要支柱的意义。促进科学研究与教育的结合，促进科学精神的传播和发扬。

4）当前，对急于求成的心态和浮躁的作风要采取坚决的态度来进行纠正，这在一定意义上已经成为基础研究发展的一个严重障碍，绝不能让这些错误倾向继续发展下去。

5）全面总结经验，参考国际上的做法，逐步改进基础研究评估工作。纠正片面强调和迷信文献计量学指标的倾向。精减评估、总结、检查等活动的数量，切实提高质量。减轻基层科研实体和科技人员的负担。

6）探讨政府在科学研究事业中的作用，政府应在宏观指导、方向把握、全局协调、提供服务等方面多下工夫，妥善处理改革、发展和具体研究工作之间的关系，减少上级科技管理部门对具体研究工作过多的干预和事务性管理，切实减轻科技人员，特别是各级学术骨干的非业务性工作负担。

（本文选自 2003 年咨询报告）

咨询组成员名单

甘子钊	中国科学院院士	北京大学
马志明	中国科学院院士	中国科学院
王绶琯	中国科学院院士	中国科学院国家天文台
白以龙	中国科学院院士	中国科学院力学研究所
张恭庆	中国科学院院士	北京大学
李家明	中国科学院院士	清华大学
杨　乐	中国科学院院士	中国科学院数学与系统科学研究院
杨国桢	中国科学院院士	中国科学院物理研究所
苏肇冰	中国科学院院士	中国科学院理论物理研究所
谷超豪	中国科学院院士	复旦大学
闵乃本	中国科学院院士	南京大学
陈佳洱	中国科学院院士	国家自然科学基金委员会
周　恒	中国科学院院士	天津大学
林　群	中国科学院院士	中国科学院数学与系统科学研究院
洪朝生	中国科学院院士	中国科学院理化技术研究所
赵忠贤	中国科学院院士	中国科学院物理研究所
章　综	中国科学院院士	中国科学院物理研究所

中国发展奶水牛业的建议

张新时 等

根据党的“十六大”提出的“发展要有新思路”的要求，中国科学院学部结合国家中长期科学和技术发展规划，以支撑经济发展和全面建设小康社会为目标，组织有关院士和专家对我国奶业生产的现状进行了分析比较，提出在我国实施“农业绿色革命”成功解决温饱的基础上，应加速制定和实施我国“农业白色革命”计划，并将发展奶水牛产业列入国家生产和科技发展计划的建议。

报告建议，应尽快制定全国奶业发展纲要，把奶水牛业发展纳入纲要予以重点支持；把奶水牛的科技攻关纳入国家中长期科学和技术发展规划；尽快构建立足全国和面向世界的水牛种质资源库，以收集和保存现有水牛品种资源，为奶水牛的品种改良奠定基础；加强奶水牛科学饲养示范基地县建设，如以中国农业科学院广西水牛研究所为依托，面向全国开展奶水牛饲养技术培训和推广中心工作，逐步在南方各省(自治区)建立奶水牛研究机构和示范基地县，并给予资金、技术和政策上的重点扶持；制定奶水牛产业化发展的政策，如把奶水牛产业发展纳入国家扶贫计划和农民增收计划，加强对水牛奶的宣传，引导消费水牛奶，鼓励成立各级奶水牛行业协会等。

一、民族强盛的战略需求

1. 让牛奶提高中华民族的身体素质

经济全球化条件下的竞争，归根结底是民族素质的竞争。

在未来 20 年内，为了使中国全面进入小康社会，必须迅速提高我国人民的整体素质，特别是身体素质，让年青一代平均身高提高 4~6 厘米，因此必须大力发展奶牛业。

环顾四邻，北方强壮的俄罗斯人是传统喝牛奶的民族；日本在 20 世纪六七十年代以来以实际行动实现了“一杯牛奶强壮一个民族”的愿望，其年青一代平均身高已超过我国；泰国在国王和王后的倡导下通过喝“学生奶”使泰国少男少女的身高有了明显的提高；我们的近邻印度，在 20 世纪 60~80 年代倡导了世界上规模最大的一场“白色革命”，一跃成为世界牛奶产量第二大国(其牛奶年产量达到了 6491.6 万吨，人均占有量为 78 千克,分别为我国的 6.3 倍和 9.2 倍)。2002 年世界乳产量为 5640 万吨，人均占有量为 94 千克，发达国家人均达到 200 千克以上，亚洲人均也超过了 40 千克。而我国目前乳产品总产量为 1122.9 万吨，人均仅占有 8.8 千克，奶类总产量居世界第 16 位，人均奶占有量只有世界平均水平的 9%左右,也远低于发展中国家 45.3 千克的水平。对此，我国不能不严肃地思考民族健康与解决对策问题，为了尽快提高人民的身体素质，必须高速发展奶牛业。

中国高速发展奶牛业的未来经济与社会背景是：到 2020 年我国实现经济总量翻两番，GDP 达到或接近世界人均水平，占世界总量的 1/5 左右，人均收入达到世界中等偏上水平，人类发展指数达到较高发展水平，建成共同富裕的小康社会，届时，我国人均奶消费水平应至少大于 100 千克，达到世界的人均水平。

中国高速发展奶牛业的未来农业基础是：在未来 20 年内实现根本性的农业结构调整与转变，即以奶牛业驱动的“草地农业”或“草田轮作制”为基础的草食畜牧业在农业产值与组成中占主导地位(50%以上),使我国农业形成“草粮并举”的局面，并且在草地畜牧业中实施以发展人工草地为主的结构性转变，以支持奶牛业的快速发展。

中国高速发展奶牛业的生物学基础是：奶牛是回报率最高的家畜，奶牛吃的是草，产的是奶，消耗的粮食最少，粗饲料占 50%以上；牛奶是能量转化效率最高的第二性产品，其净能量转化率为 25%以上，1 千克饲料喂奶牛获得的动物蛋白量比喂猪至少高出 2 倍。全球奶类提供的动物蛋白量约占肉、蛋、奶动物蛋白总量的 35%~37%。

2. 奶水牛业应该成为我国奶业的第二支柱

中国高速发展奶牛业需要进行区域性的战略调整，我国奶牛业不仅产量低，分布和消费也极为不均衡。目前我国饲养奶牛总数的 80%分布在北方，占全国人口 70%左右的南方的乳产品产量仅为全国总产量的 20%左右，奶牛和乳品生产与人口分布的极不对称性，成为我国乳业发展的“瓶颈”之一，应该进行全国范围内奶产业布局的空间转移。

联合国粮食及农业组织(FAO)认为，水牛是最具有开发潜力和开发价值的家畜。水牛奶营养价值高，饲料转化率高，具有很高的经济价值。水牛乳用及其综

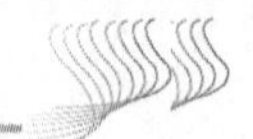

合开发潜力巨大。应该将奶水牛业发展成我国仅次于黄牛奶业的第二支柱。

3. 大力发展南方奶水牛业，将促进南方农业结构的战略调整和北方草场的合理利用

我国北方草场生态退化严重，难以承载今后不断发展的奶牛业对资源的需求。南方草地与作物秸秆等资源丰富而利用效率极低。全国范围内的奶产业空间转移，既可以促进北方草场的合理利用(生态－经济协调)，又能加快南方农业结构的战略调整。

4. 奶水牛业将成为南方农民增收和扶贫的重要途径

南方发展奶水牛乳业，不仅具有重要的经济意义，对于农村经济结构的调整，引导人们消费，改善人们生活，提高农民收入，实现小康社会也具有重要的作用。同时，水牛为南方适生的本地品种，通过品种改良，发挥其生产潜力，有利于优化南方生态–生产经济活动，具有重要的生态意义。因此，发展南方的奶水牛业具有战略性的意义。

二、奶业及奶水牛业发展的国际、国内形势分析

1. 世界奶业持续发展，水牛奶业正处于高速发展时期

近 10 年来世界奶业持续发展，奶产量持续增长，1992~2002 年，平均每年增加了 1.36%。其中，水牛奶的增长趋势更快，根据 FAO 数据，20 世纪 50~90 年代，水牛奶生产的增长是奶类中最高的，达到了 220%。1994~2002 年的 9 年间产量增长了 49.34%，年平均增长率为 6.17%。奶水牛头数增加了 25.86%，年增长率为 3.23%。世界水牛奶的单产量也有明显提高：1980 年为 981 千克/头，1994 年为 1213 千克/头，2002 年为 1439 千克/头。

2. 欧洲十分重视“水牛奶用”，近 10 年来产量增长迅速

欧洲由于疯牛病的影响，奶牛业受到很大的影响，生产波动很大。但近 10 年来，水牛奶产量增加了 1 倍，1992~2002 年，欧洲水牛奶年产量从 70 654 吨增加到 148 752 吨；与此同时，水牛肉产量反而略有减少，说明欧洲十分重视水牛的奶用问题。其中意大利从 1994~1998 年的 5 年之内，奶水牛头数从 63 300 头增加到

120 000 头，奶产量从 78 900 吨增加到 156 000 吨，各增加了 1 倍左右。

3. “白色革命”使印度成为世界第二大产奶国，其“奶水牛产业”贡献巨大

根据 FAO 统计，20 世纪 50 年代美国为世界第一大产奶国，年产牛奶 5472 万吨，占世界总产量的 18.6%。当时印度奶产量为世界第四位，年产牛奶 1877 万吨，占世界总产量的 6.4%。至 90 年代，美国仍为世界第一大产奶国，年产牛奶 6964 万吨，占世界总产量的 12.9%。印度奶产量迅速增长，成为世界第二大产奶国，年产牛奶 6396 万吨，占世界总产量的 11.8%。其中，印度水牛奶产量占奶总产量的比例达 53%～60%，“奶水牛”的贡献功不可没。

4. 我国发展奶水牛业的巨大潜力

(1) 我国奶产量趋势预测

根据我国 1961~2000 年奶产量的数据，进行如图 1、表 1 所示的趋势模拟计算人均奶占有量时，依据的是第五次全国人口普查的结果，利用 2000 年的人口数据及年人口增长率进行人口预测，然后，依据预测人口进行人均奶占有量的计算。

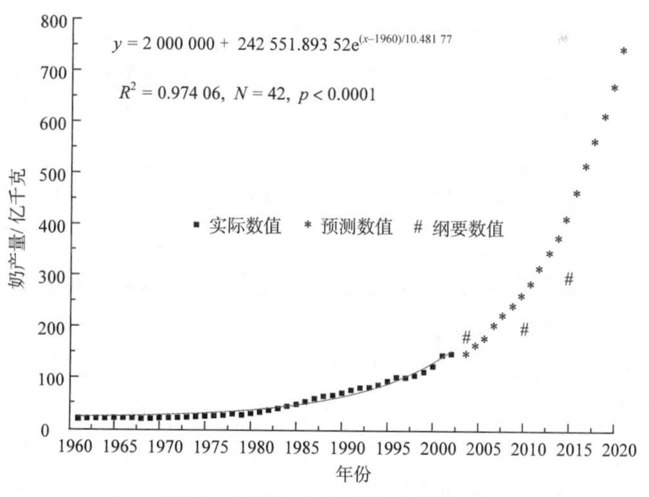

图 1　我国奶产量发展趋势预测

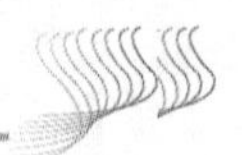

表 1　对 2003~2020 年我国奶产量增长趋势的预测结果

项目	2003 年	2004 年	2005 年	2006 年	2007 年	2008 年	2009 年	2010 年	2011 年
奶产量/万吨	1667	1814	1975	2153	2349	2564	2800	3061	3347
为 1998 年的倍数	1.59	1.72	1.88	2.05	2.23	2.44	2.66	2.91	3.18
人均/千克	12.76	13.73	14.80	15.96	17.22	18.60	20.10	21.74	23.52
项目	2012 年	2013 年	2014 年	2015 年	2016 年	2017 年	2018 年	2019 年	2020 年
奶产量/万吨	3662	4009	4390	4809	5271	5778	6337	6951	7627
为 1998 年的倍数	3.48	3.81	4.17	4.57	5.01	5.49	6.03	6.61	7.25
人均/千克	25.46	27.58	29.88	32.39	35.12	38.09	41.33	44.86	48.70

分析：按照目前的增长趋势，到 2010 年我国奶消费将增加到 1998 年的 2.91 倍，人均奶消费量可达到 21.74 千克；2015 年，可以达到 1998 年的 4.57 倍，人均 32.39 千克，超过了我国“十五”规划和 2015 年远景规划的目标(见图 1 中符号“#”)，即使如此，也远远没有达到 1997 年印度的人均奶消费水平(58.3 千克)，也远低于 1997 年的日本水平(70 千克)。所以，我国“‘十五’规划和 2015 年远景规划”的奶业生产目标过于保守。

(2) 与我国奶业高速增长形成鲜明对比的是，奶水牛业发展严重滞后

根据 FAO 的统计数据，2002 年我国水牛存栏头数为 2245 万头，其中奶水牛数为 525 万头。根据目前奶水牛的发展趋势，到 2015 年水牛奶产量将增加到 311 万吨，年平均增长率只有 1.78%，说明我国奶水牛产业发展十分缓慢，远远落后于我国奶业整体发展速度，同时也与高速增长的世界奶水牛奶产业形成了鲜明的对比。

(3) 奶水牛业地位低微，南方广大农民的水牛“不良资产”急需“盘活”，结构性增长的空间广阔

印度奶水牛头数占奶牛总头数的比重持续上升，从 20 世纪 60 年代的 25%左右提高到目前的 45%左右，其水牛奶产量在奶总产量中所占的比重为 50%～60%。中国奶水牛头数占奶牛总头数的比重则持续下降，目前只占 20%左右；中国水牛奶产量在奶总产量中所占的比重也很低，不到 20%，而且呈快速下降的趋势。近年来，广西、广东等地刚刚起步水牛奶的商品性生产。南方水牛作为畜力，是重要的生产资料，在以前农业生产中发挥了重要的作用，但随着我国科学技术的进步，水牛耕地的功能逐步消失，成为南方广大农村的一种不良资产，不但不能产生效益，反而成为负担，水牛地位急速下降，广大农民的“水牛”资产急需“盘活”。在我国南方奶业发展格局中，水牛奶应该在奶业中占据半壁江山。在条件特别适宜的地区，例如，广西、广东、云南的南亚热带地区以及四川盆地等低海拔的平原、丘陵和盆地地区，水牛奶甚至可以超过 50%，形成奶水牛发展的示范基地。因此，我国奶水牛产业还具有极大的结构性增长空间。

三、世界最大的乳品市场形成于极低起点的奶水牛业

1. 发展滞后的奶业显示出巨大的发展潜力

我国人口众多，伴随着全面实现小康社会的进程，人均奶及其制品的消费水平将会持续增长。中国有潜力成为世界最大的奶业消费市场，但若不能成为世界最大的生产国之一，则势必大量依靠进口，对于我们这样的大国来说，仅仅依靠进口是绝对不行的。为此，高速发展我国奶业特别是奶水牛业势在必行。主要原因如下。

(1) 我国奶业发展严重滞后

在我国人均乳品消费水平从 1990 年的 4.4 千克上升到 2001 年的 8.8 千克的同时，牛奶的消费群体结构也发生了很大的变化，乳品消费正走向平民化。但农村奶类消费极低，人均消费水平不及城镇的 1/5。由于我国 70%的人口分布在农村，这部分人口的生活状况是我国全面实现小康社会战略目标的真正体现。

我国乳品加工水平极低。2001 年我国前 10 名的乳品企业(如光明、伊利、三元、完达山、蒙牛等)的乳品加工能力约为全国的 45%。在我国 1500 多家乳品企业中，日处理能力在 100 吨以上的只有 5%，而发达国家的乳品企业日处理规模多在 2000 吨以上。

因此，长期以来奶源不足成为制约我国乳业发展的“瓶颈”。以湖南为例，2001 年湖南实际鲜奶产量 1.8 万吨，城乡居民实际消费达到 23.7 万吨，缺口达 92%，原奶生产的增长速度远远满足不了日益增长的消费需求。

(2) 奶水牛业虽然起点低，但成长空间广阔

我国南方地区地处热带亚热带，高温高湿，一般乳畜(如黑白花奶牛)的发展受到一定限制，而水牛具有耐高温高湿、耐粗饲、抗病力强、适应性强等优点，是热带亚热带地区发展奶业的优选品种，其他奶牛品种难以比拟。2002 年，据 FAO 报道，世界存栏水牛共 16 712.6 万头，其中亚洲占 97%。印度是世界上水牛最多的国家，占世界水牛总数的 56.9%；其次为巴基斯坦，占 14.6%；我国居第三位，占 13.3%。世界上水牛奶业开发最成功的国家为印度，经过 20 世纪 30 多年的努力，牛奶总产量超过 8000 万吨，其中水牛奶产量占 60%，人均占有奶量为 78 千克，很好地解决了由于人口众多引起的粮食不足的困难和人均蛋白质摄入低的问题，并由奶粉进口国变为出口国。

我国有 18 种优良水牛品种，具有体格高大、各种生产性能良好等特点，是中国水牛选育的基因库。我国水牛主要分布于黄河以南的 17 个省(直辖市、自治区)，2001 年全国水牛存栏达 2400 万多头，其中广西占 19%左右，居第一位，超过 100 万头的地区有 9 个。但我国长期以来将水牛作为役用。一般水牛的泌乳期

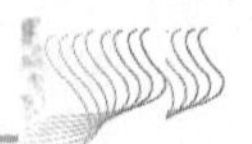

有 7~8 个月，产奶量只有 500~700 千克，据广西水牛研究所的资料，奶水牛通过良种繁育，泌乳期可增至 9~10 个月，平均产奶量为 1500~2300 千克，而且水牛奶的营养价值高于黑白花牛奶，因此具有很大的发展潜力。意大利的经验表明，该国主要是以大型农场为主体进行水牛饲养，一般饲养规模在 300~500 头，其中产奶母牛为 200~300 头，平均每头产奶量为 2092 千克，乳脂率为 8.4%，水牛奶的价格是黑白花牛奶价格的 3 倍(前者 1 美元 / 千克，后者 0.3 美元 / 千克)，100 千克水牛奶可产 25 千克奶酪，是黑白花牛奶的 2 倍；1 千克水牛奶酪 25 美元，是鲜奶价格的 2.5 倍，是黑白花奶酪价格的 3~4 倍。

无疑，我国的水牛资源和南方巨大的乳品需求将为我国南方乳业的发展奠定良好的基础。我国乳业、特别是奶水牛业虽处于起步阶段，但却具有巨大的成长空间。

2. 乳业面临良好的发展机遇

国务院批准实施的《中国食品和营养发展纲要(2001～2010)》(简称《纲要》)提出，今后 10 年我国将优先发展奶业，并特别强调注意解决好农村和西部两个重点地区的人群食物和营养问题，使全国人均乳品消费从“九五”的 5.5 千克提高到 16 千克，其中城市居民人均消费达到 32 千克，农村居民人均达到 7 千克。到 2010 年，全国奶类总产量要在 2001 年的基础上再提高 1 倍，达到 2240 万吨。2000 年国家 9 个部委局联合推动的国家“学生奶”计划开始实施，极大地刺激了奶业市场的发展。据不完全统计，目前世界上已有 30 多个国家和地区实行了“学生奶”计划，甚至有些国家(如美国、日本、芬兰等)制定有关法律来保证该计划长期稳定的实施。据 FAO 统计，“学生奶”占全部液体奶销量的比例以泰国最高，达 30%左右，日本达 9%，美国达 7%，芬兰达 5%，挪威和瑞典达 4%，丹麦达 3%。我国“学生奶”需求量巨大，以广西为例，2000 年广西现有中小学生 895 万人(含幼儿园)，如果每天每人喝一杯牛奶，则一年需要 82 万吨，是广西该年奶产量的 40 倍。此外，我国即将进入老年龄化社会，老年人口将达到 3 亿人，如果按 50%的老人生活在城镇统计，每人每天喝 250 克牛奶，则一年消费牛奶 1368 万吨。因此，能否实现《纲要》所提出的目标以及在全国范围内实行“学生奶”计划，关键在于人口密集的广大东南和西南地区的奶业发展。

3. 中华奶格局与我国热带亚热带湿地奶水牛区的崛起

我国牛奶产区可分为三个：北方黄牛奶区、青藏高原牦牛奶区和南方水牛－黄牛奶区。南方水牛–黄牛奶类型区包括广东、广西、福建、四川、云南、贵州、湖北、湖南、江苏、浙江、安徽、江西等省(自治区)，总面积 240.28 万千米^2，占国土面积的25.03%，属热带亚热带地区，水牛数量占全国水牛总量的98%。

目前我国奶业生产格局与人口、奶消费市场的分布很不一致，有必要构建南方奶水牛业区，战略性的调整我国奶业格局，这既是南方农业结构调整、农民增收、扶贫工作的需要，也是北方退化草场生态恢复的需要。

南方地区奶业快速发展的需求较高，这一地区人口稠密，数量大，约占全国总人口的70%左右，经济发达，而目前这一地区牛奶总产量却很低。由于该地区气温高、降水量大、高温高湿持续时间长，对于长期生活于温带地区的奶黄牛极为不利。这一地区的黄牛类奶牛不仅疾病多、饲养成本高、平均产奶量低(北方平均产奶量在7000千克左右，而南方只有4000千克左右)，而且药物的大量使用还会大大影响牛奶的质量。因此，长期生活且适应这一地区生态环境的水牛类奶牛则可能成为这一地区的主要奶源，印度、巴基斯坦等国的成功即为最好的例证。我国2400万头水牛主要分布于海拔低于800米的南方低山、丘陵、平原和水稻田地区，其适应性强、耐高温高湿、耐粗饲、抗病力强、饲养成本低、风险小、收益稳定，同时，南方河网密布、水多，饲草料资源丰富，使奶水牛发展具有极好的自然资源条件。海拔800米以上的山地，气候温凉，则适于黄牛类奶牛的发展。此外，在大城市郊区，奶牛养殖业集约化、设施现代化程度较高，饲养奶黄牛数量较多，在奶总产量中占有很大的比例。

我国南方具有发展奶业最佳的天时和地利，随着人民饮食结构改变和保健意识的加强，对乳品的需求会有很大的增长，南方奶产量极低的现象将得到根本的改变。因此，应该大力发展南方奶水牛产业，提升南方奶业在中华奶业中的地位，促进我国奶业的均衡发展。

四、我国发展奶水牛业的优势

1. 牛奶及其制品

据报道，水牛奶的高质量在于其干物质(18.4%~21.75%)和营养成分显著高于荷斯坦奶牛奶及其他动物乳和人乳(表2、表3)。其中，干物质、乳脂、蛋白质、氨基酸等为荷斯坦奶牛奶1~2倍，而铁、锌和维生素则高于荷斯坦奶牛几十倍。

表2 水牛奶与荷斯坦奶牛奶的营养价值比较

奶品	干物质/%	乳脂/%	蛋白质/%	氨基酸/%	铁/(毫克/100克)	锌/(毫克/100克)	维生素A/(克/毫克)
水牛奶	18.4	7.9	4.5	4.2	24.5	27.0	0.76
荷斯坦奶牛奶	13.0	3.2	3.1	1.4	0.3	2.2	0.02

注：水牛为杂交水牛

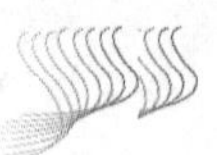

表3　各种乳平均营养成分　　(单位：%)

奶　品	干物质	脂肪	总蛋白	乳糖	干酪素	灰分
人　乳	12.42	3.74	2.10	6.37	0.80	0.03
山羊乳	13.90	4.40	4.10	4.40	3.30	0.80
马　乳	10.50	1.60	1.90	6.40	4.30	0.34
水牛乳	21.75	10.80	5.26	4.88	4.70	0.80
黄牛乳	12.50	3.65	3.20	4.81	0.75	

注：水牛为中国本地水牛

水牛奶乳汁浓厚，香气扑鼻，直接饮用香浓可口，颇受消费者青睐。根据调查，在水牛奶的主要产区广西，每千克鲜奶收购价为 4 元，而黑白花牛奶仅为 1.5~2 元。此外，水牛奶加工潜力巨大，加工优势明显，不仅可以加工成市场容量大、高质量的灭菌乳、酸乳等纯乳产品或含乳饮料，还可以开发出高附加值的水牛奶制品。例如，广西皇氏乳业集团生产的水牛奶系列产品，目前即将投放市场，250 毫升水牛奶酸奶零售价为 4 元，远高于黑白花牛奶的同类产品。

2. 丰富多样的饲草料

我国南方水热充盈，草坡、草山、湖滨、海滩面积广阔，农作物复种指数高，牧草单位面积产量高，农作物秸秆及加工业副产品资源丰富，南方牧草饲料资源丰足，生产潜力巨大。牧草饲料主要来自以下三个方面。

1) 草地农业。推行“草田轮作制”是农业结构改革的重要方面，如果我国南方的 8.36 亿亩农田每年有 1/4~1/5(即 1.7 亿~2.1 亿亩)的农田轮种豆科牧草，年产青草达 38 000 万吨(亩产 2 吨)，可饲养水牛 2082.2 万头，不仅可提供大量优质的水牛饲草料，成为发展奶水牛业的重要支柱，还可改良农田土壤。此外，我国南方有 4 亿~5 亿亩冬闲田，如果利用 1/3 的冬闲田，年产鲜草可达 30 000 万吨(亩产 2 吨)，可饲养 1643.8 万头水牛。

2) 农作物秸秆。根据调查，广西全区有数量巨大的各种农作物秸秆及加工副产品(全区年产稻草 1200 万吨，玉米秆 294 万吨，红薯藤 56 万吨，黄豆秆 87 万吨，花生藤 113 吨，甘蔗尾叶 500 万吨，糖厂的甘蔗渣 500 万吨，木薯渣 4 万吨，菠萝渣 4 万吨，糖蜜 70 万吨)，产量合计达 2828 万吨，每年可饲养约 154.9 万头水牛。

3) 人工草地。我国南方有着面积 9.8 亿亩的草山、草坡，据广西的调查，人工种植象草每年每亩产鲜草 3000~5000 千克，如果利用其中 1/10 的面积发展人工草地，可达 0.98 亿亩，按每亩平均产鲜草 3000 千克计，可生产鲜草 29 400 万吨，每年可饲养奶水牛约为 1611 万头。

综上所述，可支撑的奶牛数量可达 5492 万头，远远高于我国奶水牛发展预测指标(预测到 2020 年，我国南方 8.5 亿人人均奶占有量为 106 千克，需要奶水牛约为 2500 万头)。因此，在我国南方发展奶水牛产业有极大潜力，牧草饲料不会对产业发展形成制约。

3. 高效益低成本的奶水牛养殖

由于奶水牛适应南方湿热的环境、抗病能力强、耐粗饲、饲养管理简易，加之我国南方牧草饲料丰足，因此在我国南方养殖奶水牛成本低、效益高。不同杂交品系的奶水牛养殖纯收入为 2000~6000 元。以下根据我们在广西武宣县奶水牛养殖户的调查数据来计算养殖效益。以杂交二代奶水牛(年产奶量为 2000 千克)为例，每头奶水牛年投入 5058 元。其中精料投入：365 天×3 千克/天×1.40 元/千克=1533 元；粗料投入：365 天×50 千克/天×0.10 元/千克=1825 元；水电保健费 500 元；人力投入 1200 元；每千克鲜奶收购价为 4 元。每头奶水牛可获纯收入为 2942 元，每个劳力可饲养 5 头奶水牛，每年可获利纯收入为 1.471 万元。

据广西大学蒋和生教授估算，以年增加 70 000 吨鲜奶为基本核算，需购进黑白花奶牛 10 000 头，每头价格为 40 000 元，合计 4 亿元；每年饲草料成本每头为 5000 元，10 年合计 5 亿元。每头奶牛年产奶为 7 吨，每吨价格为 2000 元，10 000 头奶牛 10 年产奶总值为 14 亿元，减去成本后，黑白花奶牛净收益为 5 亿元。如养殖杂交奶水牛，年产量为 70 000 吨牛奶需改良奶水牛 3.5 万头，共需资金 2.8 亿元，10 年饲养 3.5 万头奶水牛的成本为 7.0 亿元；而 10 年之内的后 6.5 年产奶总收入为 18.2 亿元，减去成本后，杂交奶水牛净收益为 8.4 亿元,其经济效益优于黑白花奶牛。

综上所述，我国南方高温高湿的自然环境所产生的巨大植物第一性生产力，客观上为奶水牛养殖提供了坚强的牧草饲料支撑，随着优良牧草品种的不断选育和推广，牧草生产潜力将会得到进一步的放大。另外，丰富的奶水牛种群资源和杂交奶水牛优良的品质，又是我国南方生物生产力增值和转换的最佳媒介；水牛奶无与伦比的高营养和高质量孕育了无比广阔的市场前景；低廉的生产成本可以使农民在奶水牛养殖中获得最大的利益回报。

五、建立优化的奶水牛农业生态模式与生产体系

奶水牛业是能量和价值高度集聚的农业产业，启动独特的水牛奶生态–经济链，可带动第一、第二、第三产业的联动发展。加快我国奶水牛业的发展，关键

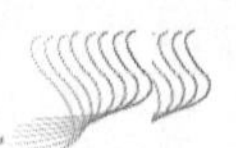

在于建立优化的奶水牛农业生态模式与生产体系，并加强支撑与服务体系。

（一）奶水牛生态-经济链的第一产业和生态模式

1. 奶水牛的饲料(初级生产力)开发

随着中国加入 WTO，国外的廉价粮食产品逐渐进入了中国的市场，农民种植粮食的收益明显降低，因此，我国种植业的结构调整步伐必须加快。开发南方农业饲料资源具有广阔的前景，普遍推行“草田轮作制”不仅可以提供大量优质的水牛饲草料，成为发展奶水牛业的重要支柱，还可改良农田土壤。南方尚有 4~5 亿亩冬闲田，是南方土地资源利用的空白点，如改造为饲草生产基地，一方面可以供应奶水牛业生产的饲料，另一方面又使闲置的土地和植物资源得以充分的利用，使农民通过饲草种植来增加收入。广西调查表明，冬闲田种植黑麦草一个冬季可收割 2000 千克鲜草，以每千克 0.1 元计，冬季亩均产值 200 元；退耕地利用增值比冬闲田更高，种植象草一个生长季可收 5000 千克鲜草，亩均产值 500 元。各种农作物与经济作物的秸秆与皮壳等均可加工成为水牛饲料，更是一个有着极其巨大发展潜力的初级生产力资源。南方的 9.8 亿亩草山、草坡的利用也极具潜力，估计在海拔 800~1000 米的热带亚热带次生草地约占 1/4，即 2.4 亿亩，改造为优质高产的人工草地后，将成为南方奶水牛业主要的饲草基地。

2. 水牛奶(次级生产力)的转化

役用水牛对能量的利用率非常低，非耕时期长期闲置更加造成资源的巨大浪费。水牛奶是能量转化最高的动物产品之一，是农民增收的一个关键点。奶水牛在泌乳前期的净能量转化率为 19.9%，通过改善奶水牛饲料配方，净能量转化率还可以进一步提高。而其他动物产品净能量转化率一般在 10%左右，如猪肉约为 17%，鸡肉约为 12%，兔肉约为 9%，鸡蛋约为 7%，羊肉约为 5%，牛肉约为 4%。

3. 奶水牛驱动的能量流动和物质循环的优化生态模式

能量与物质在系统中流经越多的环节，系统的能量与物质利用效率就越高，这是自然生态系统的基本法则。在我国南亚热带的广西玉林地区，涌现出一个极富生命力的、多级能量转化的农草林果的复合模式，或称为“北流水牛模式”，它具有第一、第二生产力的合理配置，符合生物多样性的原理，形成具有较完善生态功能的复合结构，并孕育着巨大商机的潜在前景，因而可能是一个可持续发展的农业模式雏形。“北流水牛模式”是以华南红土丘陵台地的自然景观与农业结构为基础的，其最突出的特点就是以奶水牛为驱动力的能量转化与物质循环系统。该模式的基本结构是：林—果—草—奶水牛—沼气—稻田—鱼塘。

(1) 丘顶水土保持林带；

(2) 丘坡果树(+草)带；

(3) 丘脚草带是饲养奶水牛的人工草地基地；

(4) 牛舍沼气池是模式系统中高效的能量转换枢纽与物质循环的中转站；

(5) 台地水稻带是华南最基本的传统农业种植带；

(6) 尾塘带是处在模式系统尾闾的池塘，可进行再度的营养物质循环与能量的再转化。

在该模式下养殖不同规模水牛群的经济效益预算如下：

以饲养 10 头杂交二代奶水牛的“果+草—牛—沼气—鱼塘”模式为例。

A. 成本：34 475.0 元

a. 饲料成本：20 075.0 元

①精料：2 千克×2.5 元/千克×365 天×7 头=12 775.0 元

②草料：20 千克×0.1 元/千克×365 天×10 头=7300.0 元

b. 人工成本：3 人×400 元/月×12 个月=14 400.0 元

B. 年收入：92 187.5 元

①奶水牛常年有 7 头挤奶牛：7 头×1800 千克×3.6 元/千克=45 360.0 元

②生产沼气，每天可节省用电 10 千瓦时：365 天×10 千瓦时×0.35 元/千瓦时=1277.5 元

③沼气渣和废水种果树，可供 100 亩荔枝树种植所需肥料：

100 亩×25 千克肥料×2.5 元/千克=6250.0 元

④种草的收入与草料成本一致：7300.0 元

⑤荔枝树产果：100 亩×80 千克/亩×4 元/千克=32 000.0 元

C. 纯收入：

合计：92 187.5–34 475.0=57 712.5 元

牛均：57 712.5/10=5771.25 元

（二）奶水牛生态-经济链的第二产业生产经营模式

奶水牛生态经济链的第二产业是乳品加工，该环节是系统有效能量的主要出口，使生产链进一步延长并增加附加值。以加工业为核心，可以把奶水牛生态－经济链的各个环节有机结合并积极调动起来。

水牛奶具有很高的加工价值、加工潜力和加工优势，不仅可以开发出大众化

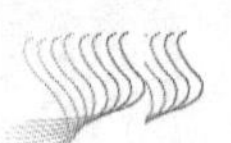

的杀菌乳、灭菌乳、酸乳和乳酸饮料，还可以开发出市场容量大、高质量、高品质、高附加值的水牛奶制品。如用来加工奶酪，100 千克水牛奶可以生产出 25 千克奶酪，荷斯坦奶牛奶只能生产出 10~12 千克，奶酪在国际市场上畅销不衰，价格远高于其他同类产品，如世界闻名的意大利干酪(Mozzarella)和乳清干酪(Ricotta)。这是奶业非常发达的一些欧洲国家，如意大利、英国等国家在奶业市场饱和的情况下，仍坚持发展奶水牛业的重要原因。

奶水牛业的总体经营模式是建立以奶产品加工企业为龙头，奶水牛生产基地为平台，养牛农户为基本原料生产单元的“公司＋基地＋农户或合作社”式的奶牛饲养模式。牛奶生产和收购是加工业发展的前提，自下而上地建立高效低成本的收购网络系统对于水牛奶市场化起着重要的作用，也是农民与企业联系的重要途径。在大城市以奶业加工龙头企业为主，向一定交通半径(如 50~200 千米)以内围绕中心城市的奶水牛养殖基地或养牛农户收购奶源；在较偏远的小城镇则以小企业为主负责收购周围奶户的水牛奶，再向中心城市龙头企业的加工厂输送。这些卫星城镇辐射散布在中心城市的周围，形成农村包围城市的奶业生产格局。不同地区依据经济、社会、气候和自然条件差异可以形成各有特色的生产经营模式。此外，亟待建立奶水牛业的支撑服务体系。

六、战略定位：对我国奶水牛业发展的情景预测

1. 基础数据与参数设定

2002 年我国水牛存栏头数为 2245 万头，其中奶水牛头数(可繁殖母牛)为 525 万头，即全国现有约 500 多万头母水牛可供改良，广西有 170 万头可供改良的母水牛。全国杂交水牛 1999 年有 1 万头，2000 年有 1.4 万头，2001 年有 4 万头，2002 年有 11.6 万头。根据对广西奶水牛发展情况的调查，大体可以作如下设定。

设定 1：中国南方奶区产奶量占全国产奶量的 1/2；

设定 2：南方奶产量中的一半是水牛奶；

设定 3：奶水牛经过品种改良，平均每头年产奶量为 1750 千克。

2. 方案分析

纲要方案：根据“‘十五’及 2015 年远景规划纲要”，全国产奶量 2015 年达到 2832 万吨，中国南方奶区 2015 年年产奶量 1416 万吨，即占全国产奶量的 1/2；其中的一半，即 708 万吨是水牛奶；奶水牛经过品种改良，平均每头年产奶为 1750 千克，则 2015 年，我国杂交奶水牛头数需要发展到 405 万头。如前所述，该方

案过于保守。

趋势预测：根据前面对2003~2020年我国奶产量增长趋势的预测，2010年我国奶水牛头数将发展到450万头，2020年发展到1100万头。但是，按照这样的规划，2020年我国人均奶产量的水平仍然只有48.7千克，远远低于印度目前的水平(78千克)。因此，如要2020年我国人均占有奶产量水平赶上印度现在的水平，即78千克，则2010年杂交奶水牛需要发展到780万头，2015年1160万头，2020年1750万头。

七、对高速发展我国奶水牛业的几点建议

综上所述，我国南方地区应该大力发展奶水牛业，建立以奶水牛为主的农业生态–经济产业链。具体建议如下：

1) 制定全国奶业发展纲要，把奶水牛业发展纳入纲要并予以重点支持。

2) 依靠科技发展奶水牛业。目前，我国的奶水牛业多为粗放经营，生产水平很低，如何在我国水牛奶生产、加工与销售系统中，采用新技术，提高技术含量，对于增强水牛奶开发能力和市场竞争力具有十分重要的作用。有关的科学问题主要有：① 建立品种改良、引进优良品种、提前奶水牛生殖期(由2.5~3年提前到1.5~2年)、提高日产量、快速繁育与疫病防治体系；② 制定饲养与营养标准及技术操作规程；③ 适应快速发展奶水牛的农业结构调整(大力推行“草田轮间作”)与天然草山、草坡的人工草地改造工程；④ 奶水牛驱动的热带亚热带生态—经济模式的研究与示范。

3) 建立培训与推广网络体系，根据国内外经验，要稳定而快速的发展奶水牛业就必须建立与不断完善培训与推广网络体系(如服务网络与科技网络)。

4) 建立立足全国，面向世界的水牛种质资源库，收集、保存现有水牛品种资源，为奶水牛的品种改良奠定基础。

5) 加强奶水牛饲养、防疫的标准体系及相关技术操作规程的研究，尽快出台全国统一的奶水牛标准体系及相关技术操作规程。

6) 建立以中国农业科学院广西水牛研究所为技术依托的奶水牛科学饲养示范基地县，作为面向全国的奶水牛饲养技术培训和推广中心。逐步在南方各省(自治区)建立奶水牛研究机构和示范基地县，并给予资金、技术和政策上的重点扶持。

7) 加强奶水牛产业化发展的关键技术研究。开展应用胚胎移植技术，建立良种核心群的研究；开展以提高水牛繁殖率和加快良种繁殖技术为主的生物技术研究，并建立高产良种核心群；加强养殖、饲草、乳品加工的奶水牛业集成技术的研究。

8) 制定奶水牛产业化发展的政策，把奶水牛产业发展纳入国家扶贫计划和农

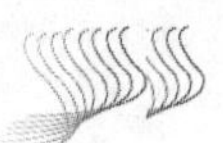

民增收计划中。把奶水牛的科技攻关纳入国家中长期科技规划中。放宽农户购买奶水牛的信贷额度，实施退耕还草、草田轮间作，对奶水牛乳品加工企业的技改和产品研发匹配一定比例的专项经费，加强对水牛奶的宣传，引导消费水牛奶，鼓励成立各级奶水牛行业协会等。

（本文选自2003年咨询报告）

咨询组成员名单

张新时	中国科学院院士	中国科学院植物研究所
陈佐忠	研究员	中国科学院植物研究所
黄文秀	研究员	中国科学院地理科学与资源研究所
汪诗平	研究员	中国科学院植物研究所
辛晓平	副研究员	中国农业科学院农业资源与农业区划研究所
王国宏	副研究员	中国科学院植物研究所
李　波	副教授	北京师范大学
蔡　刚	工程师	中国科学院院士工作局咨询工作处

开展“地理科学系统理论”研究

任美锷 等

地理学主要研究人地关系，这也是地理学的基本理论。但多年来，这个理论很少发展。新中国成立以来，我国地理学者虽然做了大量有益的工作，但因缺乏中心理论，很难立足于现代科学之林。

进入21世纪，地理科学理论应当与时俱进，有所创新。20世纪80年代，钱学森院士就提出要开展地球表面各圈层相互作用研究，并建立地理科学系统理论。后来，他又从世界科学的高度，把地理科学列为世界现代10个科技部门之一，这主要是由于地理科学是一门进行综合研究的科学。最近国际地圈生物圈计划第二阶段(IGBPⅡ)也强调综合研究，并主张应先选择若干区域，如亚马逊河流域、亚洲季风地区等，进行综合研究。同时，由于人类活动对地球系统演变的影响日益重要，IGBPⅡ计划中增加了一个“人–环境系统研究”的重大项目。根据国内和国际科学界的发展趋势，并参考地理科学的人地相互关系理论，我们提出地理科学系统理论，并将其作为地理学的重大理论基础。这一理论与钱学森学说和IGBPⅡ理论框架(图1)的不同或创新之处，就是提出“人类圈”，将人类与自然(环境)作为两个对等部分，研究其相互影响和相互作用(图2)。这是一项十分重大的基础理论，将有力推动我国地理科学发展，并与世界科学界接轨，对我国整个地球科学的发

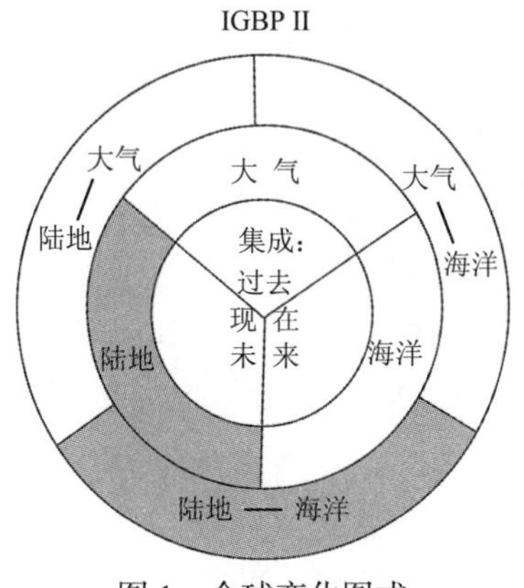

图1　全球变化图式

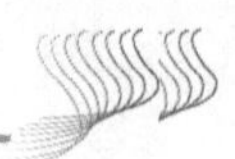

展也将有重要意义。

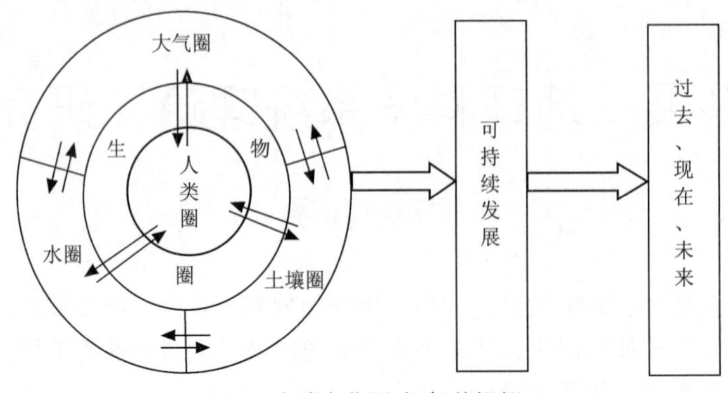

图 2　全球变化图式(任美锷拟)

（本文选自 2003 年院士建议）

专 家 名 单

任美锷	中国科学院院士	南京大学
陈述彭	中国科学院院士	中国科学院遥感应用研究所
施雅风	中国科学院院士	中国科学院兰州寒区旱区环境与工程研究所
李吉均	中国科学院院士	兰州大学
赵其国	中国科学院院士	中国科学院南京土壤研究所

人地关系地域系统的理论研究与调控

吴传钧*

在地球科学中，地理学着重研究地球表层人类和地理环境的相互影响与反馈作用，地理学的基础理论研究始终离不开人地相互关系这一宗旨。

人类活动和地理环境的关系并非一成不变，而是随着人类社会的进化、文化科技和生产力水平的不断提高而不断变化的，向广度和深度发展而变得日益密切。而且这个关系在不同类型地域上所表现的结构和矛盾又不尽相同，因此还具有明显的地域差异性。所以在宏观上，人地关系就具有不同的时间结构和空间结构。

人地关系的研究对我国具有巨大的紧迫性和现实意义。正如《中国21世纪议程纲要》所指出的，如何协调人口增长、资源供求、环境保护之间的关系，以谋求全国和各地区社会经济的持续发展，已成为十分迫切的问题。为解决这些问题，需要将人类社会和地理环境两大系统作为一个整体进行研究，即研究人地之间相互作用的机理、功能、结构和整体调控的途径和对策。在学术上，人地关系的研究还关系到地理学本身的生存与发展，它是地理学的立足点，又是促使这门学科向前发展的最大动力，涉及人地关系研究的学科，除地理学以外，还有哲学、社会学、生态学和环境科学等，但以地域为单元，着重研究人地关系地域系统的唯有地理学。

人地关系地域系统是以地球表层为基础的人地关系系统，是由人类社会和地理环境两个子系统在特定的地域中交错构成的一种动态结构，一个复杂的开放的巨大系统，两个子系统之间的物质循环和能量转化相结合，就形成了系统发展变化的机制。人地关系是一种可变的量，是一个不稳定的、非线性的、远离平衡状态的耗散结构。研究时要重视它的时间和空间变化，并从自然和人文两个方面建立系统的变量识别指标并加以分析。

人地关系的研究是一项跨学科的大课题，其研究内容是多方面的。在特定的时间条件下，这一研究，一是要明确研究的目标是协调人地关系，使之和谐化。即优化人地关系的地域系统，落实到地区的持续发展上，这是研究的应用意义。二是要明确研究的重点是人地关系的地域系统，研究这一系统的形成过程、结构

* 吴传钧，院士，中国科学院地理科学与资源研究所

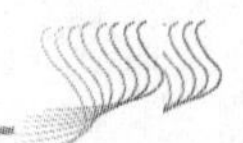

特点和发展趋向，从而奠定地理学理论研究的基础，这是研究的学术意义。三是要运用有效的研究方法，采用从定性分析到定量计算的综合集成方法，走向推理逻辑化、体系严密化和理论模式化的道路。

在现阶段，人地关系地域系统的主要研究内容、建议包括如下几个方面。

1）人地关系地域系统的形成过程、结构特点和发展趋向的理论研究。

2）人地系统中各子系统相互作用强度的分析、潜力估算、后效评价和风险分析。

3）人类社会与地理环境两大系统间相互作用和物质、能量传递与转换的机理、功能、结构和整体调控的途径与对策。

4）在预测一个地区粮食远景增产幅度的基础上，分析该地区的人口承载力。

5）一定地区人地系统的动态仿真模型的拟定，并根据系统内各要素相互作用的结构和潜力，预测该特定人地关系地域系统的演变趋势。

6）人地相关系统的地域分异规律和地域类型分析。

7）建立不同层次、不同尺度的各种类型地区人地关系协调发展的优化调控模型，亦即区域开发的多目标、多属性优化模型。为制定地区综合开发建设的各种规划提供科学依据。

(本文选自 2003 年院士建议)

我国草原生产方式必须进行巨大变革

张新时*

草地面积占地球陆地面积的 1/4，是仅次于森林的绿色覆盖层和适应性最强的陆地生态系统。在西部开发中，草地具有特殊的重要意义。在干旱地区，草原的生态功能和经济价值并不次于森林和农田。然而，草地总是受到人们不公正的理解和对待；在生态功能方面，人们总是重森林而轻草地，在经济方面则重农业而轻牧业。我国则尤有甚之，我国是世界第二大草地大国，天然草地面积约 4 亿公顷(60 亿亩)，是林地面积的 2 倍，耕地面积的 3 倍，然而草地畜牧业产值在农业中的比重却不足 5%，而在农业先进国家一般要占 50%~60%，甚至更多。

在全球变化影响(增暖、干旱、气候不稳定性等)与草原过度放牧、滥垦、乱采、乱挖的作用下，我国草原普遍发生退化。我国北方草原已成为或即将成为一个不能自我维持和不可持续发展的系统。草原生态系统的不可持续性表现为以下几方面。

1) 草原环境的不可持续性；

2) 草原生态系统的不可持续性；

3) 草原经济体系的不可持续性。

在过去 50 年中，内蒙古平均每 10 年有重旱灾与旱灾 7 次，重白灾与白灾 3.5 次，重黑灾与黑灾 2.5 次，暴风雪灾 2.5 次，大风灾 2.5 次；几无宁日。每次灾害中死亡牲畜数万头至数百万头。草原生态退化达 90%以上，1999 年以后呈指数状上升。草地生产力下降 20%~100%，而载畜量成数倍至数十倍增加。毒草、杂草大量孳生，草群高度与盖度显著降低，土壤恶化，肥力下降，CO_2 释放大大增强。

草原系统的不稳定性尤其表现在夏秋草场与冬春草场的极度不平衡上。夏秋草场通常超载过牧，而冬春草场则远远不能支持畜群的需要，尤其在频繁灾害的侵袭下，造成经常性的畜牧业崩溃事件。虽然对夏牧场实行的轮牧管理方法能在一定程度上使上述状况得以改善，却不是根本解决问题的办法；“退牧还草”虽是积极的办法，但还必须解决畜牧群的饲草和牧民的生计问题。

---

* 张新时，中国科学院院士，中国科学院植物研究所

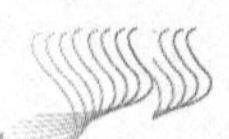

草原的普遍退化和趋于系统性崩溃会引起严重的荒漠化，形成沙尘暴源并导致区域经济的严重停滞甚至衰退。其解决途径在于两大转变，即功能性转变和生产方式的转变。

1）我国天然草地的功能应转向以发挥生态效益为主：①草地覆盖地表，保持水土，防止地表起沙与扬尘；②草地，尤其是草原土壤腐殖质层是北方的主要碳库，应发挥其在碳循环中的巨大作用；③草地生物多样性的保育与合理开发。

2）中世纪的草原牧歌风光早已不再，我国的草地畜牧业必须从数千年传统、落后和粗放的放牧方式，全面转向以人工饲草基地为基础的现代化舍饲畜牧业先进生产方式；而不仅仅是简单的“退牧还草”和“轮牧”。在 20 世纪 50 年代这种变革在世界先进国家就已实现，主要包括下列内容：①以农业生产方式大量种植人工草地、饲料地与精饲料加工，代替天然草地；②现代化舍饲和工厂化养畜代替季节性天然放牧；③以农区与农牧交错带饲草料支持草原区；④建立草地农业的畜牧业生态–经济链或产业链，配套发展各种畜牧产品与饲料加工业、服务业、技术推广站与科研机构；⑤开拓国内外贸易市场；⑥实行“企业+农户”的体制，加强政府的政策引导与保证作用。

目前，这两大转变的时机在我国已经成熟，应积极加以引导与催化，尽快走上生态–经济双赢的可持续发展之路，这也是西部地区实现全面建设小康社会的重要途径。

（本文选自 2003 年院士建议）

构筑预防医学体系，全面加强我国医学科学研究

陈 竺 等

一、关于当前非典型肺炎防治的研究

党中央、国务院领导制定的对非典型肺炎(国际上称严重急性呼吸道综合征，severe acute respiratory syndrome，SARS)的防治措施是完全正确、非常及时的。当前，重点应是普及预防知识、加强对病情的监测和公示、加强控制和治疗措施、对患者和疑似病例尽早发现、隔离和治疗，降低死亡率；另外，必须及时开展对SARS 的病原学以及预防、诊断和治疗的进一步研究，从源头上控制疫病的发生和传播。

鉴定病原体是 SARS 预防、诊断和治疗的关键。2003 年 3 月下旬以来，中国香港特别行政区、加拿大、德国、法国、美国的研究机构和学者等先后报告该病由一种新的冠状病毒(Coronavirus，一种单链 RNA 病毒)引起。我国学者从 SARS 一开始就十分重视对病原体的研究。国际上的竞争主要在对病毒的分离、基因组测序和检测方法的建立方面。香港学者于 4 月 8 日在《柳叶刀》(*Lancet*)杂志上报告了 SARS 及其病原体的研究论文。4 月 10 日，《新英格兰医学杂志》(*New England Journal of Medicine*)发表了有关 SARS 和冠状病毒关系的两篇论文，一篇由美国国家疾病控制和预防中心(CDC)联合泰国和我国香港、台湾地区学者发表，另一篇则为德国、法国、荷兰联合研究小组报告。4 月 13 日，加拿大的一个研究机构(BCCA 基因组科学中心、BC 省疾病控制中心和加拿大国立微生物学实验室)首次公布了此新型冠状病毒的 29 736 碱基的全基因组序列(Tor2 株，美国 NCBI 公共数据库登录号：NC.004718)。一天后，美国的 CDC 亦获得了该病毒的 29 727 碱基的序列，并在美国 CDC 网站上予以公布。我国军事医学科学院与中国科学院北京基因组研究所的科技人员夜以继日的奋战，仅用两天多的时间就完成了对源自我国患者的 SARS 冠状病毒全基因组序列的测定，并于 4 月 16 日联合发布了实验结果；至今中国科学院北京基因组研究所已经完成来自广州和北京患者样品中分离出来的 6 株病毒株全序列基因组序列的测定，广东来源的 2 株与加拿大和香港发布的相近，北京的 4 株与广东的有一定差异。对基因组序列的初步分析表

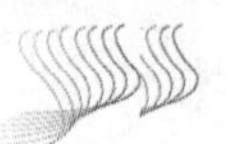

明，该病毒至少含有 5 个开放阅读框，分别编码病毒的基质糖蛋白(M)、纤突蛋白(E2 或 S)、小外壳蛋白(E 或 SM)、核衣壳蛋白(nucleocapsid protein)和一个可产生数个蛋白的 orflab。4 月 16 日，世界卫生组织(WHO)最终确认了该冠状病毒变种为 SARS 的病原。

虽然 SARS 的主要病原体已得到鉴定，但仍有大量重要的问题有待回答。例如，SARS 病毒起源于自然界的何种生物？该病毒与人体的相互作用机制(如病毒——细胞受体相互作用及病毒在人体细胞内的增殖等)及致病机理是什么？是否有其他合作致病因子(co-factor)参与致病？人体对该病毒的免疫机理是什么？如何发展特异性诊断标志？如何发展针对该病毒的疫苗和药物？临床上如何发展更为有效的治疗方法？这些都需要做更多的研究工作。

国家决定由卫生部来统一协调对 SARS 的研究是十分必要的。由于我国在这方面的研究力量分布于不同部门和机构，目前急需根据国务院对非典型肺炎防治工作会议的精神，打破部门界限，组织卫生部(中国疾病预防控制中心，中国医学科学院)、科技部、中国科学院、军事医学科学院及研究型大学和重点医学院校等力量联合攻关。对突发性传染病病原体的分离、鉴定及其致病机理、免疫机理的研究是一项关乎全球人类公共卫生的研究，因而具有重要的社会公益性，同时也充满着国际竞争。我国学术界必须以人民和国家利益为重，摒弃部门观念，迅速形成一支研究 SARS 的国家队。

为了保证上述研究工作的顺利进行，建议国家和有关部门紧急安排一部分经费用来开展一个大的联合项目，全力支持由国家有关部门统一协调、包括各科技战略方面军在内的我国 SARS 国家队的相关研究。科学技术部已与卫生部联合启动了“非典型肺炎防治紧急科技行动”的研究计划，中国科学院根据路甬祥院长的指示已启动了 SARS 相关研究的紧急行动计划，并将与卫生部、总后卫生部的研究部门联手协作。但是，对于我国突发性疾病防治的中长期研究还需要可持续发展的强有力机制。

二、构筑预防医学体系是当前我国医学科学研究的重中之重

国家决定加大对突发公共卫生事件应急机制的建设投资是十分必要的。事实上，“预防为主”一直是我国卫生工作的重要方针。预防医学不仅是传染性疾病控制的核心环节，而且对于非传染性的各种人类疾病均是十分重要的，因为预防是最有效、也是最经济的疾病控制方法。我国古代医学就有“上工医未病”(即高明的医生能够在疾病出现之前就对之治疗)的论述。在这一方面，科学和技术的作用是

具有决定意义的。预防医学包括对疾病病因(生物、物理、化学等多种环境因素)、流行病学(包括群体流行病学和分子流行病学等)、疾病预防和控制(包括对传染性疾病的预防接种和公共性控制措施，对营养缺乏性疾病的营养素补充，对预防各种慢性疾病采取的重大措施，如健康生活方式的宣教和进行必要的生活方式干预，对重大疾病高危人群的识别和适宜的预防措施)等。但多年来，我国在这些领域的研究上未能得到足够的重视和支持，造成一些机构的工作重心转向，学科萎缩、人才流失、研究力量分散等情况十分严重。

建议在国家突发公共卫生事件应急机制体系建设中，要加强有关科技体系的构建。一方面，发挥我国疾病预防和控制中心的作用；另一方面，也要发挥中国医学科学院、中国科学院、解放军军事医学科学院等国家科研机构的力量。最近，中国科学院在国家支持下，将以武汉病毒所、北京微生物所和上海生命科学研究院为依托，建立针对新生疾病的研究单元和高等级生物安全实验室(P3 和 P4)。这些平台可同时兼顾对突发性传染病和生物恐怖防范的研究，是一个国家的健康安全和生物安全所必备的基础设施。当然，这些平台既应对相关研究部门开放，又要建立十分严格的管理机制。

三、建设强大的国家医学科学创新体系的重要性

建设强大的国家医学科学创新体系是保障我国人民健康和全面建设小康社会的战略举措，卫生保健不仅是重大的社会需求，也是现代经济极其重要的组成部分。保健市场约占发达国家第三产业的 1/4~1/3，占这些国家国民生产总值(GDP)的 15%~20%。在和平与发展的时代，人类社会对其自身价值和生活质量的重视达到了前所未有的程度。为保障和不断提高国民的健康水平，各发达国家均有国家层面的医学研究资助渠道。美国的国立健康研究院(NIH)2002 年的拨款为 273.35 亿美元，占当年美国政府科研拨款总额 1117.56 亿美元的 24.5%，仅次于对国防的拨款(545.44 亿美元，48.8%)。NIH 并不止是一个研究机构，而更重要的是一个资助渠道。NIH 在其研究所内部(Intramural)的拨款一般为总经费的百分之十几，而 80%以上的经费是通过竞争渠道来支持各个大学、医学研究中心和机构的医学研究(Extramural)。但 NIH 负责整个计划的指导和规划，行使国家医学体系的职能。英国、加拿大等有医学研究理事会(MRC)，法国有国立健康和医学研究院(INSERM)和巴斯德研究院，均得到政府的巨额资助。我国至今未设立国家层面的医学研究专门机构和资助渠道。虽然“863”计划、“973”计划和国家自然科学基金委员会均有关于生物技术和生命科学的资助渠道，但其中只有很有限的部分用于严格意义上的医学研究，其力度远远不能满足一个 13 亿人口大国防病治病研究的需要。

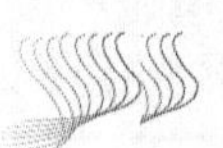

因此，我国急需将医学科学的研究放到国计民生的高度上加以重视，作为国家创新体系最重要的组成部分之一。

建议我国成立国家健康和医学研究院或国家医学研究理事会这样一种专门的医学研究资助机制。这个机制应包括两大部分：一部分是依托的研究机构，另一部分是通过竞争途径向全国从事医学研究的大学和机构开放。建立这样一种机制，是基于国家宏观战略的考虑，是超脱部门利益的。因为，只有建立一个统一的、在国家层面具有权威性的机制，才有可能对我国基础和临床医学研究进行系统、全面的规划和开展前瞻性、战略性的布局，而不至于处于各自为战、重复建设，甚至于无序竞争的状态。鉴于我国的国情，应十分注意发挥各个部门、方面的积极性，形成集中、联合、开放的医学研究体系，由今后国家对科技研究的增量投入中予以支持。建议在中国科学院、中国医学科学院、中国疾病预防控制中心和军事医学科学院等我国核心医学和健康研究力量之间建立战略联盟，形成我国国立医学研究资助机制的研究基地(相当于 NIH 的 Intramural 部分)，统一规划，给予长期稳定的支持，定期进行评估和必要的调整；同时开辟竞争性资助渠道，对全国范围的医学研究院校和机构进行择优支持(相当于 NIH 的 Extramural 部分)。

建议将上述机制(包括预防医学体系)的建设纳入国家中长期科技规划中，并作为其最重要的方面之一，放到与国防、民用高技术、基础科学研究等并列的高度上予以重视和支持。

（本文选自 2003 年院士建议）

专家名单

陈　竺	中国科学院院士	中国科学院
陈宜瑜	中国科学院院士	中国科学院
陈可冀	中国科学院院士	中国中医科学院西苑医院
强伯勤	中国科学院院士	中国医学科学院基础医学研究所
韩启德	中国科学院院士	北京大学
鞠　躬	中国科学院院士	第四军医大学神经科学研究所
吴祖泽	中国科学院院士	军事医学科学院
孙曼霁	中国科学院院士	军事医学科学院毒物药物研究所
姚开泰	中国科学院院士	中南大学肿瘤研究所、第一军医大学
王世真	中国科学院院士	北京协和医院

薛社普	中国科学院院士	中国医学科学院基础医学研究所
曾　毅	中国科学院院士	中国预防医学科学院病毒学研究所
陆士新	中国科学院院士	中国医学科学院肿瘤医院肿瘤研究所
毛江森	中国科学院院士	浙江省医学科学院
陈慰峰	中国科学院院士	北京大学
陈中伟	中国科学院院士	复旦大学附属中山医院
贺福初	中国科学院院士	军事医学科学院放射医学研究所
金国章	中国科学院院士	中国科学院上海药物研究所
沈自尹	中国科学院院士	上海医科大学
韩济生	中国科学院院士	北京大学神经科学研究所
吴　旻	中国科学院院士	中国医学科学院肿瘤医院肿瘤研究所
吴孟超	中国科学院院士	第二军医大学附属东方肝胆外科医院

加强野生动物资源保护，建立健康饮食观

洪德元 等

这次SARS疫情的爆发，应当引起人类的认真反思。当前，生态环境不断恶化和生物多样性锐减的状况并没有得到根本改善，人类活动是造成这种状况的主要原因。另外，对生态系统的破坏和包括对野生动物在内的生物资源的掠夺式开发与不健康消费，使得一些原本人类并不应该直接接触的病原体(如 SARS 病毒)也侵入了人群，造成突发性公共卫生事件或严重危害人类健康的新生传染病的产生，导致经济与社会发展遭受了巨大损失。因此，我们应当深刻认识到，加强生态环境保护，包括保护生物多样性、维护生态平衡，就是保护人类自己；只有不断改善人与自然的关系，促进社会与自然的协调发展，才能保障人类自身的健康和安全，并最终实现人类社会的可持续发展。痛定思痛，有必要尽快完善野生动物保护和利用管理的有关法律法规，呼吁全民提高文化素质，摒弃某些落后的饮食文化和饮食消费习惯，在全社会建立健康的饮食观，将可持续发展的理念真正落实到人们的行动中。

一、野生动物保护是我国生物多样性保护的薄弱环节

野生动物是自然生态系统的有机组成部分。它们有的是自然生态系统的初级消费者，如羚羊、白唇鹿、牦牛、旱獭、大熊猫、竹鼠、果子狸等，这类草食动物消耗的是生态系统的初级产物；有的是自然生态系统的次级消费者，如虎、云豹、黄鼠狼、蛇等，此类肉食动物以捕食草食动物为生。因此，野生动物是维系生态系统平衡的重要环节。

中国的野生动物和特有的野生动物的种类均很多。但是，由于我国人口众多，对自然环境的压力很大，中国的野生动物已经处于一种过度利用状态。据国家颁布的野生动物保护名录统计，1962年列入名录的哺乳类、鸟类、爬行类、两栖类和鱼类种类为59个分类单元，其中处于Ⅰ级保护的种类有27个分类单元；到1989年则增加到376个分类单元，其中列为Ⅰ级保护的种类已达101个分类单元。这些情况表明，我国野生动物资源已经接近衰竭，一些物种濒临灭绝。

过度开发利用和栖息地丧失等是导致目前我国野生动物资源处于濒危状态的主要原因；我国某些地区滥食野生动物的陋习则是促使野生动物资源过度开发，推动野生动物非法贸易的原动力。

二、滥食野生动物的陋习带来严重恶果

滥食野生动物的陋习不仅有悖于人类社会可持续发展的思想，而且严重破坏了生态环境，也直接对人类的身体健康造成威胁。滥食野生动物的陋习，不仅会加速野生动物资源的枯竭和生态环境的破坏，而且还会带来一系列疾病和健康问题。

1. 消耗大量的野生动物资源

广东和广西食用野生动物的现象最为严重。2000 年，广西进入市场贸易的蛇类达 1800 吨，广东居民则吃掉了 3600 吨蛇。我国居民一年要吃掉上万吨蛇类，而这些蛇一年可以消灭 13 亿~27 亿只鼠类。滥食蛇类和蛙类，导致鼠害和虫害猖獗，于是不得不大量施用农药，这又造成了生态环境破坏和污染的进一步加剧。

2. 对我国和周边国家的生物多样性保护造成了危害，影响了我国的国际形象

由于我国野生动物资源面临枯竭，在经济利益的驱使下，通过国际贸易将消费压力转移到其他国家的倾向便开始出现。我国近年来大量进口龟鳖，中国和越南边境有时一天的龟鳖贸易量竟高达几十吨，东南亚地区龟鳖类种群也已经濒临绝灭。2000 年在上海市场上发现了 22 种龟，其中 9 种产自国外。从 20 世纪 90 年代开始，我国已经由主要的蛇类出口国转变为主要的蛇类进口国，每年通过合法渠道进口的活蛇达 10 万条以上，进口的蛇皮为 50 万~100 万张。

《濒危野生动植物物种国际贸易公约》(CITES)第 11 届缔约国大会已经将某些蛇类列入国际贸易管制的濒危动物名单上。2001 年在柬埔寨金边和 2002 年在中国昆明举行的 CITES 动物委员会龟鳖类工作会议上，与会专家对中国龟鳖类野生动物的贸易问题表示了极大的关注。为此，CITES 第 12 届缔约国大会专门通过了关于保护亚洲及其他地区淡水龟鳖类的决议，将一些龟鳖列入了国际贸易管制的濒危动物名单上。

在滥食野生动物的过程中，餐馆露天或临街活剥加工野生动物；企业与个人非法收购、养殖和销售野生动物；野生动物的运输、笼舍、圈舍均达不到卫

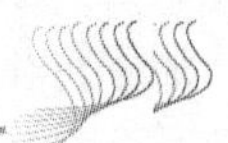

生标准，甚至出现了违反国际法的事件。这些情况已经严重损害了我国的国际形象。

3. 滥食野生动物的行为带来了一系列疾病和健康问题

历史上，许多重大的人类疾病和畜禽疾病都来源于野生动物，如艾滋病、埃博拉病毒来自灵长类，亨德拉病毒感染牲畜，尼巴病毒来自于狐蝠，进而传染了人类。鼠类可以传染50多种人类疾病，如鼠疫、出血热、钩端螺旋体、森林脑炎等。疯牛病、口蹄疫等疾病也与野生动物有关。深圳疾病预防控制中心和香港大学已初步查明，给我国乃至全世界造成重大损失的SARS病毒很可能来自于果子狸等野生动物。实际上，野生动物是众多病原体的天然储藏库或传染媒介。

三、加强有关野生生物保护，反对滥食野生动物

这次SARS疫情的发生和流行，不仅严重危害了人民的身体健康，也对国家的生态安全和经济发展产生了很大的影响，暴露出在食品安全、生态环境保护与人民身体健康之间的一系列问题。加快野生动物管理和可持续利用的立法进程，尤其是完善作为食品的野生动物的管理和立法，提倡新的饮食文化和饮食观念，已经刻不容缓。

1. 明确野生动物的法律定义，审定野生动物的养殖种类

按普通字义理解，野生动物是指“生活于野外的非家养动物”。但是，在我国现行法律中尚无对野生动物的明确定义。1988年颁布的《中华人民共和国野生动物保护法》仅指明了该法的适用范围。

应明确界定野生动物与家养动物，这是野生动物保护和合理利用的基础。如果目前界定野生动物与家养动物尚有困难，可以将动物分为三大类：①家畜家禽；②人工养殖的野生动物；③野生动物。国家应委托有关机构在充分听取科学家意见的基础上，参照国际惯例，确定已可人工养殖的野生动物名录。

国内外已经制定了家畜饲养的设施标准、营养标准、卫生标准和检疫标准等。许多国家还制定了人工养殖的野生动物，如马鹿、梅花鹿、鸵鸟、鸸鹋等饲养的设施标准、营养标准、卫生标准和检疫标准。国内有关部门应尽快制定中国人工养殖的野生动物饲养的设施标准、营养标准、卫生标准和检疫标准。

2. 加大野生动植物管理的立法、执法和监督力度

我国自 1988 年颁布《中华人民共和国野生动物保护法》以来，已经制定一系列有关文件。但是，考虑到我国已经加入《濒危野生动植物物种国际贸易公约》20 余年，至今仍未能按公约的要求制定出相应的国内法律的情况，考虑到我们不仅要保护野生动物，也要保护野生植物的情况，应尽快制定一部涵盖内容比《野生动物保护法》更广的《野生生物保护法》。

应加大野生动植物保护执法和监督的力度。由于地方保护主义和经济利益的驱动，个别地区执法不严，监督不力的现象十分严重。必须明确各级地方政府、各政府部门的职责。特别应该指出，有关野生动植物保护的立法、执法和监督的主体应当独立。要加强法学界、科学界和各相关利益团体在有关立法中的作用；要加强媒体和公众的监督作用。

为了有效管制野生动物国际贸易，除加强对海关关员的培训之外，应将野生动植物的国际贸易控制在国家指定的若干口岸，集中全国有关野生动植物贸易的执法人员和技术人员，对野生动植物的进出口实施有效的管理。我国是《濒危野生动植物物种国际贸易公约》的缔约国，应按照该公约的要求，尽快研究确定《濒危野生动植物物种国际贸易公约》中国管理机构和科学机构的法律地位。

3. 反对滥食野生动物，提倡建立新的饮食观

应通过宣传教育，提高公众文化素质，移风易俗，建立新的健康的饮食文化和饮食消费习惯。关于在立法中禁止食用“野生动物”的问题，由于该问题涉及的范围比较广，国际上尚无先例，加之“野生动物”的概念尚未明确定义，未来的法律适用范围难以界定，宜慎重处理。但是，我们应当提倡不吃野生动物，并可以规定：①禁止食用国家保护的野生动物；②禁止食用未经检疫的野生动物；③禁止食用来源不明的野生动物。

4. 监测野生动物种群和栖息地，研究 SARS 自然疫源地

我国目前对野生动植物的基础研究相对薄弱。对野生动植物的基础生物学资料、种群现状和生境条件缺乏足够的了解，不能满足管理部门决策和执法的需求。国家应建立长期稳定的野生动植物研究队伍，保障研究经费，开展野生动植物保护和可持续利用方面的基础研究。

当前，要进一步科学地确认 SARS 的病原体来源和传播途径。在此基础上，

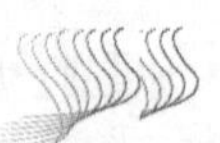

对所有涉及果子狸等 SARS 高危野生动物的养殖场、野生动物繁育基地进行封闭管理，对所有人工饲养的灵猫科动物进行 SARS 冠状病毒检疫，捕杀感染群体。应严禁把从野外捕捉灵猫科动物上市或作为种源；应对野生动物饲养场的动物排泄物进行彻底消毒处理；应严格控制将人工养殖的灵猫科动物放归大自然。

应尽快开展有关野生果子狸的栖息地和种群数量调查及自然疫源地的研究，以便为 WHO 最终锁定 SARS 冠状病毒来源，完全控制 SARS 疫源地奠定科学的基础。

5. 确保科学合理地可持续利用野生生物资源

《生物多样性公约》鼓励各缔约国持续利用生物资源，提倡人类与自然协调发展。《濒危野生动植物物种国际贸易公约》强调各缔约国应进行野生动植物的可持续贸易，防止过度开发利用野生动植物资源。

国家应依法保护合法的野生动植物养殖和栽培企业。这些合法的野生动植物养殖和栽培企业将提供传统中医药原料和新型农副产品，减少了我国对国外人工养殖和栽培野生动植物产品的依赖，创造了新的就业机会。

野生动物养殖企业必须持有野生动物人工养殖许可证、卫生许可证；必须建立饲养繁殖野生动物的设施标准、营养标准、卫生标准和检疫标准；必须建立野生动物的生产、销售、加工环节的监督和检疫制度；必须采取措施，严格防止人与野生动物共患的传染病和寄生虫病通过养殖的野生动物向人类传播。

国家应大力加强关于野生生物资源的基础研究，以使我国有能力对野生生物资源种群和国内外野生生物贸易进行有效监控，有能力全面开展野生生物疾病调查和野生生物栖息地保护方面的有关工作。

（本文选自 2003 年院士建议）

专 家 名 单

洪德元	中国科学院院士	中国科学院植物研究所
陈宜瑜	中国科学院院士	中国科学院
陈　竺	中国科学院院士	中国科学院
路甬祥	中国科学院院士	中国科学院
赵忠贤	中国科学院院士	中国科学院物理研究所

匡廷云	中国科学院院士	中国科学院植物研究所
许智宏	中国科学院院士	北京大学
梁栋材	中国科学院院士	中国科学院生物物理研究所
贺贤土	中国科学院院士	北京应用物理与计算数学研究所
欧阳钟灿	中国科学院院士	中国科学院理论物理研究所
陈可冀	中国科学院院士	中国中医科学院西苑医院
强伯勤	中国科学院院士	中国医学科学院基础医学研究所
韩启德	中国科学院院士	北京大学
王佛松	中国科学院院士	中国科学院
李静海	中国科学院院士	中国科学院过程工程研究所
唐守正	中国科学院院士	中国林业科学研究院资源信息研究所
李振声	中国科学院院士	中国科学院
刘以训	中国科学院院士	中国科学院动物研究所
孙　枢	中国科学院院士	中国科学院地质与地球物理研究所
安芷生	中国科学院院士	中国科学院地球环境研究所
徐建中	中国科学院院士	中国科学院工程热物理研究所
郑哲敏	中国科学院院士	中国科学院力学研究所

关于加强对我国东部地区地面沉降问题与可持续发展对策研究的建议

薛禹群*

地面沉降是我国平原地区的主要地质灾害，目前，已在我国16个省(直辖市)的近50个城市发生了地面沉降。从地域上看，主要分布在长江三角洲地区，如上海、苏州、无锡、常州地区；松辽、黄淮海广大平原地区，如黑龙江、天津、河北、河南、山东、安徽等；东南沿海平原，如宁波、湛江等地；内陆河谷平原和山间盆地，如西安、太原、大同等地。据调查，全国地面沉降总面积达8万千米^2，地面沉降问题已经成为制约我国社会、经济可持续发展的重要灾种之一。造成我国地面沉降的主要原因是地下水的长期超量开采，同时，第四纪以来的活动断裂和大范围的构造沉降，也加剧了这一灾害的发生和危害。地面沉降和地裂缝在成因上有一定联系，因此在许多地区伴生出现，两者的叠加，其危害性更大。

依据我国地面沉降的发育特征、分布状况、研究现状与防治对策，以及针对我国地面沉降问题的严重性、普遍性以及对国民经济发展造成的影响，我们呼吁加强对我国东部地区地面沉降问题与可持续发展对策研究。主要基于以下考虑：

第一，我国东部地区，人口稠密、经济发展快速。自20世纪80年代以来，地面沉降的发育已由滨海城市向大面积区域性扩展，由于深部含水层开采量的增加，同时也表现为由浅部向深部发展，形成了以长江三角洲地区和黄淮海平原地区为中心的两大沉降区域，它们代表了我国东部两个不同地质环境背景的地面沉降特征。例如，上海市地面沉降始于1920年，至1964年已发展到最严重的程度，以后逐步控制，现处于微沉状态，最大累计沉降量已达2.63米；天津市自1959年开始，除蓟县山区外，1万余千米^{2}的平原区均有不同程度的沉降，形成市区、塘沽、汉沽三个中心，累计沉降量最大为3.25米，最大速率80毫米/年；江苏省自60年代后期在苏州、无锡、常州三市分别出现了地面沉降，70~80年代早期仅在苏州、无锡、常州三个中心城市出现沉降，80年代后期至1994年，沉降加速，特别是城市外围地区发展较快，形成区域性地面沉降，沉

* 薛禹群，中国科学院院士，南京大学

降速率达30~90毫米/年。1995年后，沉降速率减少到20~30毫米/年，目前，三市沉降中心的累计沉降量都超过了1米，有的地区已超过2米，据江苏地质调查研究院估计，截至2000年造成的总的经济损失超过300亿元；浙江省宁波、嘉兴两市自60年代初开始出现地面沉降，到1998年累计沉降量分别为0.458米、0.798米，现最大沉降速率分别为18毫米/年、41.9毫米/年；安徽省阜阳市70年代初出现地面沉降，1992年最大累计沉降量达1.02米，沉降速率达60~110毫米/年；山东省菏泽、济宁、德州分别于1978年、1988年、1978年发现地面沉降，三市累计沉降量分别为0.077米、0.202米、0.104米；河北省整个河北平原自50年代中期开始沉降，目前已形成沧州、衡水、任丘、河间、坝州、保定一亩泉、大城、南宫、肥乡、邯郸10个沉降中心，沧州最甚，累计沉降量达1.131米，沉降速率达96.8毫米/年。目前，除上海、天津地面沉降已基本控制，不会再大幅度发展外，其余地区还在继续发展中。近几年来，沧州、德州、苏州、无锡、常州等地的中心沉降速率虽有减缓，但沉降范围仍有进一步扩大的趋势。

第二，地面沉降一旦形成便难以恢复，其发展过程基本上是不可逆的，影响也是持久的。严重的地面沉降及其造成的灾害，对我国东部地区的国家经济建设及其生态环境均造成很大影响。由于沿海地区地面较低，地面沉降将会进一步丧失地面标高，地面沉降对本来就低洼的沿海地区所产生的负效应和危害表现为降低了泄洪功能和抵御洪涝灾害的能力，大幅度增加了低洼湿地面积，使耕地沼泽化，恶化了生态环境。为防止河水外溢，沉降区河岸一再加高，使河床相对抬高，形成地上悬河，河水面高于当地地面。地面沉降还导致地面开裂、地下井管变形、防洪工程功能降低、国家测量标志失效、下水道排水不畅、桥梁净空减少、水质恶化等；地面建筑如高楼、公路、铁道、码头、机场等也都会受到不同程度的影响；滨海地区由于温室效应，海平面已上升，如果与地面沉降相叠加，那么沿海大片低地，将来将会被海水所淹没。目前，天津、沧州、德州、苏州、无锡、常州、上海等深层地下水位已低于海平面70~80米，地下水的天然流场早已转化为人为流场。这种虽缓慢但是严重失衡的状态，能维系多久？深层地下水是否能长久地开采下去，是否应有一个极限值？继续开采将会导致什么样的生态变化？对这些应加强研究并作出科学预测。因此，鉴于我国东部平原地面已经发生大面积沉降的现实，加强对我国东部区域性整体沉降地区的战略对策研究，预测地面沉降未来发展趋势，探讨及采取有效预防措施，是减灾防灾、维护东部社会可持续发展的当务之急。今后这一地区的经济建设将继续快速发展，需水量也将相应地不断增长，如果地面沉降得不到控制，那么必将会遭受到更大的经济损失。例如，苏州、无锡、常州地区的区域性地面沉降和地裂缝，已严重影响到城市的协调与发展。但是，以往我国对地面沉降研究的重点及监控措施的投入只限于沿海大城市，如天津市、上海市基

本上实现了“水要取、地微沉”的优化目标。而在沿海其他沉降地区，对地面沉降研究和监测工作仍然十分薄弱。例如，在苏州、无锡、常州地区，长期以来仅在常州建有地面沉降观测标一组，无法对该地区地面沉降进行全面监测(近两年才完成新的几组地面沉降观测标)。由于对地面沉降的现状缺乏系统的了解，对地面沉降发展趋势未能作出应有的预测，因而也难以提出有效的遏制或防治对策。地面沉降的防治非短期内所能奏效，如不能及时进行治理和保护环境，将会出现整治跟不上发展，使地质环境日趋恶化的严峻局面。而这些地区正是我国国民经济建设与可持续发展的重点地区。

因此，建议以解决中国东部地区地面沉降问题与实施可持续发展战略对策为主要目标，选择我国东部地面沉降最严重、地质环境最典型，也是我国人口最稠密、经济最发达、城市化程度最高、在国民经济发展中居核心和关键地位的长江三角洲地区与黄淮海平原为核心工作区，以其周边地区作为辅助工作区来进行研究，其主要研究内容应包括如下五个方面。

1) 地面沉降现状态势的调查与地面沉降监测网优化方案的制订。通过实地调研，提供出长江三角洲地区与黄淮海平原现状地面沉降态势及其影响。针对区域地面沉降监测工作薄弱的状况，建立和完善地面沉降监测网络系统应是当务之急。提供地面沉降监测网优化方案及符合地区状况的监测技术，以加强对区域性整体地面沉降的严密监测。

2) 地面沉降形成的地质环境条件分析与沉降机制分析。不同的地质环境条件，对地面沉降的发生与发展有着不同程度的影响和控制。从长江三角洲地区与黄淮海平原所处地质环境的调查研究入手，提出地面沉降形成的地质条件、沉降机制与主控因素。

3) 地面沉降发展趋势预测与水资源开发优化控制调度方案。分别把长江三角洲地区与黄淮海平原作为一个整体，在充分研究第四系地质构造、地下水系统和工程地质特征的基础上，宏观预测地面沉降的发展趋势，从区域水资源合理开发的角度，提出在最优环境影响状态下，这两个地区的最大安全可采水资源量及优化控制调度方案。

4) 地面沉降与海平面上升的耦合及其对区域生态环境的影响。研究重点为长江三角洲地区，着重分析地面沉降与海平面上升的耦合关系，预测未来 5 年、10 年地面沉降与海平面上升的耦合对区域生态环境的影响和危害。

5) 地面沉降综合防治措施与可持续发展战略对策。针对长江三角洲地区与黄淮海平原地面沉降的特点，提出地面沉降综合防治措施，包括合理调整地下水开采方案、人工回灌的可行性方案、节约用水措施、地表水污染治理方案，以及符合我国国情的有利地面沉降综合防治方面的法律和法规建议，并从宏观角度提出地面沉降地区可持续发展的战略对策。

这些成果将对我国东部地区在持续、稳定、快速的经济发展过程中，避免或遏制环境质量的进一步恶化并且得以改善，起到积极的指导作用，也可为该地区开展生态环境规划、建设与区域持续发展研究提供决策性依据。

（本文选自2003年院士建议）

关于加强内蒙古自治区地质勘察工作的建议

杨遵仪 等

内蒙古自治区地处我国北疆，与蒙古和俄罗斯接壤的国境线长达4221千米，既属于西部大开发的少数民族自治区，又位于京畿腹地，属首都经济圈范围，具有极为重要的战略区位。内蒙古地域辽阔，资源丰富，素有“东林、西铁、南粮、北牧、遍地是煤”之称。矿产资源品种较全，已探明矿种134种，保有矿产储量居全国前三位的有30种，属于资源丰富型地区。

内蒙古在地质构造上占有特殊位置，它处在古亚洲、华北陆块和滨太平洋三大构造域的交汇部。地质演化复杂，成矿条件优越。白云鄂博稀土－铁－铌矿，鄂尔多斯煤田，狼山区铜、铅、锌矿，四子王旗萤石矿和哈德门沟金矿等在国内矿藏上都占重要位置，有的还是世界级大矿。全球三大斑岩铜矿带有二条(即古亚洲斑岩铜矿带和环太平洋斑岩铜矿带)延伸到境内。近年来在东天山发现大型斑岩铜矿和中蒙边境蒙古一侧发现大型铜金钼矿，加上已有的满洲里南的乌奴格吐斑岩铜钼矿，以内蒙古北部为主线的一条重要铜金多金属矿带已经显露出来。内蒙古东部的大部分地区有不同时代构造－成矿系统的叠加，具有产出铜、铅、锌、金等大型矿集区的条件，已知有几个大型矿床。总的认为，内蒙古地质勘察工作程度虽不高，但已表明其具备优越的成矿条件和巨大的找矿潜力。

我国东部矿山由于数十年的持续开采，后备资源已严重不足，找矿难度和成本明显加大。为提高我国矿产资源自给程度，除继续加强东部危机矿山的地质勘察工作外，急需开辟新的矿业基地。内蒙古自治区除地质成矿条件优越外，能源、交通和工矿业基地相对较好，又紧邻京津，区位有利，如着力开发，有望成为我国21世纪重要矿业基础和战略资源储备基地。

最近几年，内蒙古地矿工作者经过艰苦努力，在铜、富铅锌、铀、锡、金、银等矿种的找矿上有显著进展。但由于近20年来，地质勘察投入严重不足，基础地质调查和矿产资源评价工作明显滞后，有些地区近于空白。资源家底不清以及土地沙漠化、土壤盐渍化和部分农牧区严重缺水，都成为制约内蒙古经济发展的“瓶颈”。

鉴于内蒙古自治区具有独特的经济技术条件、资源潜力和区位优势，加强该区地质勘察工作，合理开发利用其矿产资源，不仅对实施西部大开发战略和社会经济可持续发展具有重大战略意义，同时对保持少数民族地区繁荣稳定、巩固边防、促进中蒙俄地区的经济合作与稳定发展，也有重大现实意义。

因此，建议政府安排专项基金加大内蒙古地区的地质勘察工作力度，加快发展基础性、公益性地质工作，为其尽早开拓矿业市场创造条件。建议近期内在重点成矿区带(北山－阿拉善区、大兴安岭中南段、华北地台北缘中西段等地)部署战略矿产资源调查评价、地下水资源勘察和地质环境调查治理项目。在加强基础性调查和综合研究的基础上，利用各种渠道，开展大规模矿产资源及地下水资源勘察工作，力争早日实现地质找矿找水的重大突破，同时也锻炼出一支政治强、业务精、装备先进、特别能战斗的地质野战军队伍，为发展内蒙古乃至全国的地矿事业、保持矿产资源持续供应和保护生态环境作出更多贡献。

（本文选自 2003 年院士建议）

专家名单

杨遵仪	中国科学院院士	中国地质大学
赵鹏大	中国科学院院士	中国地质大学
张本仁	中国科学院院士	中国地质大学
王鸿祯	中国科学院院士	中国地质大学
翟裕生	中国科学院院士	中国地质大学
於崇文	中国科学院院士	中国地质大学
杨　起	中国科学院院士	中国地质大学

关于筹建"国家级药物创新研究的分子核医学技术平台"的建议

王世真 等

创新药物研制是国家医药科技发展的"重中之重"，以前我国药物开发以仿制为主，每年进口药品需花费十几亿美元。入世后，新药创制的迫切性和严峻性上已取得共识。数千年来，中医药为民族繁衍和人民健康做出了不朽的贡献，但中医药技术手段陈旧、现代科技含量低、缺乏以现代科学语言表述的评价方法和技术指标，因此难以打入国际市场。发达国家的医药企业的成长与壮大、产品的不断推陈出新，关键在于有一流的人才及一流的设备。

核技术是研制创新药物必不可少的手段之一，很多新药都用同位素标记，以确定其在体内的转移、转变、疗效、作用机制及毒副作用等。近年来，分子生物学的诞生，为生命科学注入了空前的活力。它与核医学相结合发展起来的分子核医学，拥有双亲的优势，为新药的研制及开发开辟了光明的空间。我国宜尽早建立一个国家级药物创新研究的分子核医学技术平台。

一、核技术与药物

核技术突出的优势是同位素示踪技术。国际原子能机构的一份公报指出："从对技术影响的广度而论，可能只有现代电子学和数据处理才能与同位素相比"。

放射性同位素常用于新药筛选、药效学、药代动力学、药物作用机制和药物分析等的研究。例如，青蒿素和二巯基丁二酸钠的作用机制的研究是用同位素示踪实验完成的；结晶牛胰岛素人工合成利用 ^{14}C 标记的甘氨酸才得到可靠的证明；人工合成的 tRNA(转运 RNA)为量甚微(5~7 皮摩尔)，只能采用高比活度 DL-^{3}H-丙氨酸才能满意地测定其活力；同位素对抗血吸虫药、抗肿瘤药、抗心肌缺血药、棉酚的作用机制、肝癌的普查、绒癌疗效的评价都提供了有力的手段；北京协和医院用 ^{131}I 治愈近 4000 例甲状腺功能亢进(甲亢)病人，随访 30 多年，从中总结出的创新意见得到国际核医学界的重视；用 10 余种标记单抗进行多种肿瘤的放射免疫显像，在"抗癌导弹"方面做了大量工作。北京大学发现的内源性生物活性物质和神经递质是针灸效应的物质基础，通过放射自显影技术阐明了针刺后从外周到大脑的信息传递通路。

稳定同位素在药物代谢中的应用近年来有了很大发展。①定量测定生物标本中的药物浓度。②寻找、鉴定药物的代谢产物。③利用同位素效应改善治疗指数，如某些安眠药或抗菌素分子中的氢被氘取代后，治疗指数显著改善。同位素效应“代谢开关”(metabolic switching)，利用不同位置的氘标记，使药物代谢朝着人们所需要的方向进行。④当药物代谢途径并不止一条时，稳定同位素标记药物可以确定药物的各条代谢途径。

用 ^{13}C 呼气试验来诊断胃炎、肝病，探讨肾功能衰竭病人的α-酮酸代谢，制定适合国人的肾衰患者营养配方；双标记呼吸实验及多标记稳定同位素示踪在疾病代谢变化中的系统研究，都得到国内外的好评。用稳定同位素研究中药有效成分川芎嗪、川芎哚、阿魏酸的代谢及构效关系，为用核技术研究中草药的作用原理及将其改造成高效、低毒的新药开辟了带有普遍意义的新途径。

北京大学发现了α1-肾上腺素受体三种亚型的分布、信号传导途径和病理变化，肾上腺素受体多种亚型在体内共存的生理意义，及从中草药提取物中初筛了受体Ⅱ型选择性拮抗剂。中国医学科学院基础所发现了能识别八核苷酸的高特异性Ⅱ型限制性内切核酸酶 *Sfi* Ⅰ，并测出第二个八核酸酶 *Not* Ⅰ的识别位点，使切割出的片段平均可达百万碱基对，大大提高了序列分析的速度。这些都是国际公认的重大突破。

使用核技术研究新药、生物活性物质和中草药需要做许多事。我们建议，希望能够创造一个开放式的、技术条件优越的环境，培养年青一代，继续为我国核技术和医药学的现代化做出更新、更大的突破。

二、国内外动态

核医学已迈进正电子发射断层显像(positron emission tomography，PET)时代。美国等世界各国都争先购置 PET 装置(表 1)，不少国家还建立了作为医学现代化标志的 PET 中心。

表 1　1999~2002 年美国和全球 PET 装置数量表　　(单位：套)

年份	PET（美国)	PET(全球)	PET/CT(全球)
1999	58	98	
2000	160	200	10
2001	218	300	35
2002	299	350	130

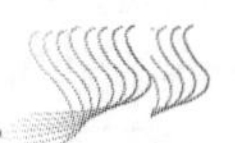

随着 PET 技术在临床诊断和生命科学研究中的广泛应用，以及基因组学、蛋白质组学和疾病基因组学的迅速发展，疾病的诊断正在从传统的疾病表征观察、常规的生化实验室检测，过渡到多种基因和分子水平的客观检测方法，其中从人体全身显像分析基因、蛋白质表达水平来认识疾病的病因，无疑是清醒、整体、无创、连续、而且是微观分析无法取代的特异检测方法。它将有助于提供全新的预防、诊断和治疗手段。

据统计：1995 年，美国同位素的非动力学应用创造的经济价值达到 3310 亿美元/年，占该国 GDP 的 4.7%。而我国 1998 年同位素的非动力学应用创造的经济价值只有 150 亿元/年，占 GDP 的 0.15%。全世界生产的同位素总量中 90%以上用于医学。全世界现有的加速器，约有一半是医用的。不难看出，核医学是核技术应用的重要组成部分，对社会发展和经济建设发挥着巨大的作用。

目前，全国核医学工作者达 5600 多人。国内现有 450 台单光子发射计算机断层仪(single photon emission computed tomography，SPECT)，18 台 PET，14 个 PET 中心。但是，尽管我国核医学整体水平和总量有所提高，但力量却比较分散，缺乏高质量的技术平台。PET/CT 是可把形态和分子图像融合在一起的高级设备。广州已有一台投入使用，上海及许多省市也已经批准订货，而中西医结合力量最强的北京却一台也没有。

近年来，现代生物学与医学发生了革命性的变化，出现了“分子核医学”这门正改变着生物学与医学面貌的崭新学科。核医学从本质上来讲是研究分子的，要想跟上生命科学将来的发展就必须从现在开始奋起直追。

三、分子核医学平台规划

新药研究需要回答两个关键问题：一是新药作用的靶点是什么，药理作用如何？二是新药在体内的代谢命运如何？分子核医学方法在这方面有着巨大的应用前景。国际上研究创新药物正朝着两大方向发展：PET-SPECT 和分子核医学。

1. PET-SPECT 平台

药物研究是投资高、风险大、周期长的事业。国际上对一个“一类新药”创新开发成功的耗资是 1 亿~2 亿美元，需时 10 年，命中率万分之一。人体试用如果出现不利情况而不得不淘汰某一候选药物时，将造成极大的财力、人力和时间上的损失。

PET 这一高新技术将有助于解决上述难题。正电子核素可以动态、连续、无创伤地观察药物在体内的吸收、分布、排泄、代谢、靶器官浓集、生理及生化反应、药效和毒性作用等一系列事件，及时发现问题，这是常规技术难以做到的。

中医药是我国医药学的伟大宝库。PET 可以观察复方或单味药对机体特定区域、特定功能和特定靶分子的作用，为中药研究提供一个活体动态的检测手段。

除了药物以外，毒物的研究也是当前必须认真对待的一个课题。要打赢未来高技术条件下的现代化战争及对付和平时期的突发事件，化学战剂和化工产品中毒的作用机制(特别是脑及内脏损害)亟待研究。PET 作为一种活体非侵入性功能成像技术，将会发挥其独特作用。

2. 分子核医学平台

广义来说，受体、抗体、多肽、放射性药物等都是分子核医学的重要研究对象。标记、仪器、计算机、防护、超微量分析、放射自显影、PET 等都是分子核医学所需要的技术手段和研究创新药物必不可少的工具。

狭义地说，分子核医学是研究用核素标记的代谢物、营养成分、药物、毒物等生物活性分子疾病中的表型生化改变与其相关的基因型的联系，精细探测代谢及基因的异常。

分子核医学，乃至医学，20 年后究竟是什么样？很难预测。但 10 年内，从基因组学、蛋白质组学、代谢组学、虚拟技术引发的分子示踪新技术，肯定会迅速发展，并引起一场医学的革命。可以说，当前是核医学即将突飞猛进的关键时期。分子核医学平台的建立，将加速创新药物研究的步伐。

3. 具体措施

1) 建立一个跨部门、多专业的平台，相当于国家级开放实验室，面向全国。

2) 筹建的原则是：①用最少的钱，最快的速度上马。②从小到大，从试点到扩充，争取在一年之内取得社会效益及经济效益。③瞄准世界前沿科研方向与我国最迫切需要解决的问题，开始一些基础研究，为研究创新药物有关的新理论、新方法、新技术创造条件。④创建初期，队伍要少而精，可引进兼职人员，甚至于短期兼职人员。在中心取得一些成绩之后，争取与英国 MRC(Medical Research Council) Cyclotron Unit、美国 UCLA(加州大学洛杉矶分校)之类的世界一流 PET 中心商谈协作，争取联合攻关。

3) 建设平台的关键是人才问题。以人为本，把人才队伍的建设列为本学科规划的首位。多渠道遴选平台所需的人才：①扩大与本平台有关的博士点和博士后流动站的招生计划，包括免试选收重点大学优秀毕业生。②派送已在本平台扎实工作、表现良好的研究人员，带任务到世界一流实验室进行中短期培训，并形成

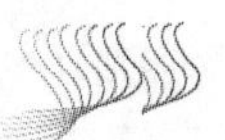

经常化的制度。也鼓励年轻人参加国际会议，报告论文。③引进类似于长江学者特聘教授的国内外优秀人才前来本平台工作。④可请国外具有丰富经验及良好作风的华裔专家前来短期指导工作，并请他们介绍在国外某一领域有突出成就的中青年专家回国，充实我们的队伍。⑤除少数专职业务干部外，尽可能聘请兼职专家，并在他们单位领导的同意和支持下，利用他们的实验室全力协作，实现互助双赢。

（本文选自 2003 年院士建议）

专 家 名 单

王世真	中国科学院院士	中国协和医科大学
孙曼霁	中国科学院院士	军事医学科学院
刘耕陶	中国工程院院士	中国医学科学院
张　滂	中国科学院院士	北京大学
陈可冀	中国科学院院士	中国中医科学院西苑医院
周同惠	中国科学院院士	中国医学科学院药物研究所
秦伯益	中国工程院院士	军事医学科学院
强伯勤	中国科学院院士	中国医学科学院
韩启德	中国科学院院士	北京大学
韩济生	中国科学院院士	北京大学
甄永苏	中国工程院院士	中国医学科学院

大兴安岭中南段
——一个重要的有色金属资源基地

刘光鼎 等

目前，随着国民经济的持续高速发展，我国对矿产资源的需求急剧上升，矿产资源短缺的局面日益严峻并已逐渐演变成国家可持续发展的制约因素。尤其值得关注的是，中国“东部经济带”的矿产资源经过数十年的强力开采大多已濒临枯竭，长期以来基于资源导向而形成的我国工业整体布局正面临着严峻的挑战。因此，急需寻找对“东部经济带”具有直接辐射作用的战略资源接替基地。

从全球成矿的角度看，全球三大构造–成矿域中的环太平洋域、特提斯–喜马拉雅域和古亚洲洋域分别通过我国的东部、西—南部和北部。从国家资源战略的角度看，新中国成立几十年来主要开采的是东部环太平洋成矿域内的矿床，但随着东部资源的消耗，人们不得不将目光投向中国的北部和中西部。印度–欧亚板块会聚造山，这使我国西部的青藏高原及其周边地区具备了较好的成矿条件，但由于该地区区域技术经济条件和地理条件极差，而且维系着我国已经十分脆弱的生态生命线(我国主要河流大都发源于西部高原)，不适于大规模的矿产开发。我国北部是在古亚洲洋成矿域基础上发展起来的，具有多块体拼合增生造山的典型特征，具备了大规模成矿的条件和潜力。中新生代又受到多种成矿地质作用的叠加，成矿期次增多，找矿潜力更大。我国北部技术经济条件和地理条件都较好，北方邻国大多是资源大国，具有“用好国内外两种资源”的地缘优势。因此，我国新世纪矿产资源的最佳战略布局是：东部应进一步挖潜节流，西部应摸清家底作为中–长期战略储备，北部则应是最重要的战略接替基地，而其中与中国东部经济带直接相连的大兴安岭中南段尤为重要。

大兴安岭中南段有色金属资源十分丰富。20 世纪 70 年代在大兴安岭主峰的黄岗—甘珠尔庙成矿带相继发现了白音诺尔、黄岗梁等多个大型–特大型有色金属矿床，一时被誉为“草原上的小南岭”。但此后由于找矿难度急剧增大、探矿投入严重不足，找矿工作停滞不前。可喜的是，最近两年区内找矿工作有了突破，显示了新的找矿远景。根据目前的初步工作，可大致划分出以下四个各具有特色、北东向延伸、相互平行的成矿亚带。

1）大兴安岭西坡富铅锌–富银成矿带：近两年，内蒙古地质矿产局在原认为资源贫瘠的大兴安岭西坡发现了一种以富银、富铅锌为特色的块状硫化物矿床，从赤峰克什克腾旗的拜仁达坝矿床到锡林郭勒盟西乌旗的花敖包特矿床，几十个大–中型矿床/点绵延分布，勾画出了一条余300余千米长的北东向矿带。尽管目前只进行了初步工作，但已经有特大型矿床的前景显示。

2）大兴安岭主峰锡–富铅锌–铁铜成矿带：这是20世纪70年代成型的老矿带，产有白音诺尔铅锌矿、黄岗锡铁矿、浩布高铅锌矿、大井锡银铜铅锌矿等大型–特大型矿床。近两年来，在上述四个矿床中都鉴别出了与古生代二叠纪火山–沉积盆地有关的海底热液喷流沉积的成矿作用，并以此思路重新认识了白音诺尔、后卜河、宇宙地等矿床，从而开拓了找矿思路，扩大了找矿前景。

3）大兴安岭东坡以铜为主的多金属成矿带：新近认识到，与二叠纪海底热液喷流沉积成矿作用有关的铜–多金属矿床可能是本矿带最有前景的矿床类型，并筛选出了敖尔盖、太平山等有突破前景的找矿有利地段，在空间上勾画出了一条北东向延伸数百公里的铜–多金属成矿带，从而为大兴安岭东坡铜找矿突破提供了新的契机。

4）大兴安岭两侧盆地中的地浸砂岩型铀矿：大兴安岭东侧的开鲁盆地和西侧的二连盆地均产有较好的可地浸砂岩型铀矿床，对国家资源安全具有重要意义。

此外，大兴安岭南段还产有许多火山岩型铀钼矿床/点，其异常高的钼品位以及与俄罗斯红石和蒙古国乔巴山钼矿集中区在成矿背景和矿化特征上的相似性，都暗示其具有较大的潜在价值。

由此可见，大兴安岭中南段聚集了由中国地质调查局公布的国家战略性矿种：铜、富铅锌、锡、可地浸砂岩型铀矿。其丰富的有色金属资源有可能上升到国家层面，构成国家级的有色金属基地，为构建国家资源安全体系服务。

同样重要的是，区内的有色金属资源对边疆少数民族贫困地区的经济发展具有重要意义。如位于大兴安岭中南段的赤峰市，12个旗县中有10个是国家级特贫县，成为全面奔小康战略构想的“瓶颈”。带着对地区发展机遇的苦苦思索，赤峰市最近在中国科学院的帮助下开展了系统深入的调查研究后认识到：赤峰市地少人多，其农牧业不具优势，发展高新技术也不具优势，只有区内丰富的矿产资源才是最大的区域发展机遇。大兴安岭中南段尽管属于西部大开发的地域，但它地处我国东部，直接连接华北、东北两大经济区，是“环渤海经济圈”的重要组成部分，对中国“东部经济带”具有直接的辐射作用，区位优势和地域优势显著。区内的交通、能源、通信等基础设施良好，传统采矿业相对发达，采–选–冶能力强，技术经济条件优越，具有大力发展矿业经济的良好基础。可见，创建大兴安岭有色金属基地，不仅是国家资源战略的需要，更是赤峰市尽快脱贫的最佳选择，也是加快内蒙古东部区域发展的良好机遇。

因此，特呼吁各级领导对大兴安岭中南段的地质研究、资源探查和矿业经济的发展给予关心、指导和帮助，尤其是希望国家能够对急需先期投入的科研经费和风险探矿资金给予支持，使大兴安岭中南段丰富的矿产资源能够早日为国家建设服务，使赤峰市等边疆少数民族特贫地区的矿业脱贫战略能够尽快启动。

（本文选自 2003 年院士建议）

专 家 名 单

刘光鼎	中国科学院院士	中国科学院地质与地球物理研究所
涂光炽	中国科学院院士	中国科学院地球化学研究所
刘东生	中国科学院院士	中国科学院地质与地球物理研究所
叶连俊	中国科学院院士	中国科学院地质与地球物理研究所
叶大年	中国科学院院士	中国科学院地质与地球物理研究所
欧阳自远	中国科学院院士	中国科学院国家天文台
滕吉文	中国科学院院士	中国科学院地质与地球物理研究所
钟大赉	中国科学院院士	中国科学院地质与地球物理研究所
汪集旸	中国科学院院士	中国科学院地质与地球物理研究所
孙　枢	中国科学院院士	中国科学院地质与地球物理研究所
姚振兴	中国科学院院士	中国科学院地质与地球物理研究所

关于进行京沪高速线方案科学比选的建议

严陆光*

为积极贯彻中央领导同志重要批示："关于京沪高速铁路建设问题，请国家发展和改革委员会、铁道部会同有关部门广泛听取意见，充分讨论、科学比选、提出方案"的精神，最近期间和一些有关同志交换了意见，参加了国家发展和改革委员会与中国国际工程咨询公司组织的有关讨论，就近期内对如何深入进行京沪高速线采用高速磁悬浮或高速轮轨方案的科学比选工作提出了建议。

一、引　　言

自 1998 年 6 月 2 日朱镕基总理在中国科学院和中国工程院两院院士大会上讲话中提出了京沪高速线为什么不采用先进的磁悬浮技术的问题以来，我们积极进行了有关研究、调查、论证工作，先后发表了一些文章，提出了一些建议[①]。2002 年底上海磁悬浮示范运营线举行通车典礼后，我们又在多年来积极促进我国发展高速磁悬浮列车体系的工作基础上，论述了上海线的建成已为京沪线决策采用磁悬浮方案奠定了良好基础，京沪线采用磁悬浮方案的重大意义是提出了"京沪线应决策采用磁悬浮方案，近期先建沪宁、京津段"的工作建议[②]，这个建议得到了多方面的关注。

2003 年 5 月温家宝总理做了重要批示："关于京沪高速铁路建设问题，请发改委、铁道部会同有关部门广泛听取意见、充分讨论、科学比选、提出方案"。京沪高速线的建设问题引起了国内外广泛的重视，发表了各种不同的意见。国家发展和改革委员会于 5 月下旬，中国国际工程咨询公司于 9 月初邀请了有关部门和专家进行了座谈讨论，并实地参观考察了秦沛轮轨客运专线和上海磁悬浮示范

* 严陆光，中国科学院院士，中国科学院电工研究所

① 参见：严陆光. 高速磁悬浮列车技术及其在我国客运交通中的战略地位. 科技导报，1999，(8): 34~37; 严陆光. 中国需要高速磁悬浮列车. 中国工程科学，2000，2(5): 8~13; 严陆光，徐善纲，孙广生等. 高速磁悬浮列车的战略进展与我国的发展战略. 电工电能新技术，2002，21(4): 1~12; 严陆光. 关于我国高速磁悬浮列车发展战略的思考. 科技导报，2002，(11): 3~8

② 严陆光. 京沪高速线应采用磁悬浮方案. 科技导报，2003，(6): 8~11

运营线，意见分歧更加清晰，争论的焦点在于是否应该和可能立即开始京沪高速线的全面建设还是应该认真部署深入的科学比选工作，待条件具备再做决策。

铁道部高速办及有关专家提出:鉴于京沪通道的运输能力不足及其紧张状况。建议京沪高速铁路采用高速轮轨技术。通过加强领导、各方支持、精心组织、全线铺开，2003 年末开工，2010 年世博会前建成。该线设计速度 350 千米/小时，初期按速度 300 千米/小时运行，达到世界铁路先进水平。从近年来我们对世界高速轨道交通发展的历史，我国的实际及通常的工程建设的一般知识出发，感到这种建议不符合我国的实际、缺乏科学性，有必要从紧迫性、工程技术的现实性、设计、我国客运交通的发展战略，以及采用高速磁悬浮的优势条件等方面出发，阐明我们的意见，明确的表示反对。

我们的意见是，鉴于京沪高速线是我国继三峡以后的最重大工程之一，又存在着技术方案选择方面的重大分歧，这些分歧的解决还有待于进一步的深入工作和实践，两种方案当前都不具备全面开工建设的必要条件，近期内应认真部署深入的科学比选工作，主要原因有关下三方面。

1) 分别修建各一条长约300千米的两种方案(速度400~450千米/小时的磁悬浮和速度 300~350 千米/小时的高速轮轨)的先行线，使两种技术在我国均充分成熟起来，取得技术性能、工程造价、国际合作和国产化等方面的可靠依据和数据，为科学比选奠定坚实的基础。

2) 正式下达，大力组织拟定两种技术，同等深度的可供比选的建设方案，为比选提供依据。

3) 将两种技术均列入国家客运交通发展的长期规划上，进行统一、协调的部署。

二、关于紧迫性与建设时机问题

多年来，一些同志一直主张京沪高速线建设迫在眉睫，越早越好，有几位铁路的老同志一直坚持着不同意见。铁路建设时机的选择关键在于对客运量的正确估计，建设晚了要误事，建设太早又会由于客源不足而亏损。德国柏林——汉堡磁悬浮线停建的重要原因之一在于客流估计过高。从最近铁道部门所提供的材料看，大体重复了 1994 年与 1998 年的提法，对各方面多次提出的一些疑虑没有进一步工作说明，这次讨论中又提出了一些新问题，主要有以下几点。

1) 京沪高速轮轨线仍然坚持高、中速列车混跑的设计原则，说明高速客流本身不足，而估计中速跨线客流将达 40%以上。按表 1 所列京沪既有线 2002 年客车情况的数据，跨线客车平均占 78%，本线客车平均仅占 22%，最高的京津段地也仅占 46%。我国时速 100 余千米的京九线，选价 0.17 亿元/千米，200 千米的秦渖

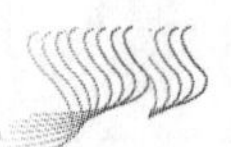

客运专线，造价 0.4 亿元/千米，花速度 300~350 千米/小时高速线的巨大投资去解决中、低速客流运能不足的问题，应该进行充分的论证比较。

表 1　京沪线 2002 年客车对数分析表

京沪线	旅客列车对数/对	其中							本线列车/对	跨线列车/对	本线所占比例/%	跨线所占比例/%
		北京—天津	北京—上海	北京—济南	北京—南京	北京—苏州	北京—杭州	南京—上海				
北京—天津	50	13	5	2	1	1	1		23	27	46	54
天津—德州	52		5	2	1	1	1		10	42	19	81
德州—济南	41		5	2	1	1	1		10	31	24	76
济南—徐州	49		5		1	1	1		8	41	16	84
徐州—蚌埠	49		5		1	1	1		8	41	16	84
蚌埠—南京	54		5		1	1	1		8	46	15	85
南京—上海	59		5			1	1	5	12	47	20	80
平均											22	78

资料来源："京沪高速铁路建设专题论证会材料"，铁道部高速办，2003 年 8 月

2) 关于客运量的预测。这次提供的数据是沪宁段单向 2015 年约 6000 万人/年，2020 年约 9000 万人/年，比 1994 年的预测增长更加迅速。1998 年讨论时就对预测值提出过疑虑，图 1 示出了客流密度最大的既有线沪宁段的实际客运量(至 2002 年)

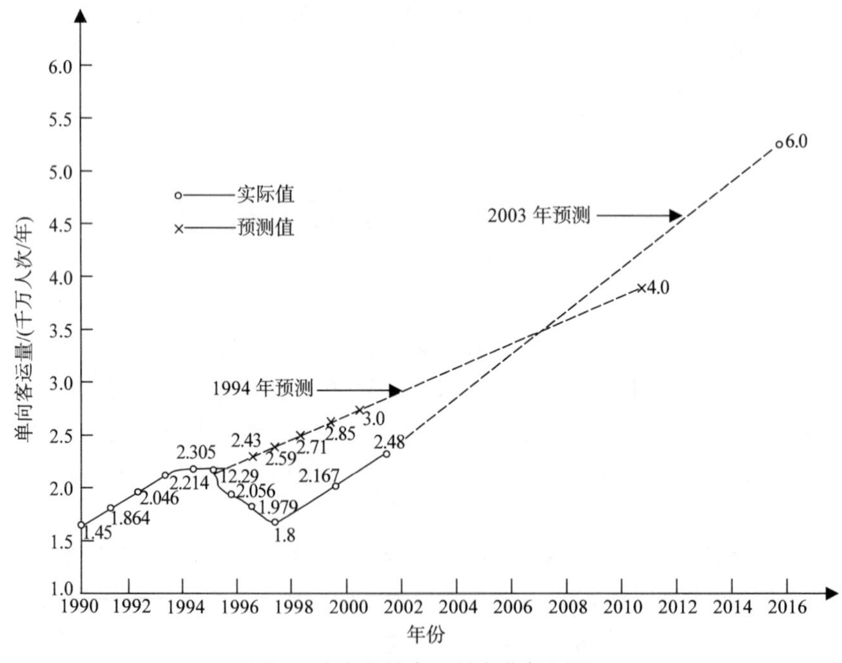

图 1　沪宁段的客运量变化与预测

与 1994 年预测值的比较，预测客运密度将以年增约 100 万人的速率迅速上升，2000 年达 3000 万人/年，2010 年达 4000 万人/年，实际上 1994~1998 年持续下降，1998 年后才开始回升，2002 年才回到 1994 年的水平。这种预测与实际的明显差别给预测的可信度带来很大疑问，2003 年预测客流密度将以 300 万人/年的更高速率增长，2015 年达到 6000 万人/年，缺乏令人信服的根据。为使京沪线工程建立在充分、科学、可靠的基础之上，建议应根据近年的实际情况，对客运量进行预测，建设需求与时机再进行一次深入的研究分析。

3) 沿整个京沪既有线的客流密度是不均匀的，由铁道部提供的 2000 年和 2002 年的数据(图2)可以看出，最繁忙的是蚌埠至上海段，近两年是上升趋势，而其他各段近年客流段没有增长，甚至有所下降，客流密度仅为沪宁段的 60%~70%，加之各段的经济发达程度也不同，老百姓的经济承受能力有差异，从而建设的紧迫性不同，整个工程分段实施更为合理，先建沪宁和京津段。

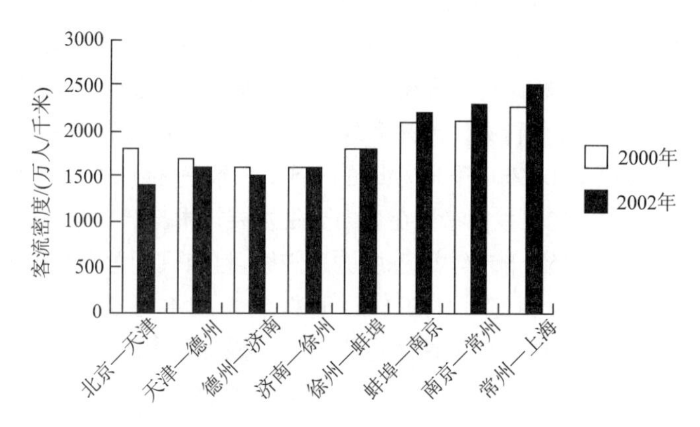

图 2　京沪线 2000 年、2002 年客流密度比较图

4) 京沪高速线的建设与京沪运输通道运力紧张紧密相关，解决运力紧张可有多种措施，而决定京沪高速线紧迫性与建设时机的主要因素应是高速客流的需求和人民的经济承受能力，要努力形成“国家修得起，人民坐得起，运营有利润”的良好局面。从而，应进一步着重于研究高速客流的需求，与其他缓解运力紧张措施的合理分工，协调发展。有些同志否定近年来兴建京九线、华东二通道，提速与电气化在缓解运能紧张方面的重要作用，过分突出高速线的作用。

总起来说，鉴于紧迫性与高速客流的正确预测对于科学决策的重大意义，建议应对存在的问题进行更加深入、细致的论证，根据实际情况，及时进行必要调整。当前做出应立即全面开工，2010 年世博会前建成的决策的根据是严重不足的。

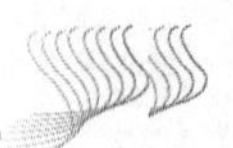

三、关于工程技术的现实性

紧迫性是安排建设的必要条件，而如何安排的决定因素是现实性。对于建设设计速度为 350 千米/小时，初期按速度为 300 千米/小时运行，达到世界高速轮轨铁路当前先进水平的京沪高速线，应该说，从现实性出发，完全不具备立即全面开工建设的条件。这方面，主要的考虑是：

1) 诚然，近年来我国轮轨技术取得了可喜的进展，建成了设计时速 160 千米的秦渖客运专线，在其上修建了长 66.8 千米，可达 300 千米/小时速度的综合试验段，开始了全线联调和 200 千米/小时速度的“先锋号”动车组及 270 千米/小时速度的“中华之星”动车组的试验。我们有幸于 8 月下旬在秦渖线上乘坐了“中华之星”列车，在试验段上速度达到 252 千米/小时，在正常线路上速度为 180 千米/小时。图 3 示出了国际高速轮轨技术速度的发展进程，1964 年达到最高运营速度 210 千米/小时，经 16 年后 1980~1982 年速度提升至 260~270 千米/小时，又经近 10 年，1988~1990 年速度才提升至 300 千米/小时，后来有个别地方速度达到 320 千米/小时，至于速度达到 350 千米/小时的几个计划，尚未实现。我国秦渖线及自力更生研发的车辆的技术水平属于运营速度 200~250 千米/小时的水平，大致是国际 20 世纪 80 年代初的水平，还处于调试阶段。如果我们希望在自力更生发展技术与产业化基础上来建设当今国际先进水平的 300~350 千米/小时速度的京沪线，目前只能考虑建设 350 千米/小时速度的试验线，经过认真踏实地工作证明将全套技术可靠提高到速度为 300~350 千米/小时，然后还要经过建造运行先行线，锻炼整个工程队伍和带动产业化，才能开始 1300 千米的全面建设。整个工作必须严格分阶段顺序进行。

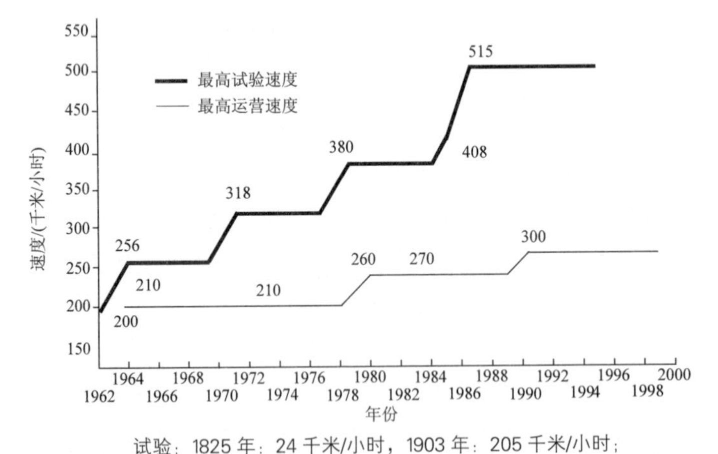

试验：1825 年：24 千米/小时，1903 年：205 千米/小时；

运营：1825 年：24 千米/小时，1895 年：102 千米/小时，1936 年：202 千米/小时

图 3　高速轮轨技术速度的发展进程

2）在国际上，速度为 300 千米/小时的高速轮轨铁路已有成熟的建设与运营经验，如采用国际合作、引进技术的方针，无疑可以加快进度与减小风险。通过国际合作，可直接考虑建设先行线，以全面掌握系统技术，锻炼工程建设与运营队伍，带动产业化。鉴于当代国际先进水平的高速轮轨的核心技术各国都在严加保护和整个工程技术责任的问题，国际合作必须选定技术路线与合作伙伴，才能有效进行。韩国、台湾修建速度为 300 千米/小时的高速铁路，花了不少时间与精力，分别选定法国、日本作为合作伙伴，有着一定经验。但我国只有一些准备工作，尚未形成明确的思路与计划。在这种情况下提出今年全线开工，风险之大是不言而喻的。

3）高速轮轨技术花了近 30 年时间才由 210 千米/小时的最高运营速度提高到 300 千米/小时，说明速度的提高并非轻而易举，这是由于 300~350 千米/小时的速度已接近轮轨系统工程技术的极限，即使少量的提速也需要在各方面做大量工作。有了秦渖线 200 千米/小时速度的工程实践就认为已掌握了 300 千米/小时速度的一些成套土建工程技术，可以全面开工是有很大风险的。要能开工建设，最少也得有小规模的工程实践证实确能保证达到速度为 300~350 千米/小时的设计指标，这方面应严格按有关国家法规进行工作，不允许有任何任意性。

四、关于设计

我国工程建设已摒弃了“边试验、边设计、边施工”的错误做法。至今，我们只听到过京沪高速轮轨的可行性研究和工程立项的报告，对实际设计工作还没有了解，但种种迹象均表明，有关设计工作远远未达到可以开工建设的程度。在这方面，讨论中提到的主要问题包括以下几方面。

1）前已述及，我国至今还没有速度为 350 千米/小时工程建设的实践与试验，工程设计中必然有很多问题需要经过试验与实践才能确定，并应在建设试验线及先行线阶段解决。1300 千米工程全面铺开必须有成熟、可靠的设计，确保能按时达到速度为 350 千米/小时的设计目标，不允许继续进行多方面的选择试验。

2）前已述及，对于设计速度为 350 千米/小时的当今世界先进水平的京沪线所采用的高、中速混跑设计原则的合理性与正确性尚需进一步认真论证。

3）铁道部前后多次提供的文件中关于京沪高速铁路的主要技术目标与条件混乱多变。例如，在 1998 年 10 月发布的“京沪高速铁路予可行性研究报告”和 2003 年 1 月发布的“京沪高速铁路设计暂行规定”中均说明：“设计速度为高速列车 300 千米/小时，中速列车 160 千米/小时及以上。线路平、纵断面及基础设施的设计标准应满足最高运行速度 350 千米/小时的要求”，四年多来没有变化。2003 年 5 月给国家发展和改革委员会召集的汇报会提出的“京沪高速铁路前期工作情况及

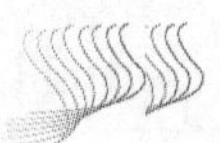

技术方案比选意见”中也明确：“设计速度300千米/小时，基础设施预留350千米/小时的条件”。而2003年8月，为中国国际工程咨询公司召集的京沪高速铁路建设论证会提供的专题论证材料中却改为：“设计速度350千米/小时，初期按300千米/小时运行。高速列车运行速度300~350千米/小时，跨线列车运行速度200千米/小时以上。”短短几个月，就能在主要技术指标上做出如此重大的变化，可见，整个工程尚处于主要技术目标讨论论证阶段，很难想象，设计工作已能允许立即全面开工建设。

4) 重大建设方针尚未明确，技术引进尚未起步。在工程中实施的线路技术、车辆技术和运行控制技术三个主要方面究竟采取何种方针：立足于国内已有基础；引进技术，实现国产化；还是国际采购、投标。不同地方有着不同的提法，看来尚未形成统一的、明确可行的方针意见，与此相应，所需的技术引进工作也尚未认真起步。在重大方针未确定情况下，提出可以实施的建设设计与计划是不可能的。

总起来说，已有的设计工作基础离真正能全面开工建设相差甚远，这样的重大工程采取“边试验、边设计、边施工”的方式肯定不会被允许。

五、关于我国客运交通的发展战略

我国经济正处于腾飞阶段，全国上下都为2020年全面实现小康在积极努力，高速客运交通需求日益增大，整个交通系统正在积极发展，正处在对未来高速交通发展战略进行抉择的关键时期，国家正在组织规划工作。高速轮轨与高速磁悬浮作为高新技术应该进入规划，与其他运输方式协调发展，使其占有自己的优势地位。京沪线作为我国首选的高速长大干线，对今后高速交通的发展战略与规划有着重大影响，方案比选应考虑多方面因素，特别要重视何祚庥院士反复提出的意见：“在技术路线的选择或决策上，既要看到决策的现实性，还必须要预见到决策的选择或决策的超前性。否则到了未来，落后的决策就失去了未来的现实性。”高速磁悬浮与高速轮轨方案的科学比选，应与全国客运交通统一、协调，与可持续发展战略研究紧密结合进行。

图4与图5分别示出了20世纪下半叶我国和美国各种交通工具在旅客周转量中份额的变化情况。我国铁路的份额由1950年的80%降至目前的约35%，公路份额由1950年10%增至目前的约55%，民航也有明显增长。我国当前各种交通工具的份额与美国二次世界大战后(1945年)的情况相近，而美国私人汽车的迅速恢复和航空的快速发展，使铁路的份额由27%迅速降至1%以下，这方面一个重要原因是铁路太慢，时速只有100余千米，没有旅行速度在120~600千米/小时的交通工具。

大家比较一致地认识到，由于我国客运交通体系正在发展，从能源看属于缺乏石油资源的国家，从发展战略上应努力保持轨道交通的骨干地位和较大份额，不走美国发展的道路。正好速度为 350 千米/小时的高速轮轨和速度为 500 千米/小时约高速磁悬浮的发展给我们带来了机遇，从而发展这两种技术应是我国客运交通发展的重点。而速度更高的磁悬浮应处于优先发展的地位。至于京沪高速线采用磁悬浮方案的重大意义，已经较细地进行了论述，这里不再重复。

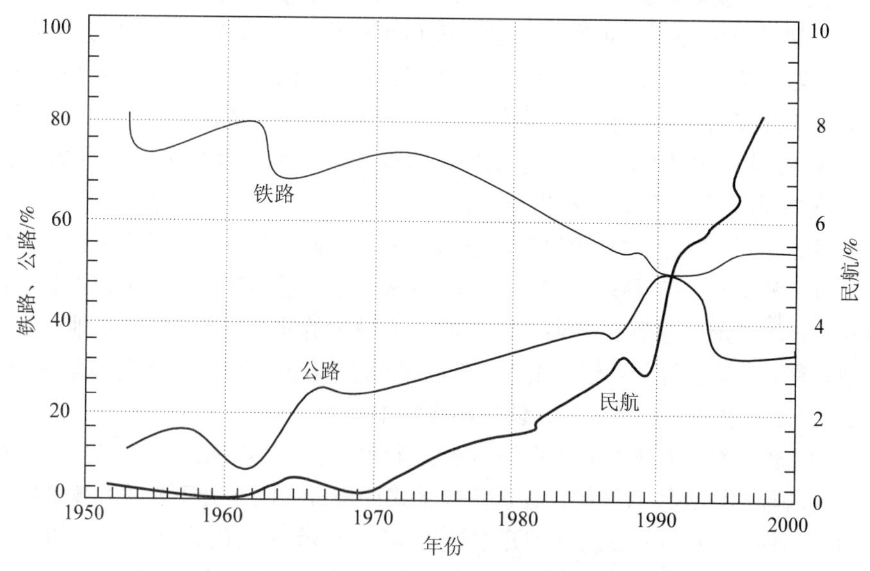

图 4　我国各种交通工具在旅客周转量中份额的变化

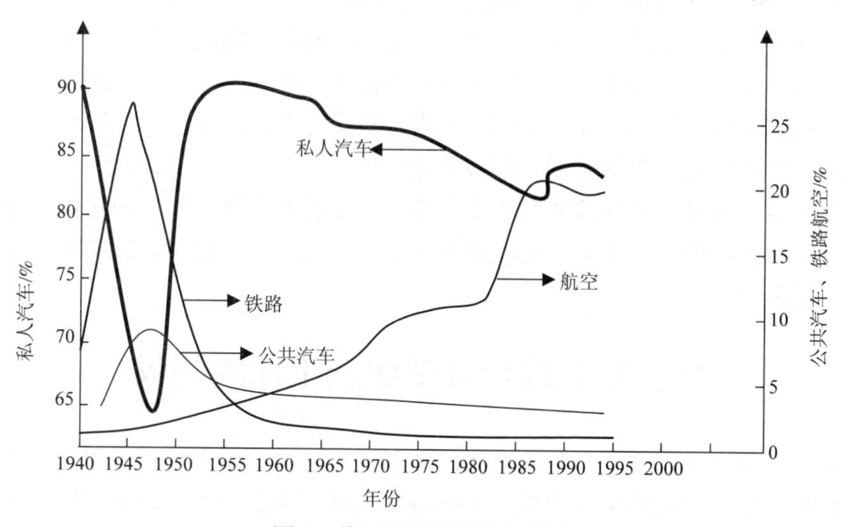

图 5　美国客运周转量的发展

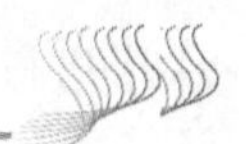

六、关于采用磁悬浮方案的优势条件

从我国已有的基础看，建设 300~350 千米/小时的京沪高速轮轨线或 400~450 千米/小时的京沪高速磁悬浮线，究竟哪种方案更有优势，更有把握。我们感到，高速磁悬浮具有的一些优势条件是明显的，主要有以下几方面。

1) 上海示范运营线已有力地证明了，430 千米小时的运营速度可以可靠达到，从而建设京沪线，不存在达不到主要技术指标，不能成为国际先进水平线的风险。而我国尚无高速轮轨试验证明可以可靠的达到 300~350 千米/小时的运营速度，从现在工作基础看，如仓促上马，所建成的京高速轮轨线长期达不到 300~350 千米/小时的设计运营速度的风险很大，从而与世界先进水平的差距会很大，根本进不了当今世界先进行列。

2) 我们的上海线同时是可达 500 千米/小时的高速磁悬浮技术研究发展与试验基地，可为京沪高速磁悬浮线发展技术、改进装备、研制新型车辆作出重大贡献。我国高速轮轨技术尚无可达 300~350 千米/小时运营速度的研究发展与试验基地。建立这个基地，需要有较长时间和较大投入，然后我们才有进一步研究发展与试验的能力。

3) 在上海线的设计、建设、调试与今后的运行期间，中国和德国双方已建立了良好的合作关系，双方并有为京沪线建设继续共同努力的意愿。在高速轮轨方面，实质性的国际合作还没有开始，在选定技术路线与合作伙伴上还要做大量工作。

4) 上海线由车辆上线调试到开始达到 430 千米/小时的设计速度仅用了约两个月时间，全部完成调试工作，实现 430 千米/小时的正式运营仅约需一年半时间，这是因为 430 千米/小时的速度与磁悬浮技术所能达到的速度上限相差甚远，裕度很大的缘故。对于高速轮轨来说，300~350 千米/小时的速度已接近轮轨技术所能达到速度的上限，从建设完成到调试达到设计速度，投入运营，通常要分阶段逐步提升，花相当长的时间。从而，采用磁悬浮方案，京沪高速线建成，达到设计速度，投入正常运营的时间可能会更早一些。

鉴于京沪线采用磁悬浮方案的重大意义和上述的优势条件，相信再经过一段认真努力地进行科学比选后，定能选中磁悬浮方案，从而建议国家支持的重点应是高速磁悬浮。

七、关于进行科学比选工作的建议

鉴于上海高速磁悬浮示范运营线的顺利建成和京沪线采用磁悬浮方案的优越性，我们积极主张应决策京沪线采用磁悬浮方案，不失时机的对下一阶段工作做出认真、全面的部署。但京沪线作为我国三峡后举世瞩目的重大工程项目，方案选择方面还存在着重大争议，中央领导指示要“广泛听取意见，充分讨论，科学比选，提出方案”是完全正确的，我们十分拥护。

通过最近的工作与讨论，我们感到铁道部高速办及有关专家建议的可不再进行科学比选，决定采用高速轮轨技术，全线铺开，2003 年末开工，2010 年世博会前建成，设计速度 350 千米/小时，初期按 300 千米/小时运行，达到世界铁路先进水平的京沪高速轮轨铁路的意见不符合实际，缺乏科学性，不应采纳。我们从工程紧迫性与建设时机，工程技术的现实性、设计工作情况等方面阐明了当前完全不具备可以全面开工的必要条件，要达到科学比选还有大量工作要做。我们还从我国客运交通的发展战略和目前高速磁悬浮已具备的优势条件出发，阐明了再经过进一步深入的科学比选工作后，选中高速磁悬浮的可能性很大。从而，积极主张近期应部署深入的科学比选工作，主要包括下列三个方面：

1）要提出可供科学比选的高速轮轨和高速磁悬浮的京沪线方案，还需要认真地进行大量准备与前期工作，建议国家下达两种方案的可行性研究任务，组织有力队伍抓紧工作。

2）赞成国家拿出一部分资金，按两种技术分别修建一条长 200~300 千米的有实用价值的高速轮轨和高速磁悬浮的先行线，在实践基础上，取得不同运行速度下的技术性能，所需造价，运行、维修成本，以及国际合作，国产化等方面的科学依据，为比选奠定可靠的科学基础，这将在建设全局上取得主动。历史经验证明，修建三峡前先行修建了葛洲坝有着重大意义。

3）“科学比选”不能只计算修建京沪高速铁路的投资、运行、维修等支出及其带来的效益。还要对中国未来高速客运的网络，有一个全面的设想。建议应列入国家未来高速客运交通发展战略与规划中进行研究，使两种技术各自发挥所长，协调发展。

八、结 束 语

经近几年的持续努力，我国在磁悬浮交通上已取得了可喜的进展。我国在需要高速磁悬浮列车上取得了一定的共识，中德合作建设上海浦东示范运营线已顺利建成，使对于京沪线来说，高速磁悬浮和高速轮轨一样成为可比选的可行方案。鉴于京沪线采用磁悬浮方案的优越性与重大意义，我们还要继续同心协力，奋力拼搏，通过认真深入的工作，经过科学比选，使党中央和全国人民有信心和决心批准京沪线选用高速磁悬浮方案。

从决定京沪线决定选用磁悬浮方案开始，我国将率先在世界上进入实用化与产业化，然后逐步使磁悬浮列车在我国未来的高速客运专线网中发挥骨干作用，并为全世界高速磁悬浮列车的发展作出应有的贡献。

（本文选自 2003 年院士建议）

京沪高速线应决策采用磁悬浮方案

严陆光*

自 1998 年 6 月 2 日朱镕基总理在中国科学院和中国工程院两院院士大会上的讲话中提出了京沪高速线为什么不采用先进的磁悬浮技术的问题以来，我们积极进行了有关研究、调查、论证工作，先后发表了一些文章，提出了一些建议[1~4]。经过前一阶段各方面共同努力，我国高速磁悬浮列车的发展与就用取得了可喜的进展：对我国是否需要高速磁悬浮列车取得了一定的共识；决定中德合作引进技术，建造上海浦东机场进城的示范运营线，以惊人的速度得以顺利实施；“高速磁悬浮技术”已作为专项列入国家“十五”高技术研究发展计划“863”计划；多项下一阶段工程计划，如沪杭线、锡沪杭线、京津机场联线、北京机场进城线、香港广州线等，都正在积极酝酿准备中。

2002 年 12 月 31 日，上海磁悬浮示范运营线(简称上海线)举行了通车典礼，世界上第一条商业运营线正式诞生，中、德两国总理为试运行通车剪彩后，一同乘坐了列车。列车达到了 430 千米/小时的设计速度。为了进一步推进磁悬浮列车在我国的发展与应用，下一阶段应如何做成为了国内外关注的热门话题。在近年来工作的基础上，经过多方面的讨论，我们形成的意见是：各方面条件日益成熟，已可以和应该对京沪高速线采用高速磁悬浮方案做出决策，以便统一思想，不失时机地对下一阶段工作做出认真的全面部署，至于工程的实施需要进行认真的准备和分阶段进行，“十五”期间可先建沪宁段及京津段。本文将简要报告我们的意见与建议，供领导及有关部门研究时参考。

一、上海线为决策奠立了良好基础

鉴于德国和日本已将高速磁悬浮列车技术发展到可建造实际运营线的阶段，我国自身的研制基础与队伍薄弱，引进技术，建设试验运营线应是我国发展的首选措施。2000 年夏决定中德合作建设的上海浦东机场进城全长 30 千米的示范运营线，2001 年 3 月 1 日工程正式开工，经过 22 个月的紧张工作，2002 年 12 月 31 日举

* 严陆光，中国科学院院士，中国科学院电工研究所

行了通车典礼，达到了 430 千米/小时的设计速度。上海线的顺利建成与运行，解决了近年来京沪高速线应采用磁悬浮方案还是高速轮轨方案争论中的一些重要问题，为决策采用磁悬浮方案奠立了良好基础。上海线建成的重要意义在于以下几方面。

1) 证实了高速磁悬浮列车确是当今人类唯一能达到 400 千米/小时以上运营速度的地面载人客运交通工具，其技术确已成熟到可以实际应用，具有良好的安全可靠性。通车一个多月来，已有 4 万多人乘坐。2003 年底正式运营后，年客运量将超过千万人次。我国广大民众将亲身体验到高速磁悬浮列车的主要优点，诸如：①克服了传统铁路进一步提速的主要障碍，有着更加广阔的发展前景；②阻力小，能耗低；③噪音小，振动小；④启动制动快，爬坡能力强；⑤维护少。我国需要高速磁悬浮列车将越来越深入民心。

2) 建立了我国高速磁悬浮列车技术研究发展的试验基地。全长 30 千米的上海线，可允许达到约 500 千米/小时的试验速度，我国成为继德、日之后第三个具有这种试验能力的国家，为继续发展高速磁悬浮技术、改进有关设备、研制新型车辆提供了重要的试验条件与设施，成为京沪高速线及其他应用的重要研究发展基地。当然，将上海线发展建设成试验基地，尚需进一步规划，加强研制投入。

3) 大大加强了我国的工程建设与研制队伍的建设。在上海线的设计建造过程中，我国已组成了自己的研制设计、工程建设、安装调试与运营队伍。我们的队伍，在德国引进技术基础上，已出色地发展了轨道梁制造技术，完成了全部土建工程，达到了原定要求。虽然车辆、测控系统及电气装备系统由德方制造提供，但通过培训、安装与调试工作，我们已有较好的了解、掌握了使用运行技术，积极地进行了国产化的研究。在运营方面，我们将率先在世界上取得实践经验。根据分析，无论在系统设计、线路与轨道、运行控制、牵引供电、车辆技术方面，还是运行维护，安全及环境方面，上海线的实践经验都适用于京沪长大干线。从而，上海线已为京沪线在科技、工程与管理队伍方面做了积极的准备。

4) 实现了惊人的高建设速度。1999 年时我们设想试验运营线的建设时间约需要 6~7 年。实际上，由 2000 年初开始可行性研究与选线，到预期 2003 年底可投入运营，建设时间共计 4 年，所达到的高速度得取了全世界的赞赏。这种高建设，首先，是中央和各方面领导高度重视和全体同民积极努力的结果。其次是采用了引进技术、中德合作建设的方针。合作建设的双方都有着很高的积极性和责任心，是上海线成功建设的保证。再次，虽然我国自身研制工作与队伍薄弱，但整个技术是多种高新技术的集成，与现有工业有着紧密联系，我国在土木工程、电气工程、车辆技术与测控技术方面均有良好的科技与工业基础，集中了有关骨干力量，掌握与发展有关技术并不很困难。

1998 年参加铁道部项目评审时，我们曾估计，京沪高速线如要立即立项建造，

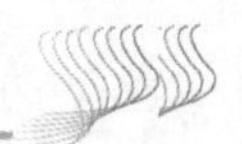

只能采用高速轮轨方案；在切实抓紧的条件下，京沪高速磁悬浮可望在 2005 年左右开始建造。经过近年工作的努力，特别是上海线的建成，情况已发生了重大的变化。今天，中央对京沪高速线立项建造尚未决策。对于京沪高速线来说，上海线的建成已为决策采用磁悬浮方案奠立了良好基础，高速磁悬浮与高速轮轨一样都是可行的方案。

二、决策采用磁悬浮方案的重大意义

既然京沪高速线采用磁悬浮方案或轮轨方案已具有现实的可行性，不同方案的优越性及对国家未来发展的意义对于选择则越显重要。

采用磁悬浮方案，无论从京沪高速线本身、我国未来高速客运网、带动产业化及其他应用的需求出发，还是从实现技术跨越式发展，以及我国未来客运交通系统合理、协调、可持续发展出发，意义都是重大的。主要原因有以下几个方面。

1) 当前可达 500 千米/小时运营速度的高速磁悬浮线主要适用于长距离、大流量、大城市间的高速客运。日本长期统计数据已说明，在与民航竞争中，300 千米/小时的高速轮轨能保持骨干地位之旅行距离为 700~800 千米，而 500 千米/小时的高速磁悬浮估计可达 1500~2000 千米。京沪高速线全长 1300 多千米，按旅行时间考虑，采用高速轮轨难以与民航竞争，而采用高速磁悬浮可在 3 小时到达，在激烈竞争中，保持其客运交通的骨干地位，大大提高京沪高速线的意义和作用。

2) 我国将在 21 世纪上半叶建成总长约 8000 千米的高速客运专线网，大城市间距离大多在 1000 千米以上，采用高速磁悬浮技术，对于我国幅员辽阔、人口众多、油资源紧缺的现状，能合理协调地安排未来客运交通系统(包括民航与公路)的可持续发展，保持轨道交通的骨干地位意义特别重大。京沪高速线采用磁悬浮方案，将使磁悬浮成为未来高速客运专线网的主导技术，并将成为我国实现技术跨越式发展的良好范例。

3) 国际高速磁悬浮技术经过长期努力，德国与日本已成熟到可建实用运营线的程度，实用化与产业化是当前发展的主要任务，十多年来困难在于没有合适的工程来牵引。京沪高速线是我国实施高速专线客运的首选长大干线，也是 21 世纪前期全世界将投入建造的唯一长大干线，采用磁悬浮方案将能全面带动整个系统实现产业化，形成新兴的高技术产业，将整个技术提高到实现产业化的高度，为推广应用奠立良好基础。由于京沪高速线是产业化的主要牵动力，我国将发挥重大作用，率先建立前沿的新型高技术产业。

4) 除最高地面运营速度的主要优点外，磁悬浮列车还具有低噪音、低能耗、高加速度等其他优点，从而也可用于较短距离的交通线，有关工作已在德国、美国及我国积极进行。例如，我国上海及德国慕尼黑的机场进城线，德国杜塞尔多夫至多特蒙特及美国多个城市间的连接线。对于交通运输工具来说，产业化常常是大规模推广应用的前提，而靠短距离线应用来带动产业化要困难的多。京沪高速线采用磁悬浮带来的整个系统的产业化将大大有利于这些应用的发展。

我们已进入了21世纪，党的“十六大”已将全面建设小康社会作为目标，代表中国先进生产力的发展要求已被确认为长期坚持的指导思想载入史册。着眼于我国科技发展战略，逐步从“仿造、跟踪”走向“赶超、创新”，“实现技术跨越，跳过传统发展模式，迎头赶上”应是一个重大的战略原则与措施。徐冠华院士多次强调:“以磁悬浮列车为代表的高速轨道交通，有占地少、污染低、经济前景效益好、技术条件已基本具备，我国铁路、公路系统还不够发达，这恰恰成为我们在交通领域有望实现技术跨越，跳过传统发展模式的便利条件。”何祚庥院士根据我国一些重大决策的历史经验，强调“在技术路线的选择或决策上，既要看到决策的现实性，还必须要预见到决策的超前性。否则到了未来，落后的决策就失去了未来的现实性”。着眼于科技发展战略，采用先进技术的磁悬浮方案，实现技术跨越式发展，也是重要的。

三、关于投资

经过几年的工作，特别是上海线的迅速建成和顺利调试，使得公众对高速磁悬浮的可行性与技术成熟性的疑虑已大体解决，对京沪高速线采用磁悬浮方案重大意义的认识有所提高。目前争议主要集中在所需投资的大小上。一些同志反复宣传，上海线投资约3亿元/千米，京沪高速轮轨线铁道部估计1亿元/千米，两种方案总投资是4000亿与1300亿元的差别。这种宣传有一定影响，应该予以澄清。

应该说建设投资是一个复杂的、多种因素决定的问题，工程规模、地质条件、线路选择、装备产业化程度、质量要求与运行速度等都是重要因素。即使是设计数据也常常与实际情况有较大出入，现阶段只能根据国内外已有数据做出一些分析。

上海线是全长仅30余千米的短线，整个磁悬浮技术与装备尚未产业化，总投资达约3亿元/千米。如表1所列的几条设计的磁悬浮线情况中所示，上海线约3亿元/千米的投资与国际准备建造的短线是相近的，反映了近期尚未产业化和短线的现状。但用此数值去估计京沪长大干线显然是不合适的，因为长线的规模效应与系统的产业化均能使投资的大幅度下降。如表1所示，全长292千米的德国柏林—汉堡线投资比短线低近两倍。正在进行的长约150千米的沪杭线与京津线估算，德方已表示他们提供的装备每千米的价格可能降至上海线价的44%~50%，总投资可能降至1.5~2.0亿元/千米。对于1300千米的京沪线来说，其规模与产

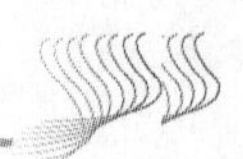

业化降低投资的效应会更大，且建设周期长，即使前期投资稍高，后期还会下降。

表 1　几条设计的磁悬浮线的投资估计

线路名称	全长/千米	投资/千米	估价时间
德国慕尼黑机场线	36.8	4350 万欧元	2002 年
德国杜塞尔多夫—多特蒙特线	78.9	4100 万欧元	2002 年
美国宾夕法尼亚州线	76	3550 万美元	2000 年
美国马里兰州线	64	5310 万美元	2000 年
德国柏林—汉堡线	292	4100 万马克	1999 年

至于京沪高速轮轨线，1998 年铁道部报告估计为 0.7 亿元/千米，后来改为约 1 亿元/千米。如表 2 所示，这个数值与近期国际高速轮轨的建设实际相差很大，国际投资大多在 2.5~4.0 亿元/千米。人们常常提到的造价很便宜的法国地中海线，其投资约为 1 亿法郎/千米，不包括列车购置费。其低造价的原因除地势特别平坦外，可能与牺牲质量有关。关于该线，《文汇报》2001 年 8 月 21 日以“‘奇迹’没出现、麻烦一大堆——法国新建高速铁路问题引人深思”为标题报导了该线存在噪音、防洪排涝、隧道消防、故障晚点等一系列的质量问题。我国京沪高速轮轨线的投资大小需要进一步认真研究，若按高质量要求，1 亿元/千米的投资预算是严重偏低的。

表 2　几条近期建设与在建高速轮轨线的投资

线路名称	全长/千米	投资/千米	估价时间
日本高崎—长野北陆线	126	63 亿日元(约 5000 万美元)	1997 年
德国科隆—法兰克福线	219	3000 万欧元	2002 年
法国瓦朗斯—马赛地中海线	250	1亿法郎(约 1500 万美元)	2001年
韩国汉城—釜山线	430	4000 万美元	在建
中国台湾地区台北—高雄线	345	12.5 亿台币元(约 3600 万美元)	在建

注：* 不包括车辆购置费

根据同时发展高速轮轨与高速磁悬浮的德国所提供的数据，如均不计入列车购置费，新建磁悬浮线比科隆—法兰克福高速轮轨线每千米投资贵 10%~30%，德国交通部对莱比锡—德累斯顿 110 千米新线的两种方案设计比较的结论是：磁悬浮系统的全寿命周期成本比高速轮轨铁路最多高 7%。

铁路建设的投资与速度有很大关系，我国 100 千米/小时铁路造价于 1000 万元/千米，时速达 200 千米/小时的秦沈线建设投资达 3000~4000 万元/千米，时速达 300 千米/小时的高速轮轨造价将超过 1 亿元/千米，速度增加 50%，投资翻了几番。磁悬浮与高速轮轨速度相差 50%，国际上多种研究形成的看法是：磁悬浮的投资可能高于高速轮轨，一般差距不大于 20%~50%，即使投资高一些，决策采用磁悬浮方案也是正确的。当然，在设计与实施中，必须精打细算，千方百计地减少投资。

四、关于风险

在进行轮轨与磁悬浮比较时，一些同志强调高速轮轨技术成熟，从而风险小，磁悬浮还没有商业运营线。这是事实，也是新技术与传统技术竞争时通常出现的情况。决策采用新技术，实现跨越式发展是要下决心的。日本当年决定上新干线高速轮轨的历史也有直接的借鉴意义。1997 年 9 月 3 日，我们赴日考察磁悬浮时，见到了 1964 年参与决定新干线上马、当时任大阪产业大学校长的天野光三(Amano Kazo)先生，他谈到：“日本从 1957 年开始热烈讨论东海道新干线问题，当时世界最快车速是 130 千米/小时，希望列车速度增至 210~220 千米/小时，被看成是不可思议的。1964 年，在东京—大阪线客流急剧增加，既有线无法满足需求的情况下，提出再建一条新线。当时已建了小田原(Odawara)—鸭个谷(Kamogaya)的 40 千米试验线，做了两年试验，试了新车型、道岔与通信，时速达到了 250 千米/小时。因此提出了两个方案：再修一条与已有的相同的铁路或建设一条时速为 200 千米/小时的新干线。国铁当时的 10 位负责人，只有两人赞成修新干线，在一片反对意见下，国铁总裁力排众议，决定了修新干线。至于要载过多少人，跑过多少公路，才能宣布技术成熟，进行建设，没有绝对标准。”今天，我国的磁悬浮情况比当年日本上新干线时已好得多，技术在国际上已经过长期试验考验，3 年就建成了上海线，达到了设计速度，已掌握了土建工程技术，积累了工程技术、建设与运营经验。

关于京沪高速线采用磁悬浮方案的风险，2002 年秋天，我与德国磁悬浮技术的主要专家 Hans Georg Raschbichler 及 Rudolf Wagner 等坦诚交谈过。他们都表示，京沪高速线采用磁悬浮会有问题要研究解决，但技术上没有失败的风险。一些从事磁悬浮工作的科技人员感到，京沪高速线终究是全世界第一条长大干线，在建设过程中有一些技术，特别是设备制造技术，我们掌握的还不够，还要依靠国际合作，引进转让，实现磁悬浮设备本地化生产；此外，还会遇到一些问题，全世界都缺乏经验，必须自己大力研究发展来解决。工作中会有挫折，只要我们在走引进、转让技术、合作发展道路的同时，用更大力量建好自主攻关队伍，相信我国科技人员有志气、有能力解决前进道路上的一切问题。上海线的实践已证明，难度并不很大，不可能失败。

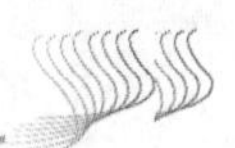

五、做出决策与实施步骤

综上所述，上海线的顺利建成与达到设计速度，证实了磁悬浮方案用于京沪高速线的可行性，成熟性与安全可靠性；鉴于京沪高速线采用磁悬浮方案的优越性与重大意义，已不存在可能失败的风险；磁悬浮方案投资可能略高，但是速度也高，总体说来是值得的。因此，现在已能对京沪高速线采用磁悬浮方案做出决策，以便统一思想，不失时机地对下一阶段工作做出认真的全面部署。

当然，要设计建设京沪高速磁悬浮线还有很多工作要做，我们的力量与经验还很不足，有些问题国际上也没有解决的经验，一些同志感到是否应再做一些工作，再有一个中间步骤后决策会更有把握。事实上，任何一个新技术的发展应用与产业化都需要有实际需求的牵引，其快慢很大程度上决定于牵引力的大小。上海线所以能迅速顺利的建成就在于有着京沪高速线要选择磁悬浮方案或轮轨方案的牵引力。今天，当可以和应当采用磁悬浮方案的条件已经成熟时，首先则应做出方案选择的决策，用京沪线将建成高速磁悬浮线的巨大牵引力，来认真动员与组织有关力量去解决设计与建设中的问题，加强国际合作，大力促进有关工程与装备的产业化与本地化，保证京沪高速磁悬浮线能顺利实现，使我国在世界上率先进入实用化与产业化阶段。

全长 1300 千米的京沪高速线建设是国家的重大任务，在决策采用磁悬浮方案后，工程的实施需要进行认真的准备和分阶段进行。工程的进度安排要充分考虑实际需求，主要是实际客流增长的正确估计，建晚了会误事，建早了又有可能发生较长期的运营亏损，这方面似还有一些争议需认真研究。鉴于京沪高速线是全世界第一条运营的长大干线，整个计划要统筹考虑，过程中要不断掌握与完善技术，加强队伍的建设与推进产业化，工程建设周期与所需资金的实际可能，可与国家相应五年计划的制定紧密结合，分阶段进行。当前应首先致力于制定好“十五”期间的计划。

从我们已有基础及我国近期的紧迫需求出发，建议“十五”期间考虑安排沪宁段(约 290 千米)及京津段(约 130 千米)的建设。京津段连接两大城市与两个机场，在 2008 年北京奥运会前建成有着重大意义。京津段全长约 130 千米，正好是上海线向前一步。沪宁线沿途经济发达，客流量大，对高速客运需求最为迫切，全长近 290 千米，途经 5 个城市，可为京沪长大干线提供更多经验，在 2010 年上海世博会前建成意义也很重大。这两段铁路的建设已有一定准备和较好基础，与我们的现实能力也比较适应。有了采用磁悬浮方案的决策和进行京津段、沪宁段建设的工程任务，则可齐心协力组织好京沪高速线的设计工作，有关的研究发展工作与产业化工作，在不远的将来，例如“十一五”初期，提出工程实施的全面计划。

六、结 束 语

关于京沪高速线应采用磁悬浮方案，还是高速轮轨方案，曾有过激烈的争论，意见分歧较大难以一致。经过近年来各方面的积极工作，无论磁悬浮方案或高速轮轨方案的可行性均有可喜的进展，但仍需在新的基础上进行深入的讨论。正如本文所述，我们深信京沪线可决策采用磁悬浮方案，在建设京沪高速磁悬浮线重大工程任务牵引下，我国将率先在世界上进入实用化与产业化，然后逐步使磁悬浮列车在我国未来的高速客运专线网中发挥骨干作用，并为全世界高速磁悬浮列车的发展做出应有贡献。

我国高速轮轨技术也有可喜的进展，为我国铁路技术的提高做出了重要贡献。做为高新技术，无论高速磁悬浮，还是高速轮轨技术，我国都是需要的，都要根据各自的特点与优势，以及我国的实际需求，来布置今后的发展与应用。磁悬浮列车的主要优势是当今唯一能达到 400 千米/小时以上运营速度的地面客运交通工具，主要适用于长距离、大客流量、大城市间的客运交通，在 1500~2000 千米旅行距离内可以与民航竞争中保持地面轨道交通的骨干地位。高速轮轨最高能达 300~350 千米/小时的运营速度，可在 700~800 千米旅行距离内保持地面轨道骨干地位。从我国未来客运交通发展的需求出发，高速磁悬浮主要适用于总长约 8000 千米的全国高速客运专线网，高速轮轨主要适用于地区内的主要干线。京沪高速线全长 1300 千米，又是高速客运专线网中的首选长大干线，应采用磁悬浮方案，而高速轮轨则宜选择更为合适的地区干线做为对象来布置发展应用。有一种意见，认为高速轮轨技术更成熟，我国的基础更好，可决策京沪线采用轮轨方案，磁悬浮继续用一条短线试验，显然这种意见的科学性、合理性与战略安排考虑都是不妥的。

（本文选自 2003 年院士建议）

参 考 文 献

[1] 严陆光. 高速磁悬浮列车技术及其在我国客运交通中的战略地位. 科技导报, 1999. (8): 34~37.

[2] 严陆光. 中国需要高速磁悬浮列车中国科学院院士建议. 1999 第 10 期(总第 65 期). 1999 年 12 月 3 日. 1~18.

[3] 严陆光, 徐善纲, 孙广生, 戴银明, 张瑞华, 武瑛. 高速磁悬浮列车的战略进展与我国的发展战略, 电工电能新技术, 2002. 第 21卷第 4 期, 1~12; 2003. 第 22 卷第 1期, 1~8.

[4] 严陆光. 关于我国高速磁悬浮列车发展战略的思考. a. 中国科学院院士建议, 2002. 第 7 期(总第 93 期). 2002 年 9 月 12 日, 1~20. b. 科学导报, 2002, (11), 3~8. c. 中国工程科学, 2002. 第 4 卷第 12 期, 40~46.

关于尽快建立"SARS应急网络信息中心"的建议

陈新滋 等*

2003年春，一场突如其来的SARS(俗称"非典")灾难席卷了全球几十个国家和地区，不仅夺去了众多患者的生命，而且也使世界经济遭受了巨大损失。作为疫情最严重的疫区之一的中国，在这次全球性的灾难中经受了严峻考验。尽管现在疫情已经得到了有效控制，全世界人民抗SARS斗争取得了阶段性胜利，但是我们仍不能掉以轻心，因为SARS是一种反复性很强、死亡率很高的传染性疾病，而且直到目前，我们还没有找到有效预防和彻底治愈它的办法。

一、建立SARS应急网络信息中心的必要性

为战胜人类共同的敌人，防范SARS再次流行，一场SARS攻坚战在全世界范围内打响了。目前，中国已投入大量人力物力用于针对SARS的各项研究，而且已在医药和科研方面取得了重要的进展。然而，这些研究结果却不能及时在SARS研究界交流，实现资源共享。最近，世界卫生组织(WHO)专家Klaus Stoehr博士在《纽约时报》的一篇报道中提出了这个问题，他说："中国SARS研究组织之间的相互了解仅仅来源于中国报纸的报道，然而这些报道大部分不足以提供必要的科学信息。"针对这一点，我们建议尽快成立一个全国范围内的在线信息组织——SARS应急网络信息中心(SENIC)。

对中国而言，在这次SARS危机中暴露出来的最大问题就是缺乏一个对突发性公共卫生事件的快速反应和有效控制的体系。这个问题已引起了中国政府的高度重视，并在SARS爆发之初就着手建立一个公共卫生领域的IT网络，为该类突发性事件提供基础性设施。但是事实上，仅有这一点还不够，因为它不能解决其他关键性问题。例如，在下一次危机来临之前，我们有哪些资源能够利用和调动？包括科研工作者、研究设施，以及正在进行中的研究和开发项目；对于具体危机，我们应该执行什么样的具体政策以有效调度和协调这些资源？而且，在需要的情

* 陈新滋，中国科学院院士，香港理工大学；王夔，中国科学院院士，北京大学

况下，应在什么时候执行，怎样执行?

SENIC 网络的建立将有助于解决这些问题。

二、SARS 应急网络信息中心的运作理念和功能

SARS 应急网络信息中心，我们设想将其建成为集 SARS 研究、信息、教育和产品开发为一体的生物医药信息站，它将成为国家推动 SARS 预防与控制的中心。它首先负责收集所有与 SARS 相关的信息，并与省(直辖市)和地方的卫生机构以及研究人员紧密合作，以制定控制和预防的措施，应对将来疫情的爆发。

建立这个信息中心的目的主要是为了能在中国的 SARS 研究中加强公共卫生和研究数据的信息共享。为此，该网络应该便于通过中国互联网来实现信息获取和资源共享。从理论上来说，SARS 应急网络信息中心目前主要用于中国的 SARS 危机的研究，未来还可以用于艾滋病及其他一些传染性疾病的研究。虽然信息主要来自于中国，但是它也可以为致力于 SARS 研究和其他公共卫生事件的医生和科研工作者(如 WHO 专家)所用。

根据这样一个理念建立起来的 SARS 应急网络信息中心，有以下四个主要功能。

1. 研究功能

作为 SARS 研究人员的主要信息来源，SARS 应急网络信息中心首先应该提供 SARS 研究的主要数据，而且，它的数据应该和美国疾病预防控制中心(CDC)、世界卫生组织(WHO)或美国国立医学图书馆(NLM)的研究数据互通。借助由中国各地 SARS 研究人员提供的大量数据，SARS 应急网络信息中心研究人员可以进行有效的研究分析和实验测试。

这意味着，SARS 应急网络信息中心最终也许会发展成多个网络的信息网站。它可以有实际的资源和研究人员。我们相信，今后 SARS 应急网络信息中心的研究功能可以经由多个镜像网站广泛传播。

2. 信息功能

SARS 应急网络信息中心的信息功能体现在它可以为学术人员、医师、研究人员、科学家和公共卫生官员提供迅捷的、全面的信息访问(通过密码访问)。中华人民共和国的所有公民也都可以访问最新的 SARS 信息，这些信息都是经过有媒体经验的该领域的专家提供和处理的。这些信息便捷、公开，可以被利用起来对付 SARS 或类似危机。但非常重要的一点是，这个数据库必须是全面的、保持

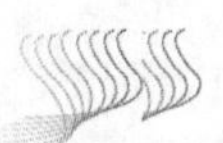

更新的。为了实现这个目标，SARS 应急网络信息中心必须做到以下两方面。

1) 同公共卫生组织及媒体密切合作，保证最新的 SARS 信息能很快传递到社区和群众中。这种信息功能是由建立和维护一个 SARS 应急网络信息中心国际互联网网站来实现的。这个网站同时能为大众提供一般新闻和建议，并有一个专为 SARS 研究人员、医师和公共健康机构开放的研究数据库(由密码保护)。

2) 建立一个奖罚机制，该机制的建立和一个以中国为基地的世界水平的生物工程学和制药业的建立息息相关。

毫无疑问，SARS 应急网络信息中心的建成也必须和国务院全国卫生 IT 系统的发展步调一致。

3. 教育和培训功能

SARS 应急网络信息中心给中国的 SARS 研究提供了详尽的医学和公共卫生数据(以后会用于其他的公共健康事宜)。同时，它可以提供周期性的培训计划使研究机构了解如何最有效地利用这些数据用于他们自己的研究。SARS 应急网络信息中心可以和中国各个大学合作完成这个培训计划。教育功能的另外一个方面是协调各个 SARS 研究项目，可以通过组织周期性的 SARS 研讨会来实现(在线或传统型会议)。

4. 产品开发功能

最后，SARS 应急网络信息中心还应该创建一个机制以提供明确的经济奖励，吸引科学家提供重要数据到上述的数据库中。这个奖励机制由以下几个要素构成：

1) 知识产权小组：负责把所有的专利应用和专利记录在案，以保障拥有专利权的科学家的权益。

2) 版权体制小组：保证科学家从专利应用所得的利益中得到合理的分红。

3) 开发小组：充分利用科学家的知识产权与国内外的生物工程学和制药企业开展合作。其前提条件是，这些科学技术必须用于在中国建立一个具有世界水准的生物工程学和制药业基地。

4) 商务发展小组：其职能是与国内外生物工程学和制药企业建立密切的商业合作关系，并在企业对知识产权的使用权上起到杠杆调节作用。

除此之外，SARS 应急网络信息中心还有其他一些功能，例如，当有另一种类似 SARS 的灾难爆发时，可对在政府机构(如大学、国家实验室、国有企业等)工作的科学家因未执行约定进行经济惩罚；对没有及时作记录的研究人员，则可以减少他们的研究经费或剥夺其他特权。

SARS 应急网络信息中心的另一个重要作用是开发来自中国 SARS 研究网络的、为国际所认可的新诊断方法或药物。中国的各个研究小组可能会发现诊断、治疗和防止 SARS 的新方法，而 SARS 应急网络信息中心可以帮助这些小组探究这些诊疗方法的可能性或开发新药。当然，建立新的诊疗方法比开发新药更能及时见到效果。但是如果中国科学家以国际标准进行新的 SARS 诊断实验(如 PCR 方法)，这样产生的效益则比开发新药更大。因为大多数健康人群都要接受测试，而需要药物治疗的患者则很少。反过来，基因组和蛋白组及其他的现代技术则给 SARS 应急信息网络中的科学家提供了更多的机会(参考 Lian Ma 和 Rolf D. Schmid 共同撰稿的《今日中国生物》)。

同时，还可以预见，SARS 应急网络信息中心的知识产权功能将可以帮助研究小组明白他们创造的商业价值，并运用法律、专利和授权等方式把新发明推向市场。这种商业发展的功能起源于美国领先的研究性大学，如麻省理工学院(MIT)和斯坦福(Stanford)大学。

我们还应重点指出，SARS 应急网络信息中心可以和中国的知识产权管理机构合作，这样可以为一个强大的知识产权保护体系构筑基础。SARS 应急网络信息中心的实际功能相当于信息交换机。当一个新的构想通过类似 RFC 的方式提交，那么提交的当天就是知识产权的申报日。如果在商业发展链的最后环节，新的诊断方法或药物得到了实际应用,则研究小组就应该得到版权和授权费用提成。在美国大学里，这个比例为 25%。

SARS 应急网络信息中心最初的发展小组可以由领头大学和科研单位组成，并有自己的管理学或商学院系参加，以确保 SARS 应急网络信息中心的商业运作能在一系列公平、公正的方针指导下发展。

三、SARS 应急网络信息中心的建立和发展计划

SARS 应急网络的建立可以利用设计和建立互联网的经验，互联网是迄今为止通过共同合作所承担和完成的最宏伟的工程。互联网的第一个运营版本是 ARPANET(即"阿帕网")。它是 20 世纪 60 年代在美国国防部高级研究计划局(ARPA，也就是现在的 DARPA)的资助下通过共同努力建立起来的。ARPA 委托一个私人公司(BBN)开发核心的包交换技术，同时把开发联网计算机服务程序的任务交给了一群组织松散却富有积极性的工程师和研究生来完成，他们主要来自 ARPA 的其他承包商，如 UCLA，斯坦福研究所(SRI)，犹他大学(University of Utah)和其他单位。各种不同的服务和程序(称为协议)通过对话协商(或者面对面的开会或者在线网络交流)来完成。最终，ARPANET 的协议规范和标准浮出水面。

不管是从互联网的建立，还是其后来的发展来看，它都不是由单一的政府和

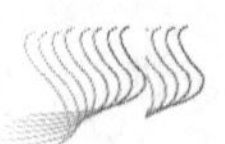

公司来控制和管理的。它从一个很小的专用网络成长为一个有将近 10 亿用户的国际互联网络，所有的协议和服务都由共同体内的用户设计完成。我们可以采用互联网的这种共享开发原则来建立 SARS 应急网络。

首先，我们应该建立一个电子网络，以方便于交换和存储与 SARS 及其他公共健康问题相关的数据。SARS 发源于广东省，因此，在中国南部以不同的形式再次爆发的可能性很大，鉴于此我们应该首先在该地区建立 SENIC 网络。

不过，在建立 SARS 应急基础网络之前应先建立一个小规模的实验计划。这个 SARS 应急实验网络构造可以由香港和内地大学或中国科学院相关单位组成的团队完成，我们知道中国其他地区的主要研究单位也想成立这样的中心。这些单位可以协助提供信息、管理、专家以建立基本的数据结构、访问协议、数据交换和存储标准。

一旦 SENIC 基本网络模型建成，遍布中国各地的 SARS 研究中心就能够充分利用各自原本独立的成果并合作开创研究事业。可以预见，各个独立的研究小组可以通过类似 RFC 系统的程序通过互联网提交他们的研究信息。正是这样迅捷的信息交换会给中国的 SARS 研究工作一个更广大的空间。我们深信，SENIC 网络对于中国的 SARS 研究专家和科学家，会起到一个“智能信息收集中心”的作用。而且，在 SENIC 网络内部，SARS 研究专家之间通过密切合作以解决全球公共健康流行病问题，并且将会使电子信息和传统出版物融和为一个统一体。

SARS 应急网络信息中心的发展可以分为两步走：第一，建立 SARS 应急网络和网页；第二，执行上文所述的 4 个功能。第一步可以作为一个小规模的实验项目，如果它得到了中国 SARS 研究小组的认可，则可以进行第二步。这样大概共需要 5 年时间。

但是，必须指出，SARS 应急网络的第一阶段，即使只是作为一个单独的工具，它在解决中国 SARS 研究小组、公共卫生组织与政府机构三者之间缺乏交流这个问题上来说，也是具有极其重要作用的。我们初步认为，这一计划需两年时间，但是如果利用一个现成的网络模式则只需要 9 个月。

SARS 应急网络信息中心的第二阶段是融入现有的全国疾病控制与预防中心(CDC)的组织。除了本文中的构想以外，也可以通过其他方式建立。我们认为，第二阶段的功能是非常必要的，无论中国最终是以何种实体形式建立该组织，这些功能必须得到保证。

（本文选自 2003 年院士建议）

关于加强凝石的基础理论和系统技术研究的建议

叶大年 等

凝石是清华大学“长江计划”特聘教授孙恒虎发明的新型水泥，传统的水泥是硅钙体系，凝石主要是硅铝体系。目前世界上许多国家都在研究硅铝体系的水泥，国外称之 geopolymer(地聚合物)。孙恒虎的发明在原理上与之相似，但是有明显的创新点：所选原料不同，国外用焙烧高岭土，孙恒虎的方法用粉煤灰或冶金炉渣；生产工艺不同，国外用一元法，即活化剂与焙烧高岭土一同干法磨细，孙恒虎的方法原料(粉煤灰或冶金炉渣)与活化剂分别湿磨，并不烘干，在使用现场进行配合搅拌，即二元法；孙恒虎用的活化剂有自己的技术秘绝。

凝石与寻常的水泥相比具有如下优点。

1) 不用动火，生产的全过程是“冷操作”，节省能源，不排放二氧化碳。

2) 湿磨，不是干磨，无粉尘，不污染环境。

3) 强度超过水泥。

4) 吃渣量大(最高时可过 90%)，是治理废渣的最优方法。

5) 能固结泥土，这是普通水泥办不到的，在农村非常有用。

6) 成本低，生产工艺简单，因为原料和产品“等重量”，所以既适合大规模生产，也适合中小型企业生产；既适合原地生产，也适合异地生产。是目前“问题很多”的小水泥企业的替代产业。

硅铝体系的新水泥的生产过程不排放二氧化碳，是最有前景的因素之一，因而国际竞争激烈，有一家法国的公司在中国注册了一家公司，要在中国投标，用他们的“地聚合物”修筑一段高速公路。现在是竞争的开始，中外双方尚未形成完整的理论和技术体系，因此我们必须加强基础理论研究和技术方针的研究，以便于我国可以占领这个制高点。

我们中间的叶大年亲自考察过孙恒虎的实验室，亲自观看材料试验的全过程，并参观过孙恒虎的试验工厂。况且叶大年曾经研究过沸石水泥和粉煤灰水泥，他对孙恒虎在水硬性材料方面的研究实力有近 20 年的了解。我们确信叶大年反映的上述情况是属实的。鉴于凝石是水泥工业带有革命性的新技术，我们建议在国家层面以适当的形式支持孙恒虎的这项工作，以利于克服传统势力的束缚，发展

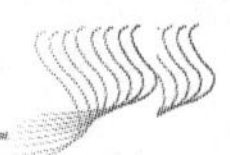

我们有自己知识产权的技术。

（本文选自 2003 年院士建议）

专 家 名 单

叶大年	中国科学院院士	中国科学院地质与地球物理研究所
常印佛	中国科学院院士	安徽省国土资源厅
欧阳自远	中国科学院院士	中国科学院国家天文台
高　俊	中国科学院院士	解放军信息工程大学
冼鼎昌	中国科学院院士	中国科学院高能物理研究所
刘光鼎	中国科学院院士	中国科学院地质与地球物理研究所
张国伟	中国科学院院士	西北大学
张彭熹	中国科学院院士	中国科学院青海盐湖研究所
周志炎	中国科学院院士	中国科学院南京地质古生物研究所
李吉均	中国科学院院士	兰州大学
王　颖	中国科学院院士	南京大学
袁道先	中国科学院院士	国土资源部岩溶地质研究所
李德仁	中国科学院院士	武汉大学
钟大赉	中国科学院院士	中国科学院地质与地球物理研究所
戎嘉余	中国科学院院士	中国科学院南京地质古生物研究所
戴金星	中国科学院院士	石油勘探开发研究院
张宗祜	中国科学院院士	中国地质科学院水文地质环境地质研究所
殷鸿福	中国科学院院士	中国地质大学
任纪舜	中国科学院院士	中国地质科学院地质研究所
张本仁	中国科学院院士	中国地质大学
安芷生	中国科学院院士	中国科学院地球环境研究所

关于进一步组织实施好老挝钾盐开发项目的建议

赵鹏大*

最近，有机会对我国与老挝合作过的老挝万象钾盐开发项目进行考察。期间在矿区及外围进行了现场考察，对资源、加工工艺和水、电、运输等开发条件作了进一步了解，向中国驻老挝使馆经济商务参赞张瑞昆同志了解了情况、交换了意见。回到昆明后，又同云南省有关领导交换了看法、形成了一些共识。

1. 与老挝合作开发万象钾盐是正确的决策

我国是钾盐资源严重短缺的农业大国，长期依靠进口不仅耗费大量外汇，然而仍不能从根本上解决我国农业缺钾问题，通过实施“走出去”的开放战略，与老挝合作开发万象钾资源，既可以利用国外优势资源解决国内资源短缺问题，又可以促进经济共同发展，增进睦邻友好关系。而且湄公河次区域经济区是我国实施“走出去”战略的重要区域，是国际竞争的活跃舞台。因此，这一项目不仅具有重大经济意义，而且具有重要政治意义。可以说，万象钾盐项目开启了我国固体矿产“走出去”的先河，决策非常正确。

2. 云南省全力推动项目进程并已取得可喜成果

云南省重视老挝钾盐开发项目，在省内优先发展农用化肥氮、磷的同时，着力支持开发老挝万象钾盐，已将万象钾盐开发纳入整合氮、磷、钾资源，建设高效复合肥基地计划。

项目业主云南地矿勘察工程总公司在资金有限、跨国开展工作难度增大的情况下，经过两年努力，取得了良好的勘察成果。

勘察工作成果表明，老挝万象平原有良好的钾盐成矿地质条件，氯化钾资源量很大，已探明氯化钾首采储量亿吨，工业储量 2 亿吨。这为在万象建设年产 100 万吨

* 赵鹏大，中国科学院院士，中国地质大学

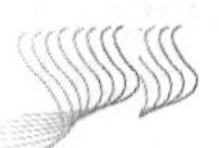

或更大规模的氯化钾生产基地提供了充足的资源保障。同时，已取得采选加工实验室阶段成果，并对开发做出了初步论证，证实了万象钾资源有良好的开发前景。

3. 目前本项目还存在几个关键性问题

1) 加工工艺和综合利用问题。万象钾资源属易溶固体光卤石($KCl·MgCl_2·6H_2O$)类型，共生组分有氯化镁、氯化钠，伴生组分主要为溴(Br)。对这种矿石类型尚无可直接借鉴的开采加工工艺技术。因此，应广泛搜集国内和国际有关信息资料，考察、参观典型的生产加工企业，借鉴和引进先进技术；开采应进行旱、液两种方案对比；加工应结合市场需求、考虑经济效益和环保要求；综合利用共生、伴生组分；在产业化前必须进行 1 万吨/年的(或适度规模)生产试验。

2) 环境保护问题。老挝政府非常重视环境保护。万象钾资源产于老挝首都邻近地区，总体埋藏较浅，不当的开发将引起严重的环境问题。因此，在项目论证和实施中，应采取各种积极有效措施，控制地面沉降、防止地下水污染、高标准控制“三废”排放，力争把钾盐开发对老挝首都和湄公河的环境影响降到最低，把老挝钾盐项目做成资源、环境、生态兼顾的效益项目。

3) 运输问题。老挝是东南亚内陆国家，无出海口，又是一个经济不发达的发展中国家，工业基础十分薄弱，交通等基础设施建设也十分落后。其国内及与国外货物人员运输均以公路为主，与周边邻近国家有中短程航线通达，目前尚无铁路。万象钾盐开发以年产 100 万吨或更大规模氧化钾为目标，由于产品主要销往中国和其他国家，因此，运输能力是制约万象钾盐开发的关键因素。

鉴于上述问题直接关系中国和老挝钾盐合作项目能否进一步发展和最终实现，为此，提出以下几点建议：

1) 将老挝钾盐开发项目提到国家层次上进行操作。该项目是涉及国家经济安全的境外项目，也是我国在东盟自由贸易区立足的重要项目。一个省、一个企业难以面对激烈的国际竞争。应从国家层次的高度进行统一规划，举全国之力，集中技术力量和相应资本，加快项目进程，实现预期目标。同时，继续发挥云南省的积极性和区位优势，延伸云南省的优势产业链。

2) 给予老挝钾盐项目税收政策扶持。老挝钾盐开发项目实践“走出去”战略已取得初步成功，在现场试验的基础上将进行产业化开发，产品主要销回中国。由于钾盐是低附加值产品，建议国家给予税收政策扶持，让产品回得来。

3) 希望国家支持做好以下两件基础工作：①给予资金扶持，加强资源开发前期研究工作。为加强开采加工工艺、环境保护和综合利用研究，在产业化前必须进行适度规模的生产试验(如 1 万吨 / 年)。据测算，这需耗资 5000 万~7000 万元人民币，国家和云南省有关部门已表示愿给予资金扶持，项目业主也将自筹部分资金用于前期工作。建议国家有关部门加大资金扶持力度。②利用国家援外资金，解决万象钾盐开发配套运输问题。建议先援助建设老泰友谊大桥至矿区长约 40 千米的窄轨铁路，连通泰国出海口。以后根据开发规模，扩建万象至越南荣市长约 500 千米的公路，连通泛亚铁路东线及越南出海口；疏浚开通万象至琅勃拉邦至中国云南湄公河航道，同昆(明)曼(谷)公路相连，解决老挝钾盐大规模开发运输问题。

（本文选自 2003 年院士建议）

关于组建“中国国家空间局”的建议

胡文瑞 等

空间科学和技术是自20世纪50年代以来蓬勃兴起，并在世界上得到迅速发展的科技领域。空间科技活动已成为引领新科学、新技术，带动经济发展和保障国防安全的重要手段，其发展水平也是衡量一个国家综合科技实力和国家地位的重要标志。

我国的空间活动是在毛主席的英明决策和周总理的精心管理下发展起来的。在国家当时的科技力量、经济力量还很薄弱的情况下，动员和组织社会的力量，充分发挥社会主义的优越性，取得了“两弹一星”这一世界瞩目的成绩。空间活动带动了支撑经济发展的基础工业，推动了我国科学技术快速发展，并极大地提高了我国的国际地位。随着现代科学技术的迅猛发展，特别是知识经济、信息社会的到来，空间活动的重要性越来越突出，已成为国际上全方位竞争的战略制高点。包括空间科学、空间技术和空间应用在内的研究和管理，已经成为人类最具显示度和影响力的活动。

我国空间活动从空间技术起步，建立了比较完善的技术系统，取得了国际公认的重大成就。20世纪末，我国提出以“应用卫星和卫星应用”为重点，促进了空间应用的发展。我国主要立足于空间技术和空间应用，这为我国空间科学的发展奠定了基础。应该看到，空间活动最具深远影响和推动作用的空间科学方面，在我国尚未得到足够的重视。我国空间科学的重要成果大多限于理论和地面研究，缺乏空间科学观测和实验的重大创新成果。当前，围绕空间天文学、日地物理、行星探测、空间地球科学、空间生命科学、微重力科学和空间技术科学等空间科学研究已经取得了长足进展。空间科学极大地促进了人类对自然现象的认识，并可能带来科学前沿重大的突破；极大地加深了对人类生存的地球环境及其演化的认识，以改善人类的生存环境，促进人与自然和谐发展；空间科学的成果不断地应用到地面的生产和生活中，用以改善人类的生活质量；我国空间科学发展的成就推动了知识经济和信息社会的发展，成为人类提高生活水平不可缺少的重要部分。空间科学的滞后实质上影响了空间应用和空间技术的发展，使它们缺乏先进目标的带动，与国际先进水平总体上存在相当的差距。

我国的空间活动一直由前国防科学技术工业委员会具体管理。1997 年国务院机构改革，将军事和民用空间活动分开，成立了新的国防科工委，下属中国航天局分管民用航天。重大空间活动是重大政治活动，耗资巨大，是国家行为，需要空间科学与技术的协调发展。一般西方国家以及像印度和巴西这样的发展中国家，都由直属国家元首或国务院的部门分管，以有效地协调管理和高层决策。管理体制问题将严重影响空间科技活动的水平，以及相关经济和社会效益，制约我国跨越式发展战略格局的形成。

因此，成立直属国务院的“中国国家空间局”(Chinese National Space Administration，CNSA)是当务之急。“中国国家空间局”将顺应我国空间事业发展的内在需求，有固定的经费来组织和管理空间科学、空间技术与空间应用的协调发展，更好地进行三者的统筹规划和计划。为此，需通过改革和完善可操作的统筹和协调机制，进一步加强项目运作的透明度、空间科学的预备研究和各方面力量的有效集成，以利于更快地提高我国空间科技的水平，迅速地缩短我国与国际先进水平的差距，为 2020 年建成小康社会服务。

国家空间局的成立是随着民用空间活动频度增加的必然产物。空间科学、空间技术和空间应用的发展水平是一个国家综合国力的集中体现，也是一个大国、强国在空间领域上所应该具备的硬件条件；当今世界，国际空间活动的科学性与民用性(包括大量以民用为包装的军用活动)越来越强，空间活动的国际化已是客观现实。国家空间局在国际空间合作中具有更好的对等性和权威性，可以更好地与国外的国家空间局进行民用性空间活动的对话、合作、协调等。从政治层面上讲，对维护我国的空间大国形象和空间权益等，也有积极而深远的意义。

（本文选自 2003 年院士建议）

专家名单

胡文瑞	中国科学院院士	中国科学院力学研究所
方　成	中国科学院院士	南京大学
王　水	中国科学院院士	中国科学技术大学
王占国	中国科学院院士	中国科学院半导体研究所
王育竹	中国科学院院士	中国科学院上海光学精密机械研究所

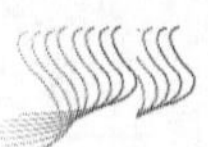

刘振兴	中国科学院院士	中国科学院空间科学与应用研究中心
李崇银	中国科学院院士	中国科学院大气物理研究所
李惕碚	中国科学院院士	中国科学院高能物理研究所
沈允钢	中国科学院院士	中国科学院上海生命科学研究院
涂传诒	中国科学院院士	北京大学
梁栋材	中国科学院院士	中国科学院生物物理研究所
章　综	中国科学院院士	中国科学院物理研究所
童庆禧	中国科学院院士	中国科学院遥感应用研究所
熊大闰	中国科学院院士	中国科学院紫金山天文台

推荐核工业地质局所提供的一份重要矿产资源报告和对我国如何发展核能的一点建议

何祚庥*

最近，我接到一份核工业地质局所整理的有关我国天然钍资源储量的一个调查报告。从调查报告可以看出：①我国钍资源蕴藏量十分丰富，仅次于占世界第一位的印度，而且约是印度蕴藏量的 83%。②钍的提取技术已经成熟。^{232}Th 的优点是，每吸收一个中子，将能获得更有经济效益的核燃料 ^{233}U。

我国是缺乏天然铀资源的国家。如果我国利用天然铀中占 0.7%的铀 235 来大量发展核能(如占能源比重的 15%)，那么现有资源仅能支持 20~25 个标准核电站发展 50 年！为谋求核电的可持续发展，必须发展快中子增值堆或其他能增值核燃料的装置以充分利用天然铀中占 99.3%的^{238}U(如加速器驱动的生产核燃料的装置)。但是，利用快中子增值堆做核电站必须解决两个问题：①安全问题(也许这一安全问题将能利用加速器驱动的次临界的快中子堆获得缓解)；②发电成本问题。当前快中子堆核电站的发电成本约是压水堆的 2~3 倍，没有市场竞争力。但是，快中子堆核电站的突出优点是它在发电的同时增值核燃料，约一个 ^{239}Pu 核可转化为约 1.6 个 ^{239}Pu 或 ^{233}U。通常多半设计为转化为 1.6 个 ^{239}Pu 以谋求快中子堆核电站的持续发展。

但是，快中子堆核电站的突出缺点是每一个标准核电站(约为 100 万千瓦)占用核燃料过多，约需 1.5~2 吨的 ^{239}Pu，而通常的热中子核电站占用的核燃料才约是 100~150 千克。为充分发挥数量有限的核燃料的最大的“发电”效益，建议我国核电事业的发展可采用如下发展模式：①首先利用浓缩铀大力发展压水堆或其他先进慢中子堆核电站，在发电的同时积累所产生的 ^{239}Pu；②利用所积累的 ^{239}Pu 建立快中子堆，在发电的同时利用我国十分丰富的天然钍资源，大量产生 ^{233}U；③利用 ^{233}U 将能做成有高经济效益的并有核燃料高转化率的慢中子核电站；④利用转化出的 ^{239}Pu 再投入快中子堆核电站，再度转化出 ^{233}U。

---

* 何祚庥，中国科学院院士，中国科学院理论物理研究所

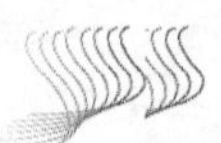

上述 ^{239}Pu、^{233}U 的循环发展模式的突出优点是：① ^{233}U 有比 ^{235}U 更高的转化为 ^{239}Pu 的能力(原则上 ^{233}U 可做成慢中子增值堆，其增值系数可达 1.06，但其转化率至少可达 0.9，甚而可接近于 1，而 ^{235}U 一般为 0.6~0.7)；②热中子堆核电站比快中子堆核电站发电成本低，运行也更为安全；③用同量的核燃料做成热中子核电站，将能比快中子堆核电站提供 10 倍以上的发电能力。

如果能实现上述循环发展模式，那么仅我国所拥有的天然铀和天然钍资源，将能支持中国所需能源长达几千年，甚而达一万年！

实现上述设想必须解决两个重大技术问题：①发展以 ^{233}U 为核燃料并有高转化率的核电站堆技术；②妥善解决由于 ^{233}U 常伴有强γ辐射带来的提取、分离、储存、运输等技术难题，也许要发展机器人技术。

长期以来，我一直未能见到有关我国天然钍产资源的正式报告。我以为，这一份由国家核工业地质局所提供的十分重要的钍资源的调查报告，将对我国核能的决策产生重要影响。

当然，如果我国能通过外交和外贸从世界产铀大国获得天然铀，那么上述建议将能作为牵制或制约铀资源进口困难的重要备用手段。

（本文选自 2003 年院士建议）

2008年奥运会前在北京建成世界上第一条高温超导磁悬浮列车试运行线的建议

沈志云 等

高温超导磁悬浮列车兼有常导磁悬浮列车和低温超导磁悬浮列车的优点，而没有它们的缺点。它的悬挂高度高达 50 毫米，对路基和轨道平顺度的要求比常导磁悬浮列车低得多，便于大面积推广；可以静止悬浮；悬浮和导向不需要主动控制，车体较常导磁悬浮列车轻得多，结构大为简化，操作和维修十分简便，耗能极少。与低温超导磁悬浮列车相比，只需要液氮(77 开)冷却，其价格是液氦(4.2 开)的 1/50，制冷系统的重量和成本低得多。高温超导磁悬浮列车的这些优点使它在足够经费的支持下，10 年左右就可以逐步走向产业化。

2000 年 12 月,我国西南交通大学已经完成了世界上第一辆载人高温超导磁悬浮实验车系统。该课题于 2001 年 2 月 11 日通过了由国家“863”计划国家超导技术专家委员会首席专家甘子钊院士主持的验收。验收会议认为：此项成果“是长期努力的创造性成果，它开拓了在磁悬浮技术上实现创新跨越发展的可能性”。“我国已在高温超导磁悬浮应用基础的研究和相关技术的研究方面取得了重大突破，达到了世界同类研究的前列”。“为高温超导磁悬浮技术在交通及其他领域的应用奠定了基础，并为跨越式发展开拓了方向”。所用到的高温超导钇钡铜氧（Y-Ba-Cu-O，即 YBCO）块材，我国已经基本具备了批量生产的能力，高温超导磁悬浮技术所需的特殊原材料钇（Y）和钕（Nd）均属我国富有的稀土元素，与现在我国已从德国引进的常导磁悬浮列车相比，不仅具有上述后者不可及的一系列优点，而且拥有我国自己的全部知识产权。

自从我国的这一重大发明在世界上公布，江泽民等中央领导同志亲自乘坐了世界首辆高温超导磁悬浮实验车并给予了高度评价之后，这一重大发明在国内外引起了强烈反响。已有 10 多个国家的部长、校长、专家教授专程来到西南交通大学参观、访问、考察。他们纷纷表示，要集中力量开展高温超导磁悬浮列车的研发工作。令人担忧的是，凭借美国、日本、德国、法国等工业发达国家的资金和技术基础，很有可能赶在我国之前实现高温超导磁悬浮列车的商业化。

建议科学技术部（“863”计划、“973”计划、火炬计划等）、国家发展和改革委员会、国务院国有资产监督管理委员会、铁道部、交通部和北京市（科技奥

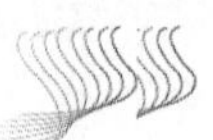

运）能像当年抓“两弹一星”那样，发挥社会主义国家可以集中力量办大事的优越性，尽快在“十五”期间由国家、企业、地方政府共同投资，在完成实验室实验解决确保安全等技术问题的基础上，在 2008 年北京奥运会之前建成世界上第一条可供乘客乘坐的载人高温超导磁悬浮车 10 千米试运行线，并在此基础上延长至 50~100 千米（延长长度根据需要和资金情况决定，延长线每千米 1.5 亿元），展示完全属于中国人自己的这一世界顶尖的高技术成果，同时，加强对高温超导磁悬浮技术的基础性研究和探索，比较其他可能的实验方案，为以后更大范围的推广应用奠定坚实的基础。在 20~30 年后有望占领中国 70%的地面高速磁悬浮列车市场，同时占领国外 10%~30%的市场份额。

（本文选自 2003 年院士建议）

专 家 名 单

沈志云	两院院士	西南交通大学
葛昌纯	中国科学院院士	北京科技大学
甘子钊	中国科学院院士	北京大学
杨叔子	中国科学院院士	华中科技大学
熊有伦	中国科学院院士	华中科技大学
闻邦椿	中国科学院院士	东北大学
宋玉泉	中国科学院院士	吉林大学
汪　耕	中国科学院院士	上海汽轮发电机有限公司
刘宝珺	中国科学院院士	国土资源部成都地质矿产研究所
经福谦	中国科学院院士	中国工程物理研究院
朱　静	中国科学院院士	清华大学
周国治	中国科学院院士	北京科技大学
李依依	中国科学院院士	中国科学院金属研究所
王崇愚	中国科学院院士	清华大学